普通高等学校规划教材

Daxue Jisuanji Jichu Shixun

大学计算机基础实训

主　编　周建丽

副主编　姚雪梅　贺清碧　张廷萍

谢家宇　杨芳明

人民交通出版社股份有限公司

China Communications Press Co.,Ltd.

内 容 提 要

本书是根据教育部计算机基础课程教学指导分委员会提出的大学计算机基础课程教学要求，结合当前高等学校学生实际情况编写而成；是与周建丽主编的《大学计算机基础》相配套的实训教材，也可单独使用。

内容主要包括：指法练习、Windows 7 基本操作、2010 版 Word、Excel、PowerPoint 的使用、计算机网络基本操作及网页制作软件 Dreamweaver 的使用、常用多媒体应用软件 Photoshop、Flash 及会声会影软件的使用等。

本书可作为高等学校非计算机专业大学计算机基础课程教材，也可供其他读者学习使用。

图书在版编目（CIP）数据

大学计算机基础实训 / 周建丽主编. --北京 ：人民交通出版社股份有限公司, 2015.5

ISBN 978-7-114-12214-9

Ⅰ. ①大… Ⅱ. ①周… Ⅲ. ①电子计算机－高等学校－教材 Ⅳ. ①TP3

中国版本图书馆 CIP 数据核字（2015）第 090012 号

书　　名：大学计算机基础实训
著 作 者：周建丽　姚雪梅　贺清碧　张廷萍　谢家宇　杨芳明
责任编辑：刘永芬
出版发行：人民交通出版社股份有限公司
地　　址：(100011) 北京市朝阳区安定门外外馆斜街 3 号
网　　址：http://www.ccpress.com.cn
销售电话：(010) 59757973
总 经 销：人民交通出版社股份有限公司发行部
经　　销：各地新华书店
印　　刷：北京鑫正大印刷有限公司
开　　本：787×1092　1/16
印　　张：12.75
字　　数：290 千
版　　次：2015 年 5 月　第 1 版
印　　次：2018 年 7 月　第 4 次印刷
书　　号：ISBN 978-7-114-12214-9
定　　价：30.00 元

前　言

本书是与《大学计算机基础》(周建丽主编)配套的实验教材,旨在帮助读者深入认识、体会、理解课堂上讲授的理论知识,更好地掌握计算机的基本操作,学习操作课程要求的基本软件,进而应用软件解决实际问题。

根据精讲多练的原则,本书与《大学计算机基础》各模块内容相对应,以案例形式,依次安排了指法练习、Windows 7 基本操作、Office 2010 版 Word、Excel、PowerPoint 的使用、计算机网络基本操作及网页制作软件 Dreamweaver 的使用、常用多媒体应用软件 Photoshop、Flash 及会声会影软件的使用等。

考虑到学生的基础水平,本教材中对当前普及程度较高的 Office 2010 版 Word、Excel、PowerPoint 的使用只提出操作内容,弱化了操作过程和步骤。对普及程度相对低一些的网页制作软件 Dreamweaver 的使用、多媒体应用软件 Photoshop、Flash 及会声会影软件的使用等,给出了较详细的操作方法和步骤,希望通过实验操作能让学生领悟软件的使用方法,培养学生的学习兴趣。

本书由周建丽担任主编,参加编写工作的有姚雪梅、贺清碧、张廷萍、周翔、谢家宇、杨芳明等,全书由周建丽统稿完成。课程组的刘玲、张颖淳、刘华、余沛、朱振国、李伟等参与了本教材的规划,提出了许多宝贵意见和具体方案,并参加了收集资料等工作,在此一并表示感谢。

由于编者水平有限,加之时间仓促,书中难免存在疏漏和不足,恳请广大读者批评指正。

编　者

2015 年 1 月于重庆交通大学

目　录

第1章　指法练习

1.1　实验目的

(1)掌握键盘及鼠标的基本操作。

(2)掌握应用程序的启动和退出方法。

(3)掌握常用打字软件的使用方法。

1.2　实验预备知识

1.2.1　正确的打字姿势

打字之前一定要端正坐姿。如果坐姿不正确,不但会影响打字速度,而且还很容易疲劳、出错。正确的坐姿应该是:

(1)两脚平放,腰部挺直,两臂自然下垂,两肘贴于腋边。

(2)身体可略倾斜,离键盘的距离约为20~30厘米。

(3)打字教材或文稿放在键盘左边,或用专用夹,夹在显示器旁边。

(4)打字时眼观文稿,身体不要跟着倾斜。

1.2.2　键盘指法要求

(1)10个手指均规定有自己的操作键位区域,任何一个手指不得去按不属于自己分工区域的键。

(2)要求手指击键完毕后始终放在键盘的起始位置上,起始位置就是键盘上三行字母键的中间一行位置,除大拇指以外的8个手指分别放在"ASDFGHJKL;"这一行上,两个大拇指均放在空格键上。这样有利于下一次击键时定位准确。

(3)各手指在计算机键盘上的按键指法如图1-1所示。

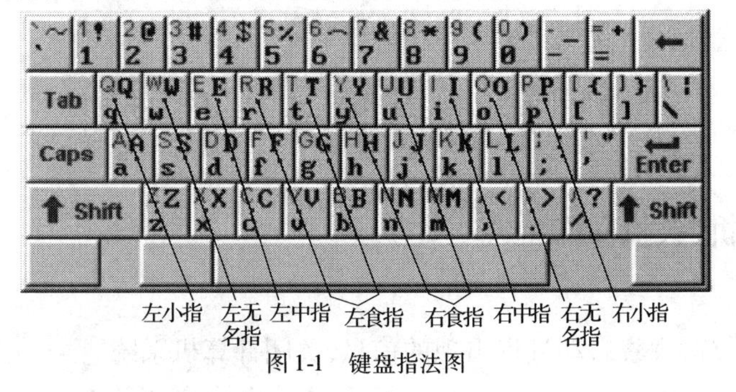

图1-1　键盘指法图

各手指在计算机键盘上的按键指法分工如下：

左小手指——QAZ　左无名指——WSX　左中指——EDC　左食指——RFVTGB

右食指——YHNUJM　右中指——IK，　右无名指——OL.　右小手指——P;/

大拇指——空格键

1.2.3　打字练习的方法

（1）一定把手指按照分工放在正确的键位上；

（2）有意识慢慢地记忆键盘各个字符的位置，体会不同键位上的字键被敲击时手指的感觉，逐步养成不看键盘的打字习惯；

（3）进行打字练习时必须集中注意力，做到手、脑、眼协调一致，尽量避免边看原稿边看键盘，这样容易分散记忆力；

（4）初级阶段的练习即使速度慢，也一定要保证打字的准确性。

1.2.4　汉字输入热键使用

（1）输入法的切换：<Ctrl> + <Shift>键，通过它可在已安装的输入法之间进行切换。

（2）打开/关闭输入法：<Ctrl> + <Space>键，通过它可以实现英文输入和中文输入法的切换。

（3）全角/半角切换：<Shift> + <Space>键，通过它可以进行全角和半角的切换。

1.2.5　鼠标的基本操作

鼠标是 Windows 中主要的输入设备之一，操作简单、快捷。二键鼠标有左、右两键，左按键又叫做主按键，大多数的鼠标操作是通过主按键的单击或双击完成的。右按键又叫做辅按键，主要用于一些专用的快捷操作。鼠标的基本操作包括下面 5 种：

（1）指向：指移动鼠标，将鼠标指针移到操作对象上。

（2）单击：指快速按下并释放鼠标左键。单击一般用于选定一个操作对象。

（3）双击：指连续两次快速按下并释放鼠标左键。双击一般用于打开窗口，启动应用程序。

（4）拖动：指按下鼠标左键，移动鼠标到指定位置，再释放按键的操作。拖动一般用于选择多个操作对象，复制或移动对象等。

（5）右键单击：指快速按下并释放鼠标右键。单击右键一般用于打开一个与操作相关的快捷菜单。

1.3　实验内容与操作步骤

1.3.1　开机、关机操作

实验内容

打开计算机系统，观察启动过程出现的信息；关闭计算机系统。

操作步骤

(1)首先,按下显示器的电源按钮开启显示器电源;然后,按下主机箱面板的电源按钮开启主机电源。

(2)观察如图1-2和图1-3所示的一系列启动过程显示信息。

图1-2 Windows 7 版本信息显示画面

图1-3 Windows 7 的"欢迎使用"画面

(3)单击桌面左下角的【开始】按钮,在弹出如图1-4所示的开始菜单中单击【关机】按钮。

系统即可自动地保存相关的信息。系统退出后,主机的电源会自动关闭,指示灯灭,这样电脑就安全地关闭了,此时用户将显示器电源开关关闭即可。

小贴士:也可在图1-4中单击【关机】按钮右侧的向右的三角按钮,再选择进入【休眠】、【锁定】、【注销】或【切换用户】状态。

①【休眠】会保存会话并关闭计算机,打开计算机时会还原会话。此时电脑并没有真正关闭,而是进入了一种低耗能状态。

②当用户有事情需要暂时离开,但是电脑还在进行某些操作而不方便停止,也不希望其他人查看自己电脑里的信息时,就可以使用【锁定】操作来使电脑锁定。

③当需要退出当前的用户环境时,可以通过【注销】操作来实现。进行此操作后,系统会自动将个人信息保存到硬盘,并快速地切换到"用户登录界面"。

④通过【切换用户】可以保留当前用户的操作,进入到其他用户中。

图1-4 退出 Windows 7

1.3.2 “金山打字通”软件使用练习

实验内容

在“金山打字”(以“金山打字通2008”为例)软件中进行中、英文的指法练习,注意正确的键盘指法和姿势。提高键位的熟悉程度和中、英文的打字速度。

操作步骤

(1)选菜单【开始】→【所有程序】→【金山打字通2008】,或双击桌面上的“金山打字通2008”图标,启动“金山打字通2008”软件。“金山打字通2008”分为“英文打字”、“拼音打字”、“五笔打字”、“速度测试”、“打字游戏”、“上网导航”和“跟我学电脑”7个板块,单击相应的按钮即可进入相应板块的练习。

(2)在如图1-5所示的“用户信息”对话框中输入添加新用户名或双击选择现有用户名后,进入练习空间;或者单击关闭按钮关闭该对话框。在练习之前,你可以选择接受或不接受速度测试,速度测试的目的是让应用程序了解你的打字速度,以便给你合理的练习建议。

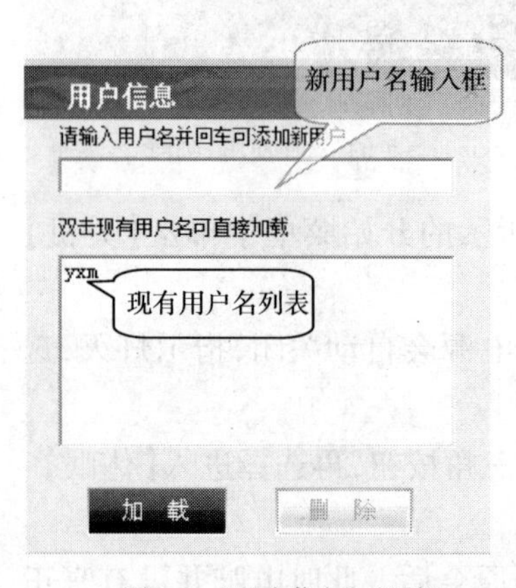

图1-5 “用户信息”对话框

(3)英文打字练习。

英文打字练习是针对初学者掌握键盘而设计的练习模块,它能快速有效地提高使用者对键位的熟悉和打字的速度。它包括键位练习、单词练习和文章练习3部分,键位练习又分为初级和高级两级。英文打字分为“键位练习(初级)”、“键位练习(高级)”、“单词练习”和“文章练习”4个选项卡,单击相应选项卡的橙红色标题即可进入相应的练习空间,如图1-6所示顶端处。

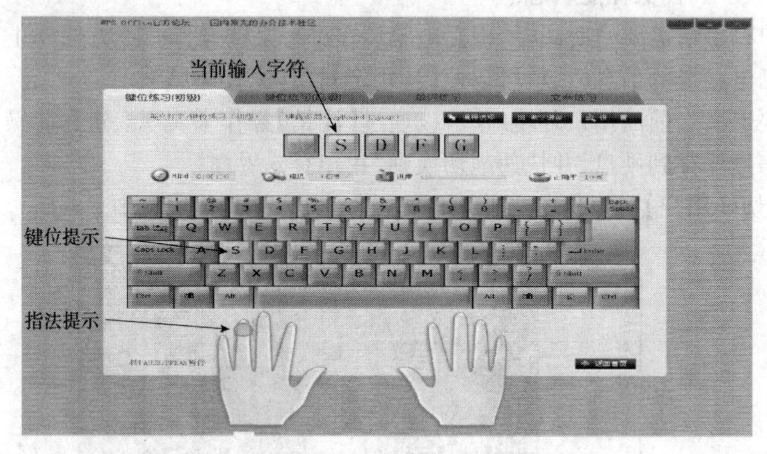

图1-6 键位练习

第 2 章　Windows 7 操作系统

2.1　Windows 的基本操作

2.1.1　实验目的

(1)掌握 Windows 窗口、对话框及菜单的基本操作。

(2)掌握“开始”菜单内容的添加与删除。

(3)掌握任务栏的相关操作。

(4)掌握文件及文件夹的创建、复制、移动、删除、更名、属性设置及搜索。

(5)掌握截图工具的应用

2.1.2　实验预备知识

1)Windows 7 的运行环境

Windows 7 有 32 位与 64 位两种版本,基本环境为:1GHz 及以上的 32 位或 64 位的 CPU;1GB 内存(基于 32 位)或 2GB 内存(基于 64 位);16GB 可用硬盘空间(基于 32 位)或 20GB 可用硬盘空间(基于 64 位);带有 WDDM 1.0 或更高版本驱动程序的 DirectX 9 图形设备;键盘、鼠标等输入设备;DVD 驱动器、U 盘引导盘等。

Windows 7 的安装方法很多,一般是用 Windows 7 系统盘启动计算机,然后根据屏幕提示进行安装。

2)窗口的基本元素

Windows 的窗口通常是如图 2-1 所示的一个矩形区域。

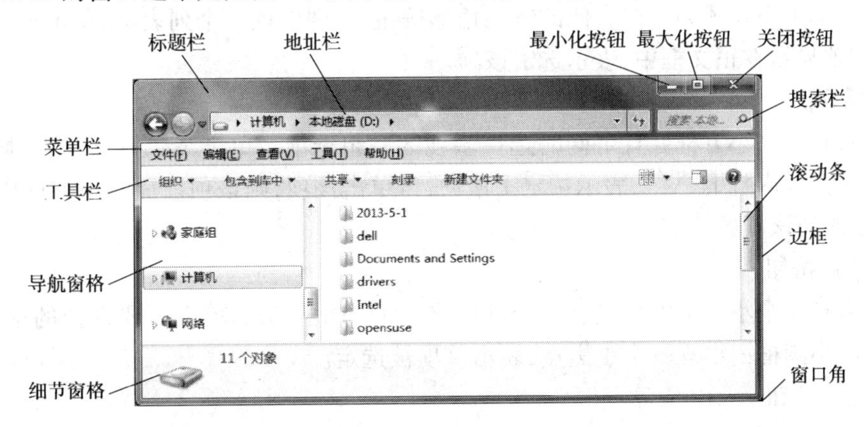

图 2-1　Windows 窗口的基本元素

(1)标题栏:用鼠标双击标题可使窗口最大化;用鼠标拖动标题栏可移动整个窗口;

(2)搜索栏:将要查找的目标名称输入到搜索栏文本框中,然后按回车键或单击搜索按钮即可进行搜索。

(3)最大化/恢复、最小化和关闭按钮:单击最小化按钮,窗口缩小为任务栏上的一个按钮,单击任务栏上的按钮又可恢复窗口显示;单击最大化按钮,窗口最大化,同时该按钮变为恢复按钮;单击恢复按钮,窗口恢复原先的大小,同时恢复按钮变为最大化按钮。

(4)菜单栏:提供了一系列的命令,使用户得以完成各种应用操作。

若菜单栏没有出现,可单击【组织】→【布局】,再单击【菜单栏】,使之成为选取状态。

(5)工具栏:为用户提供了一种快捷的操作方式,工具栏存放着常用的工具命令按钮。

(6)滚动条:当窗口无法显示所有内容时,窗口的右侧和底部会自动出现滚动条。

(7)窗口角和窗口边:将鼠标移动到窗口的边缘或角部时,鼠标指针变为双向箭头,此时按下鼠标左键拖动可任意改变窗口的大小。

(8)导航窗格:Windows 7 的导航窗格一般包括"收藏夹"、"库"、"计算机"和"网络"等4个部分。单击前面的箭头按钮可以打开相应的列表,选择该项既可以打开列表,还可以打开相应的窗口,方便用户随时准确地查找相应的内容。

(9)细节窗格:用来显示选中对象的详细信息。

3)对话框的基本内容及基本操作

当选择了菜单中带有省略号(…)的命令后,将弹出一个对话框。对话框是 Windows 和用户进行交流的一个界面。对话框中常见的部件及操作如下:

(1)命令按钮

直接单击相关的命令按钮,则完成对应的命令。如【确定】按钮表示确认对话框中的设置。

(2)文本框

单击文本框,插入点光标(一个闪动的竖线)会显示在文本框中,此时可在文本框中输入内容或修改内容。

(3)列表框

列表框中显示的是可供选择的项目,用鼠标单击所需的项,则表示选定该项。

(4)下拉式列表框

用鼠标单击下拉式列表框右侧的倒三角形按钮▼,则出现一个列表框,单击列表框中所需的项,该项显示在正文框中,表示选定该项。

(5)复选框

前面带有一个小方框并且可同时选择多项的一组选项。单击某一复选项目,则可在该项目前的小方框内打上"√",表示选定了该项,再单击该项,则该项前面的小方框内的"√"消失,表示取消该项的选定。

(6)单选按钮

前面带有一个小圆框并且只能选择其中之一的一组选项。单击所要选择的项,则只在该项前面的小圆框内出现一个小黑点,表示该项被选定。

(7)增量按钮

通常用于设定一个数值。单击正三角形按钮表示增加数值,单击倒三角形按钮表示减少数值。

4)关于菜单的约定

(1)暗淡的菜单

表示在当前状态下该命令不可用。

(2)带下划线字母

表示该下拉菜单出现的情况下,在键盘上键入该字母则可选定该命令项。

(3)命令的快捷键

有的命令右边有一组快捷键,如"Ctrl + A",使用快捷键可以不通过菜单项的选取而快速的执行命令。

(4)弹出对话框的命令

如果命令后面有省略号"…",表示选择了此命令后,将弹出一个对话框。

(5)命令的选择标记

当选择了有的命令后,该命令的左边出现一个"√"标记,表示该命令项处于被选定状态;当再次选择该命令项后,命令项左边的"√"标记消失,表示已取消该命令项的选定状态。

(6)单选命令的选中标记

有的菜单中,用横线将命令项分隔为多组,某些组中只能有一个命令被选定。选定某一项之后,则只在该项的左侧标记一个"•",表示该项被选定。

(7)级联式菜单

有的命令右边有一个向右的三角箭头,选定此命令后,则会出现另一个菜单以供选择。

(8)快捷菜单

在 Windows 中,在桌面的任何对象(如图标,窗口等)上单击鼠标右键,将出现一个弹出式菜单,此菜单称为快捷菜单。使用快捷菜单可快速操作对象。

5)Windows 的桌面组成

Windows 的桌面如图 2-2 所示,主要由下面几部分组成。

图 2-2　Windows 的桌面

(1)Windows 的常用图标

Windows 常用的图标有“用户的文档”、“计算机”、“网络”、“回收站”等：

①“用户的文档”极大地方便了用户文档的集中有序管理。

②“计算机”窗口包含了用户计算机的所有资源:所有驱动器图标、控制面板等。在“计算机”窗口中可以查看用户计算机所有驱动器的文件,以及设置计算机的各种参数等。

③使用“网络”窗口用户可以查看基本网络信息并设置连接,或查看目前活动网络,或更改网络设置。

④“回收站”用于暂时保存已经删除的硬盘文件信息。“回收站”实际是硬盘中用来暂存被删除文件、图标或文件夹的空间,用户可以修改其大小。

刚安装完成的 Windows 7 桌面只有“回收站”一个图标,用户可以通过手动的方式将其他系统图标添加到桌面上。具体操作为：

a. 在桌面空白处单击鼠标右键,从弹出的快捷菜单中选择【个性化】菜单项；

b. 在【更改计算机上的视觉效果和声音】窗口的左边窗格中选择【更改桌面图标】选项；

c. 在【桌面图标设置】对话框中,根据自己的需要在【桌面图标】组合框中选择需要添加到桌面上显示的系统图标；

d. 单击【应用】和【确定】按钮后,关闭该窗口。

(2)开始菜单

开始菜单按钮位于桌面的左下角,单击开始按钮,即可打开开始菜单。开始菜单的各命令功能如下：

①所有程序

显示可执行程序的清单。

②用户的文档

可以用来保存用户的信件等各种文档。

③计算机

查看连接到计算机的硬盘和其他硬件。

④控制面板

显示或更改系统各项设置。

⑤搜索

查找文件/文件夹、计算机,或在 Internet 上查找。

⑥帮助和支持

获得系统的帮助信息和技术支持。

⑦文档

访问信件、报告、便签及其他类型文档。

⑧图片、音乐和游戏

管理和组织数字图片、音频文件和游戏。

⑨关机

关机、注销、锁定、睡眠和重新启动计算机。

(3)任务栏

任务栏位于桌面底部,如图 2-3 所示,主要包括应用程序锁定区、窗口按钮区和包含时钟、音量等标识的通知区域。

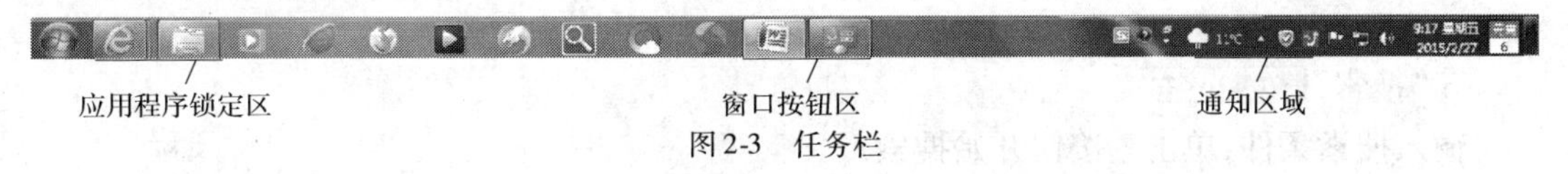

图 2-3　任务栏

①单击应用程序锁定区中的按钮可以快速打开对应的窗口。

②每一个打开的窗口在任务栏上都有一个对应的按钮。单击任务栏上对应窗口的按钮就可以将该窗口切换为当前窗口,从而轻松实现多应用程序窗口之间的切换。也可以在任务栏上用鼠标右键单击某个应用程序窗口对应的按钮,然后在弹出的快捷菜单中选择相应的命令项来实现窗口的各种操作。

③通知区域有输入法指示器、音量指示器等。单击输入法指示器,可以打开输入选择菜单如图 2-4 所示,单击所需输入法选项就可实现输入法的切换;当用户选择了一种中文输入法如智能 ABC 之后,就会显示如图 2-5 所示的输入法状态栏;输入法状态栏上的第 1 个按钮的功能是切换中英文输入,第 2 个按钮在智能 ABC 输入法中的功能是切换标准和双打输入,第 3 个按钮的功能是切换半角和全角,第 4 个按钮的功能是切换中英文标点,第 5 个按钮的功能是开启和关闭软键盘。单击音量指示器,就可以调节音量,选定或取消静音,如图 2-6 所示。

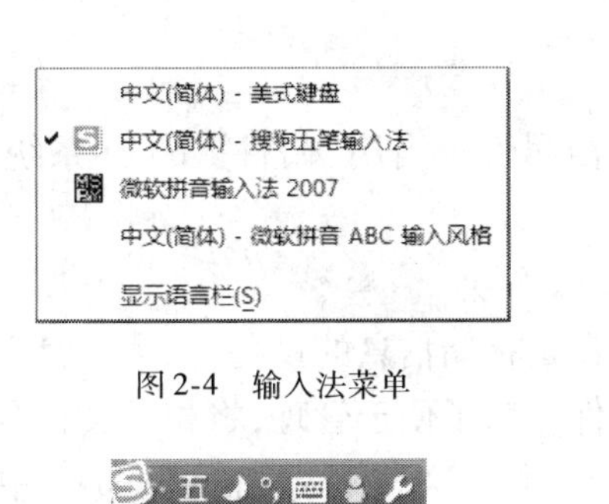

图 2-4　输入法菜单

图 2-5　输入法状态栏

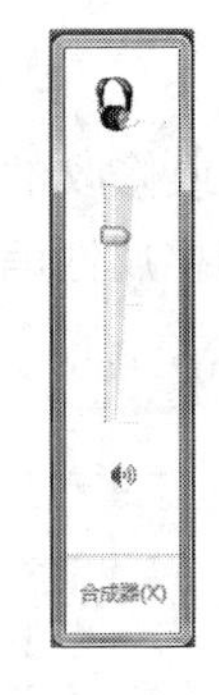

图 2-6　音量开关

④单击任务栏最右侧的时间显示,就可以打开“日期/时间属性”对话框,可以了解或重新设定系统的日期和时间及时区,也可以设置【定时关机】或【添加倒计时】。

6) Windows 7 的资源管理器

Windows 资源管理器显示了计算机上的文件、文件夹和驱动器的分层结构,用资源管理器,可以方便地管理计算机的各项资源。

“资源管理器”窗口中包含有如下一些基本功能及按钮:

①“后退”

恢复到前一步操作的状态。

②“前进”

在后退之后,再前进到下一步操作的状态。

③菜单栏

文件(F) 编辑(E) 查看(V) 工具(T) 帮助(H)

④工具栏

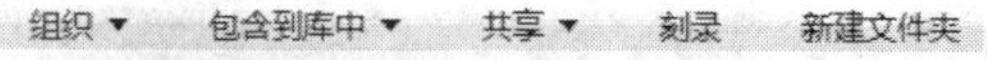

组织 ▾ 包含到库中 ▾ 共享 ▾ 刻录 新建文件夹

⑤"搜索" 搜索 drivers

输入搜索条件,单击按钮开始搜索。

⑥"查看"

选择查看方式(超大图标、大图标、中等图标、小图标、列表、详细信息、平铺和内容)。

7) Windows 文件管理的相关知识

(1)文件

文件是保存在外部存储器上的一组相关信息的集合,Windows 管理文件的方法是"按名存取"。

文件由文件名标识,通常由文件主名和扩展名组成,扩展名通常用于标记文件的类型。文件的大小、占用空间、所有者信息等称为文件的属性。文件的重要属性有以下几种:

①只读

设置为只读属性的文件只能读,不能修改或删除。

②隐藏

具有隐藏属性的文件通常不显示出来。如果设置了显示隐藏文件,则隐藏的文件和文件夹呈浅色。

③存档

任何一个新创建或修改的文件都有存档属性。当用"附件"下的"系统工具"中的"备份"程序备份之后,归档属性消失。

(2)文件夹

磁盘是存储信息的设备,一个磁盘上通常存储了大量的文件。为了便于管理,将相关文件分类后存放在不同的目录中。这些目录在 Windows 中称为文件夹。Windows 采用的是树形目录结构,如图 2-7 所示。

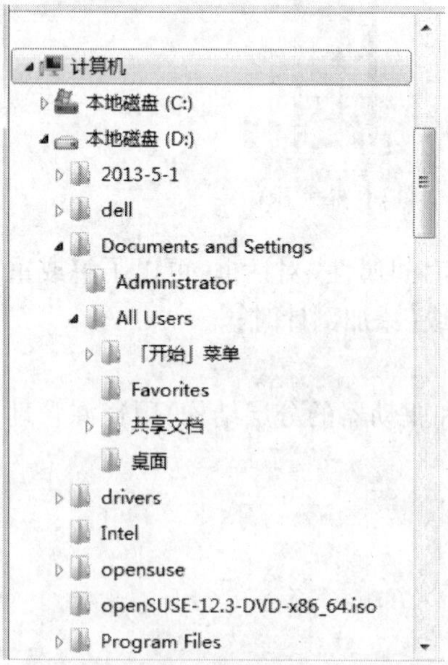

计算机
本地磁盘 (C:)
本地磁盘 (D:)
2013-5-1
dell
Documents and Settings
Administrator
All Users
「开始」菜单
Favorites
共享文档
桌面
drivers
Intel
opensuse
openSUSE-12.3-DVD-x86_64.iso
Program Files

图 2-7 树形目录结构

(3)文件路径

在 Windows 文件系统构成中,不仅需要文件名,还需要目录路径。

①绝对路径

由盘符、文件名以及从盘符到文件名之间的各级文件夹(各级文件夹由"\"分隔)组成的字符串。例如,位于驱动器 C 上的写字板程序路径为:

C:\Program Files\Windows NT\Accessories\wordpad.exe。

②相对路径

从当前目录开始,依序到某个文件之前的各级目录组成的字符串。如:..\ZH\tmp.txt 表示当前目录的上级目录中的 ZH 目录中的 tmp.txt 文件(用“..”表示上一级目录)。

(4)文件命名规则

中文 Windows 允许使用长文件名,即文件名或文件夹名最多可使用 255 个字符;这些字符可以是字母、空格、数字、汉字或一些特定符号;英文字母不区分大小写;但不能出现下列符号:

” | \ < > * / : ?

(5)文件和文件夹的选定

①选定单个文件或文件夹:单击文件或文件夹对象。

②选定多个连续的文件或文件夹:单击选定第一个对象+Shift 键,同时单击选定最后一个对象。

③选定多个不连续的文件或文件夹:按下 Ctrl 键的同时单击选定所需选择的各个对象。

④选定全部文件:选菜单【编辑】→【全选(A)】

(6)剪贴板

剪贴板是内存中的一块连续区域,可以暂时存放信息。与之相关的操作有:

①剪切(Ctrl+X)——将选定的对象剪切到剪贴板中。

②复制(Ctrl+C)——将选定的对象复制到剪贴板中。

③粘贴(Ctrl+V)——将剪贴板中的内容粘贴到选定位置。

(7)通配符

在使用 Windows 的搜索功能时,输入的搜索关键词可以包含通配符“?”和“*”。“?”代表一个任意字符,“*”则代表多个任意字符。如:“? a?”代表由 3 个字符组成并且中间一个字符为“a”的字符串;“a*”则代表第 1 个字符为“a”的字符串。

(8)文件或文件夹的复制与移动

①鼠标拖放法

选定文件或文件夹对象后,将鼠标指针移到被选定的对象上,按下鼠标左键将其拖动到目标文件夹(呈反色显示状态),然后释放鼠标键。如果拖放的起始位置和拖放到的目标位置在同一个驱动器内,则该操作为移动,否则为复制;如果在拖放的同时按下的 Shift 键,则在不同驱动器之间拖动,也为移动;如果在拖放的同时按下的 Ctrl 键,则在同一个驱动器内拖动,也为复制。

也可用鼠标右键来进行拖放,用户可在释放鼠标键后显示的快捷菜单中选择要实施的操作:移动、复制、创建快捷方式。

②借助剪贴板的方法

首先选定要移动或复制的文件或文件夹对象。然后,在“编辑”菜单下选取“剪切”(如果要移动文件或文件夹)或“复制”(如果要复制文件或文件夹)命令项。也可用快捷菜单。再选定将要移动到或复制到的目标文件夹。最后,在“编辑”菜单下选取“粘贴”命令项。也可用快捷菜单。

③发送法

选定文件或文件夹对象后,选择“文件”菜单下的“发送到”选项可将对象快速的复制到别的位置。

2.1.3 实验内容与操作步骤

1)添加和删除“开始”菜单中的项目

用户可以将指定的应用程序显示在【开始】菜单中,以方便快速地启动该应用程序。【开始】菜单分为【固定程序】列表和【常用程序】列表,两者之间有一条分隔线。【固定程序】列表中的程序会固定地显示在【开始】菜单中,【常用程序】列表中列出了一些经常使用的程序,用户也可以根据自己的习惯进行设置。

实验内容

将【附件】中的【截图工具】添加到开始菜单中,再将其删除。

操作步骤

(1)选择【开始】→【所有程序】→【附件】菜单项,从弹出的【附件】菜单中选择【截图工具】菜单项。

(2)然后单击鼠标右键,从弹出的快捷菜单中选择【附到「开始」菜单】菜单项,如图2-8所示。

(3)单击【所有程序】菜单中的【返回】按钮◀,返回【开始】菜单,可以看到【截图工具】已经添加到【开始】菜单中的【固定程序】列表中,如图2-9所示。

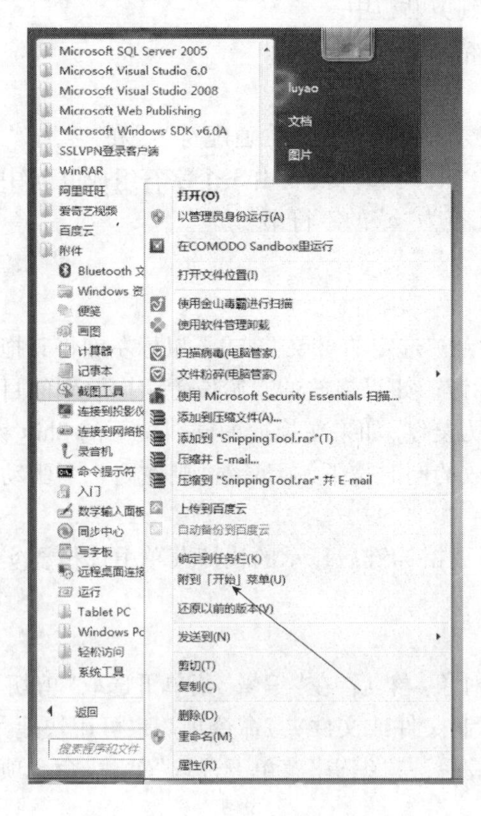

图2-8 附到「开始」菜单

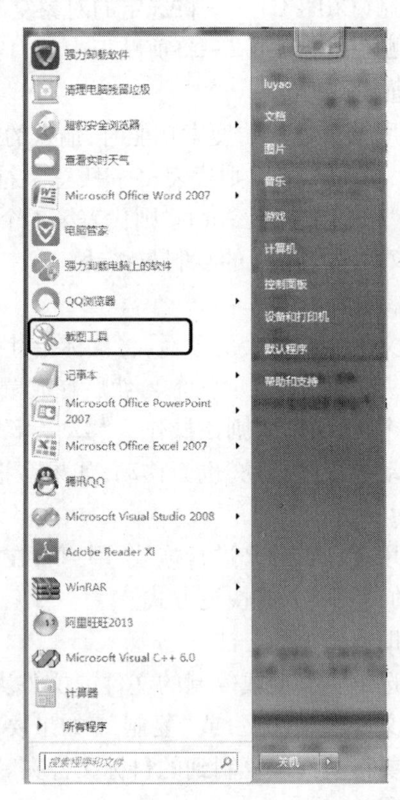

图2-9 成功添加项目的「开始」菜单

(4)删除【固定程序】列表中的【截图工具】菜单项:鼠标右键单击【固定程序】列表中的【截图工具】菜单项,从弹出的快捷菜单中选择【从「开始」菜单解锁】菜单项,如图2-10所示。

(5)打开【开始】菜单,可以看到【截图工具】程序已经从【固定程序】列表中删除了。

2)任务栏的相关操作

实验内容

(1)将应用程序添加到任务栏,再将其删除。

(2)自定义通知区域。

操作步骤

(1)将应用程序添加到任务栏,再将其删除。(以 QQ 和 IE 为例)

①打开【开始】菜单,鼠标右键单击【Internet Explorer】菜单项,在弹出的快捷菜单中选择【锁定到任务栏】菜单项,如图 2-11 所示。

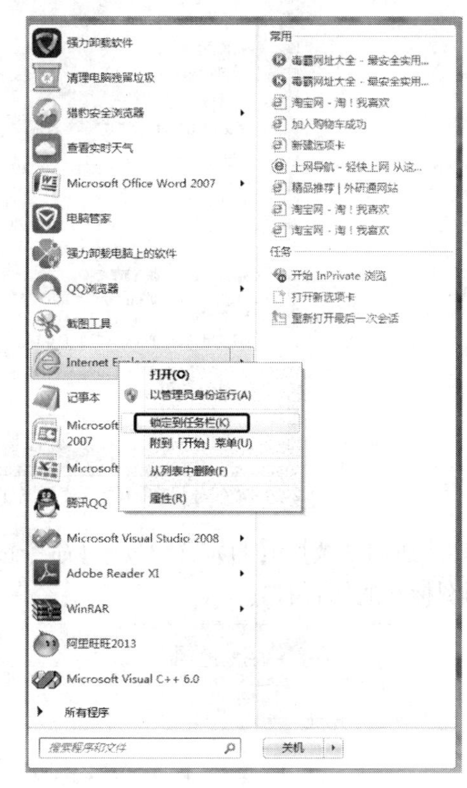

图 2-10　从「开始」菜单中删项目除　　　　图 2-11　将应用程序锁定到任务栏

②打开【开始】菜单,按下鼠标左键拖动【腾讯 QQ】菜单项至【任务栏】中,如图 2-12 所示。

图 2-12　将应用程序拖动添加至任务栏

用上述两种方法也可将桌面上的应用程序添加到【任务栏】中。

③单击任务栏中的【腾讯 QQ】图标按钮,则可快速打开该应用程序。

④在任务栏上鼠标右键单击【腾讯 QQ】图标,在弹出的快捷菜单中选取【将此程序从任务栏中解锁】菜单项,则将该应用程序图标从任务栏中去除,如图 2-13 所示。

图 2-13　从任务栏中删除图标

(2)更改图标和通知在通知区域的显示方式

①右键单击任务栏上的空白区域,单击【属性】,打开如图 2-14 所示的【任务栏和「开始」菜单属性】对话框。

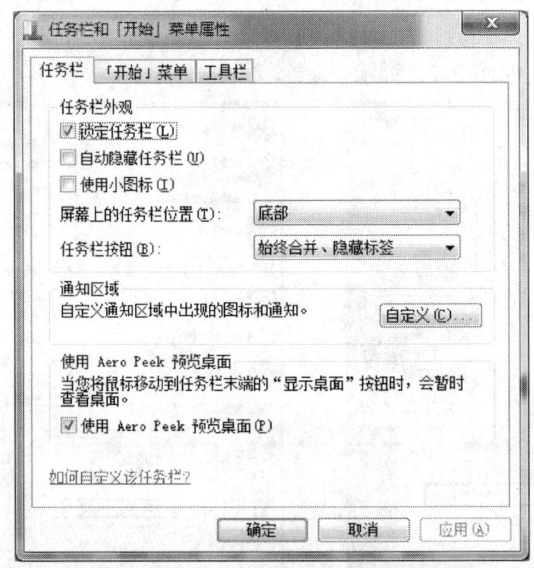

图 2-14　"任务栏和「开始」菜单属性"对话框的"任务栏"选项卡

②单击【通知区域】的【自定义(C)…】命令按钮,打开如图 2-15 所示的【选择在任务栏上出现的图标和通知】窗口。

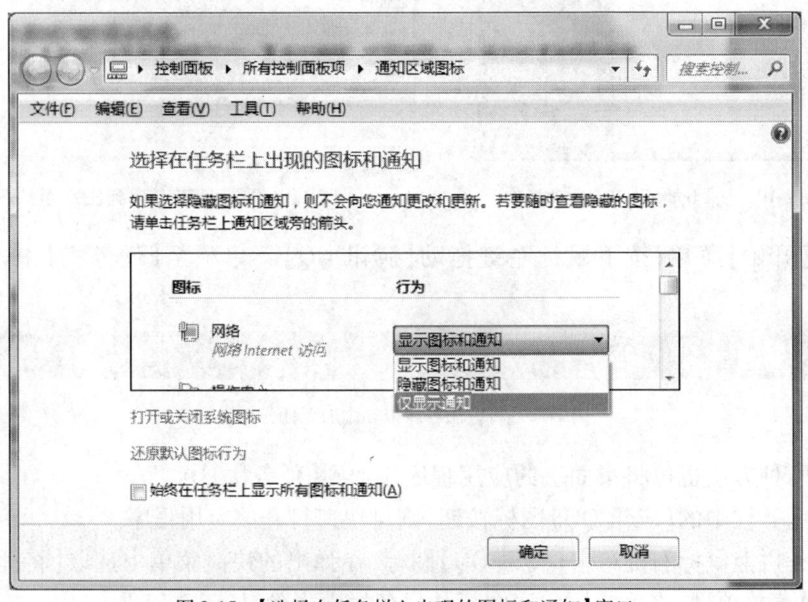

图 2-15　【选择在任务栏上出现的图标和通知】窗口

③在该窗口的列表框中列出了各个图标及其显示的方式，每个图标都有3种显示方式，这里在【操作中心】图标右侧的下拉列表中选择【仅显示通知】选项。

设置完毕后单击【确定】按钮，返回【任务栏和「开始」菜单属性】对话框，依次单击【应用(A)】按钮和【确定】按钮。

④可以看到任务栏中【操作中心】图标已经在通知区域消失。

(3)打开和关闭系统图标

【时钟】、【音量】、【网络】、【电源】和【操作中心】等5个图标是系统图标，用户可以根据需要将其打开或者关闭。

①打开如图2-15所示的【选择在任务栏上出现的图标和通知】窗口，单击【打开或关闭系统图标】链接。

②在弹出的【打开或关闭系统图标】窗口中间的列表框中，可以设置有5个系统图标的【行为】，例如在【操作中心】图标右侧的下拉列表选择【关闭】选项，即可将【操作中心】图标从任务栏的通知区域中删除并关闭通知。

③若想还原图标行为，单击窗口左下角的【还原默认图标行为】链接即可，如图2-16所示。

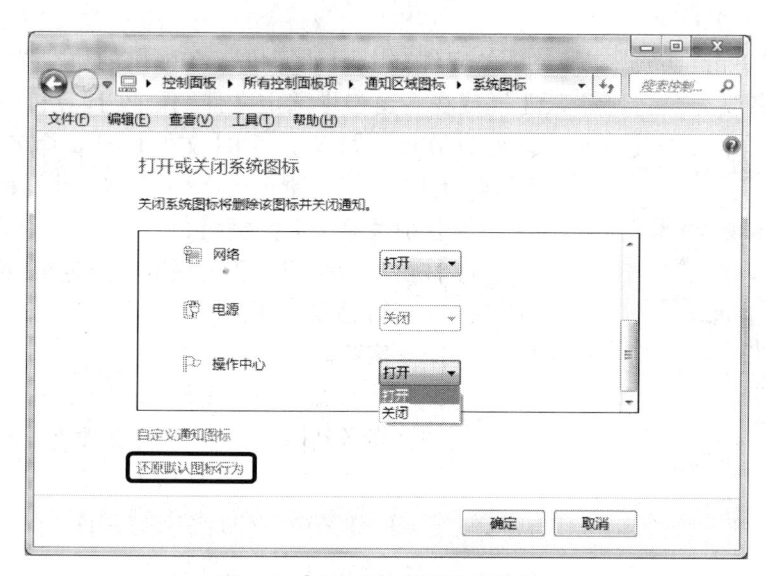

图2-16　【打开或关闭系统图标】窗口

3)文件的创建、复制、更名、属性设置

实验内容

(1)在D盘根目录下创建3个文件夹，分别命名为“作业”、“娱乐”和“实验”；

(2)在“作业”文件夹下创建一个名为“作业_计算机”的空文本文档；

(3)将文件“作业_计算机”复制到文件夹“实验”下面，并将它更名为“实验_计算机”，设置其属性为“只读”。

操作步骤

(1)选菜单【开始】→【所有程序】→【附件】→【Windows资源管理器】；或在“开始”按钮

上单击鼠标右键,在弹出的快捷菜单中选择【打开 Windows 资源管理器】命令项,打开“资源管理器”窗口。

(2)在资源管理器的左窗格中,单击 D 驱动器。

(3)选择菜单【文件】→【新建】→【文件夹(F)】。

也可在工作区空白处,单击鼠标右键,在弹出的快捷菜单中选取【新建】→【文件夹(F)】。

(4)从键盘输入新建文件夹的名称——“作业”。

(5)按上述方法再新建两个文件夹“娱乐”及“实验”。

(6)在资源管理器的左窗格上单击“作业”文件夹,选菜单【文件】→【新建】→【文本文档】,并将其命名为“作业_计算机”。

(7)在右窗格中右键单击“作业_计算机”文件,选快捷菜单【复制】命令。(或选定“作业_计算机”文件后,单击菜单【编辑】→【复制(C)】;或选定“作业_计算机”文件后,使用快捷键 Ctrl + C。)

(8)在左窗格中单击选定“实验”文件夹,选快捷菜单【粘贴】命令。(或在左窗格中选定“实验”文件夹后,单击菜单【编辑】→【粘贴(P)】;或在左窗格中选定“实验”文件夹后,使用快捷键 Ctrl + V。)

(9)右键单击“实验”文件夹下的文件“作业_计算机”,在弹出的快捷菜单中选【重命名】,将文件名改为“实验_计算机”(或在右窗格中选定文件“作业_计算机”后,单击其文件名;或在右窗格中选定文件“作业_计算机”后,单击菜单【文件】→【重命名】)。

(10)右键单击文件“实验_计算机”,在弹出的快捷菜单中选【属性】,弹出如图 2-17 所示的文件属性窗口。在“常规”选项卡中选定“只读”属性。

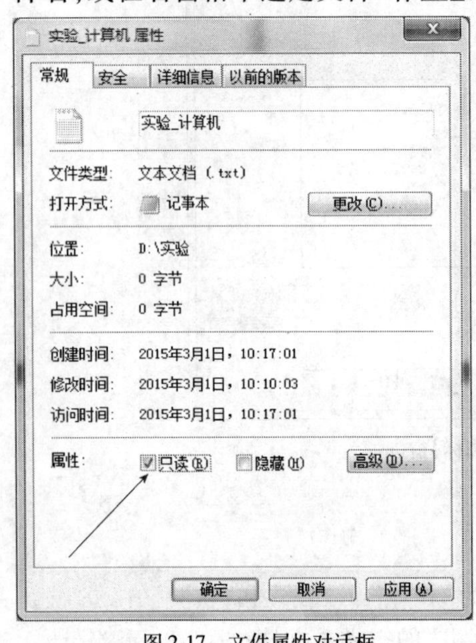

图 2-17 文件属性对话框

4)移动文件

实验内容

在 C 盘中搜索文件“explorer. exe”,将搜索到的文件发送到【库】→【文档】文件夹。在 D 盘根目录创建一个名为“我的私人文件”的文件夹,并将【库】→【文档】文件夹中的文件explorer. exe移动到“我的私人文件”文件夹下。

操作步骤

(1)在资源管理器的左窗格中右键单击 C 驱动器图标,并在搜索栏文本框中输入搜索关键词“explorer. exe”,如图 2-18 所示,搜索结果最后显示在右窗格中。

(2)右键单击搜索到的文件图标,并选择快捷菜单的【发送到】→【文档】,将文件发送到【库】→【文档】文件夹中。

(3)在资源管理器的左窗格中选定 D 驱动器,然后在右窗格的空白处单击鼠标右键,选快捷菜单中的【新建】→【文件夹(F)】,并命名为“我的私人文件”。

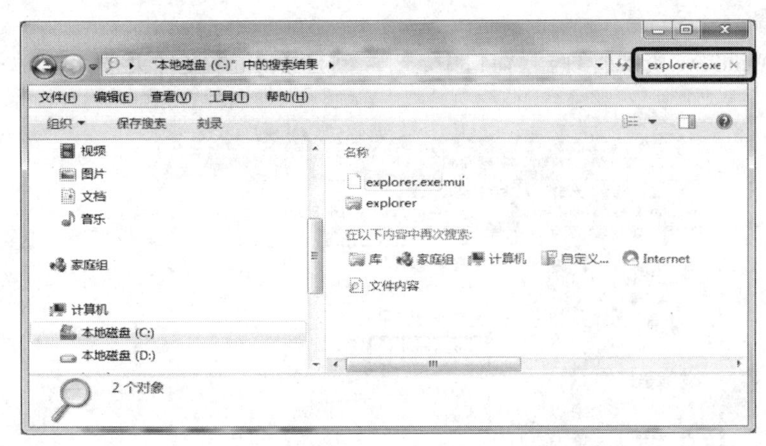

图 2-18　搜索窗口

(4)在"资源管理器"左窗格中展开 D 盘根目录,使得文件夹"D:\我的私人文件"显示在左窗格中,接着在左窗格中依次单击【库】→【文档】,将其指定为当前文件夹,在右窗格中找到"explorer. exe"文件图标,鼠标右键拖动到"D:\我的私人文件"的图标上,释放鼠标键后选择【移动到当前位置(M)】。

5)删除文件或文件夹

实验内容

把 D 盘根目录中"娱乐"和"实验"两个文件夹一起删除到回收站,然后又将文件夹"娱乐"恢复到 D 盘根目录,再把"实验"文件夹从回收站里彻底删除。

操作步骤

(1)在"资源管理器"的右窗格中单击 D 驱动器图标,按住 Ctrl 键不放,继续在右窗格中单击选定文件夹"娱乐",文件夹"实验",则选定了不连续的两个文件夹"娱乐"和"实验"。

(2)选菜单【文件】→【删除】(或在选定对象上单击鼠标右键,在弹出快捷菜单中选择【删除(D)】菜单项;或按下键盘【Del】键),在弹出的如图 2-19 所示对话框中单击命令按钮【是(Y)】,确认删除。(也可将选定对象直接拖动到桌面的"回收站"图标上)

图 2-19　确认删除对话框

选定对象后,同时按下 Shift + Del 组合键,可将选定对象彻底删除。

(3)在桌面双击"回收站"图标,打开回收站窗口,可以看到处于回收站中的"娱乐"和"实验"文件夹。

(4)右键单击文件夹"娱乐"图标,在弹出的快捷菜单中选择【还原(E)】命令,完成对文件夹"娱乐"的还原操作。

(5)右键单击文件夹"实验"图标,选快捷菜单的【删除(D)】命令,则将其从回收站中彻底删除。打开"回收站"可以看到"娱乐"和"实验"文件夹均已不在回收站中了。

6)文件和文件夹显示与查看设置

实验内容

通过改变文件和文件夹的显示和查看的方式,来满足实际应用的需要。

操作步骤

(1)在“Windows 资源管理器”窗口中,选菜单【工具】→【文件夹选项(O)…】,如图 2-20 所示。

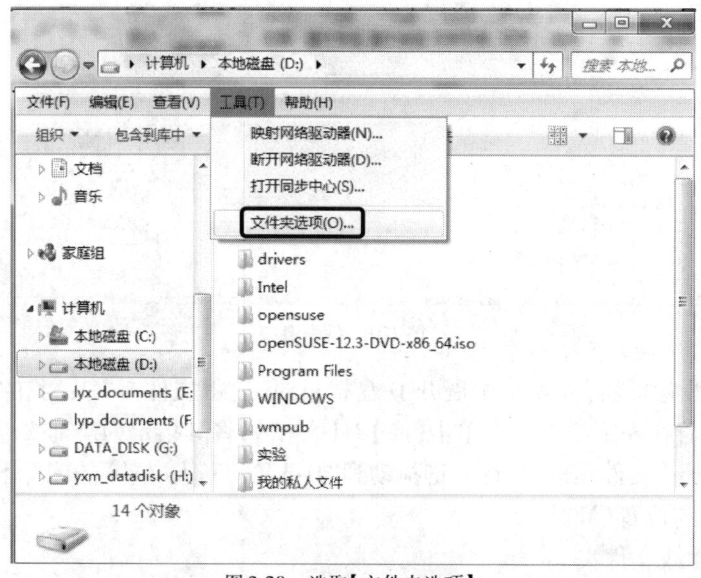

图 2-20　选取【文件夹选项】

(2)在弹出的“文件夹选项”对话框中,选【常规】和【查看】选项卡,根据需要设置浏览文件夹的不同方式、打开项目的方式等,以及是否显示隐藏文件与文件夹、是否隐藏已知文件类型的扩展名等,如图 2-21 所示。

如果将文件或文件夹属性设为“隐藏”,那么必须在“文件夹选项”对话框中将【查看】选项卡中【不显示隐藏的文件、文件夹或驱动器】选项置为选定状态后,隐藏的文件或文件夹才会真正隐藏起来。

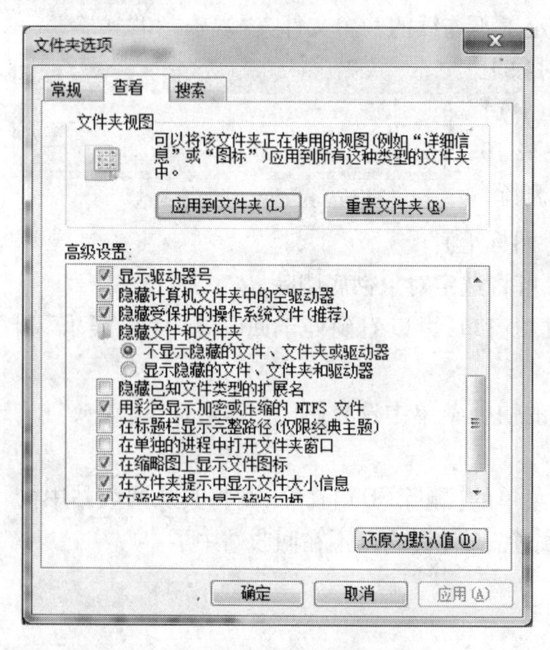

图 2-21　文件夹选项对话框

7)压缩和解压缩文件或文件夹

Windows7 操作系统置入了压缩文件程序,用户可直接使用。

实验内容

(1)压缩“D:\作业\作业_计算机 . txt”文件,并命名为“作业 . zip”。

(2)将“D:\实验\实验_计算机 . txt”文件添加到压缩文件“作业 . zip”中。

(3)解压缩上述压缩文件“作业 . zip”。

操作步骤

(1)在“资源管理器”左窗格中选定“D:\作业”文件夹,在右窗格中右键单击“作业_计算机 . txt”文件,在弹出的快捷菜单中选定

【发送到(D)】→【压缩(zipped)文件夹】。

(2)若文件或文件夹较大会弹出【正在压缩…】对话框,绿色进度条显示压缩的进度。

(3)【正在压缩…】对话框自动关闭后,可以看到窗口中已经出现了对应文件的压缩文件,将其重命名为“作业.zip”。

(4)将“D:\实验\实验_计算机.txt”文件复制到“D:\作业”文件夹下,然后将“实验_计算机.txt”文件拖动到压缩文件“作业.zip”图标上,完成将文件添加至压缩文件中。

(5)在压缩文件上单击鼠标右键,从弹出的快捷菜单中选择【全部提取】菜单项。

(6)在【文件将被提取到这个文件夹】文本框中确定相应路径,单击【确定】命令按钮。

8)截图工具的应用

Windows 7 附件中的“截图工具”可以方便截取屏幕上的全部或部分图片(默认格式为PNG 文件)。

实验内容

创建一个截图文件并命名为“my 桌面图标”。

操作步骤

(1)单击选定【开始】→【所有程序】→【附件】→【截图工具】,打开“截图工具”窗口如图 2-22所示。

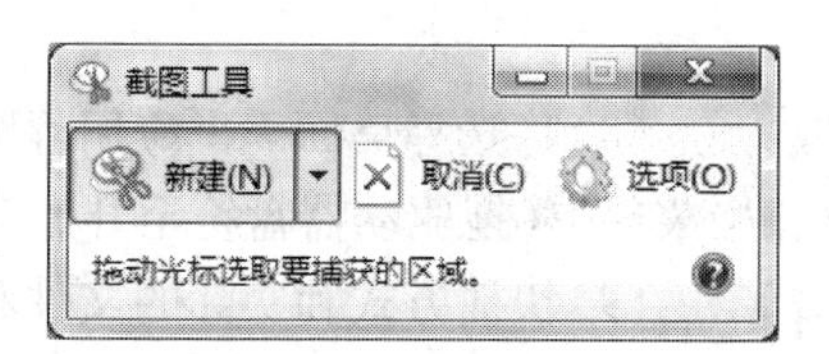

图 2-22 “截图工具”窗口

(2)单击“新建”按钮右边的▼,选择“任意格式截图”命令,此时鼠标将变成“剪刀”形状,极小化桌面上的所有窗口后,用鼠标裁剪下 Windows 的标志图案,将出现如图 2-23所示的截图结果窗口。

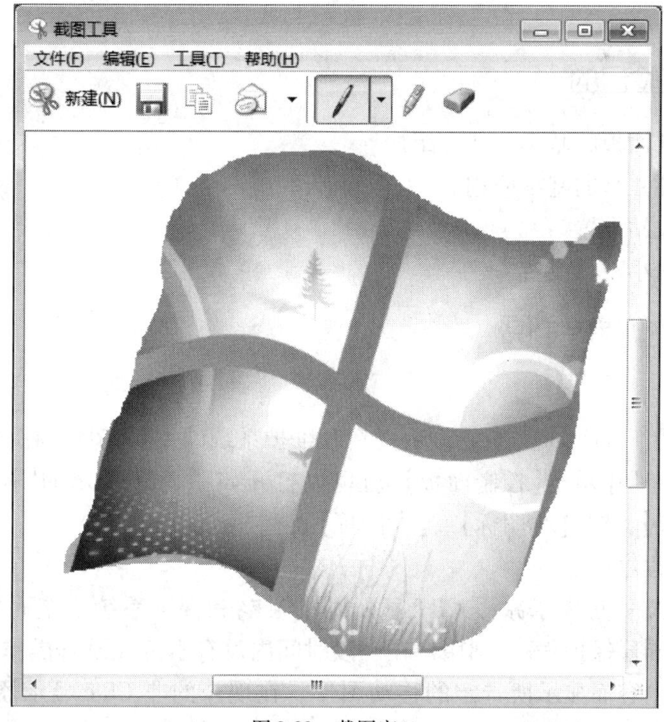

图 2-23 截图窗口

(3)单击保存图标,在弹出的"另存为"对话框中,选定存储路径、输入文件名及选定存储类型即可。

2.1.4 实验思考题

(1)活动窗口的特点是什么?练习活动窗口的切换。

(2)观察标题栏,找出窗口与对话框的区别。

(3)打开"计算机"窗口,在"查看"菜单中,设置查看方式为"详细资料"。

(4)打开"文件夹选项"对话框,仔细理解其中各项设置的具体含义,最后将各项设置重新设置为上述实验操作之前的设置状态。

(5)用截图工具创建一个任务栏截图文件,存到 D 盘根目录下,并命名为"我的任务栏"。

(6)打开"计算机"窗口和"网络"窗口,利用任务栏切换当前活动窗口,并将桌面上的窗口堆叠显示排列。

(7)将任务栏自动隐藏状态取消,并让【操作中心】图标显示在任务栏的右侧的通知区域。

(8)将选择桌面一个应用程序添加到任务栏的应用程序锁定区。将驱动器 D:添加到开始菜单中(拖驱动器盘符至开始菜单)。

(9)快捷方式和实际的文件和文件夹含义的差别是什么?

2.2 Windows 的基本设置

2.2.1 实验目的

(1)了解控制面板的基本功能和组成。

(2)掌握管理工具的基本应用。

(3)掌握回收站设置

(4)掌握桌面小工具设置

2.2.2 实验预备知识

1)控制面板

控制面板是用户自已或系统管理员更新和维护系统的主要工具。在桌面上单击"开始"按钮,在"开始菜单"中单击【控制面板】,就可以打开如图 2-24 所示的"控制面板"窗口,可以更改【查看方式】,选择【小图标】或【大图标】查看方式。

2)屏幕保护程序

"屏幕保护程序"是为了减缓 CRT 显示器的衰老和保证系统安全而提供的一项功能。如果选定了一种屏幕保护程序,则用户在一段时间内没有击键或没有操作桌面元素时,屏幕上清除原来桌面内容而显示所选定的移动图形。在现今的非 CRT 显示器中,"屏幕保护程序"更多的作用是美观和锁屏。

图 2-24　“控制面板”窗口

2.2.3　实验内容与操作步骤

1)设置背景及屏幕保护程序

实验内容

(1)改变桌面背景；

(2)更改桌面项目“计算机”的图标；

(3)设置屏幕保护，等待时间设为 5 分钟，启用密码保护。

操作步骤

(1)【开始】→【控制面板】→选择【外观和个性化】→【个性化】→【更改桌面背景】。

(2)在如图 2-25 所示的“选择桌面背景”窗口中，依次适当设置，最后单击【保存修改】命令按钮。可以看到屏幕背景的变化。

(3)在“控制面板”窗口中，选择【外观和个性化】→【个性化】→【更改主题】，然后单击窗口左侧的【更改桌面图标】链接，打开如图 2-26 所示的“桌面图标设置”对话框。

(4)单击“计算机”图标，然后单击【更改图标(H)…】按钮，进入“更改图标”对话框，查找位置指定为“C:\WINDOWS\SYSTEM32\shell32. dll”，如图 2-27 所示；在图标显示框中单击某一选定图标，单击【确定】按钮；然后，在“桌面图标设置”对话框中单击【确定】按钮。可以看到“计算机”图标已经改变。

(5)在“控制面板”窗口中，选择【外观和个性化】→【个性化】→【更改屏幕保护程序】，打开“屏幕保护程序设置”对话框，如图 2-28 所示。

(6)在“屏幕保护程序”下拉列表中选取任意一项；单击“在恢复时显示登录屏幕”选项；在等待时间增量框中设置数值为 5。

(7)单击【确定】按钮。当进入屏幕保护状态时将出现选择的图案。

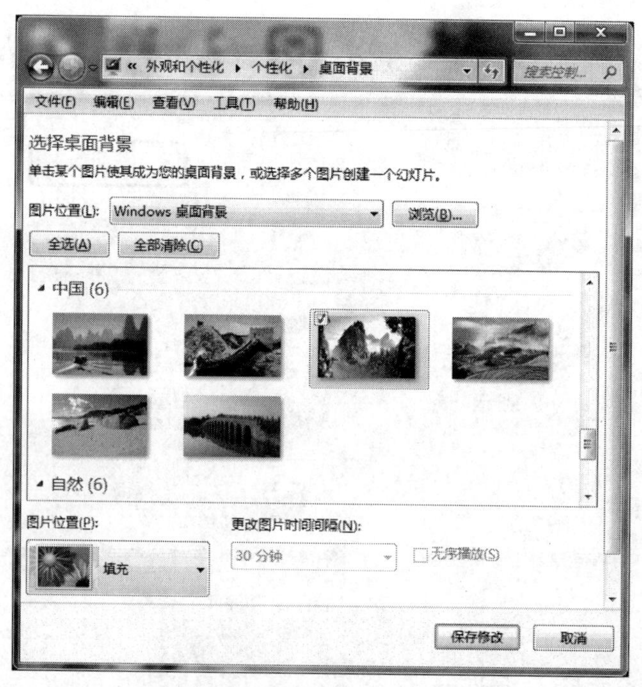

图 2-25 “选择桌面背景”窗口

图 2-26 桌面图标设置

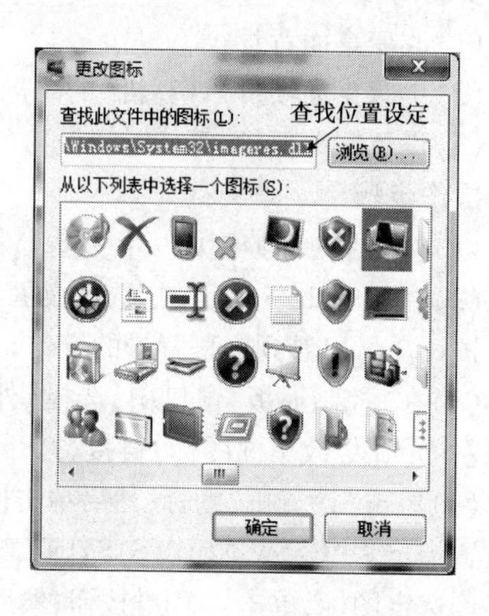

图 2-27 “桌面项目”对话框

2)桌面小工具的设置

桌面小工具是 Windows 改善桌面功能的组件，通过桌面小工具用户可以改变小工具的大小、位置，还可以通过网络更新、下载各种小工具。

实验内容

(1)添加小工具到桌面。

图 2-28　设置屏幕保护程序

(2)调整小工具。

(3)卸载小工具。

操作步骤

(1)在"控制面板"中双击【桌面小工具】图标,打开如图 2-29 所示的窗口;

图 2-29　"桌面小工具"窗口

(2)添加小工具到桌面有以下 3 种方法。

方法 1:双击窗口中的工具项;

方法 2:右键单击窗口中的工具项→【添加】;

方法3:直接拖动窗口中的工具项到桌面。

③调整小工具。鼠标指向某小工具时,将出现纵向的小工具条(如图2-30所示),工具条从上到下的功能是:关闭、较大(较小)、选项和拖动。如果右键单击小工具也将出现快捷菜单,选择菜单项即可实现"添加小工具"、"移动"、"改变大小"、"前端显示"、"不透明度"等功能设置。

图2-30　时钟小工具

④卸载小工具。右键单击小工具→选快捷菜单中的"卸载"。

3)计算机管理

实验内容

通过"计算机管理"工具,查看计算机系统的硬件设备和应用服务状态。

操作步骤

(1)双击控制面板中的【管理工具】图标,打开"管理工具"窗口;

(2)双击【计算机管理】快捷方式图标,打开"计算机管理"窗口;

(3)单击窗口左侧窗格中的【设备管理器】,窗口如图2-31所示;用户可以通过设备管理器来更新硬件设备的驱动程序(或软件)、修改硬件设置和解答疑难问题。

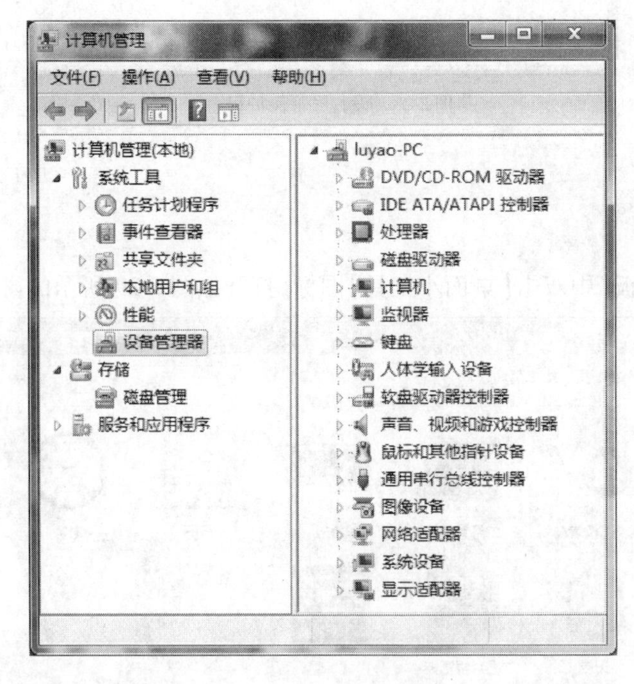

图2-31　计算机管理窗口

(4)如果单击右窗格内"网络适配器"之前的三角按钮展开"网络适配器"分枝,可以看到本机目前安装的网络适配器的型号。双击可以打开该设备的属性窗口,了解该设备的驱动程序等详细信息。

(5)如果某项设备之上出现问号,则此项设备驱动程序安装可能不正确,这时需要重新安装正确的驱动程序,该设备方可正常工作。

4)"回收站"设置

实验内容

调整"回收站"设置

操作步骤

(1)右键单击桌面上的【回收站】图标→在快捷菜单中选【属性】,将打开如图2-32所示的"回收站属性"对话框。

(2)利用该对话框可以设定回收站的容量:单击【自定义大小】单选按钮→选中某硬盘→最大值框中输入数据。

如果选中【不将文件移到回收站中。移除文件后立即将其删除】单选按钮,则被删除的文件不进回收站,不能被恢复,直接从硬盘中删除。

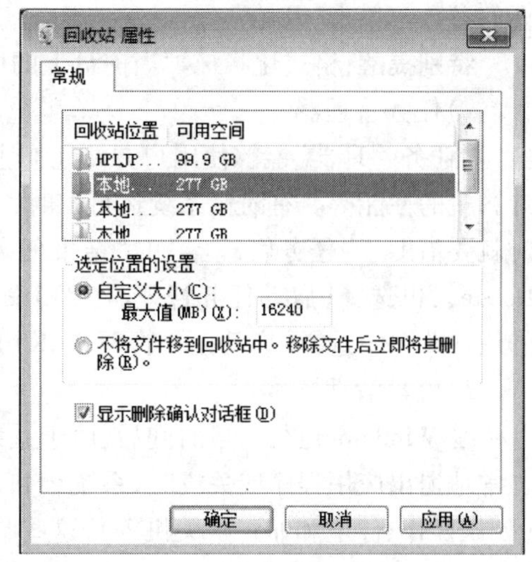

图2-32　"回收站属性"对话框

如果勾选【显示删除确认对话框】,则删除文件时会弹出确认对话框,否则不会弹出确认对话框,直接删除文件。

2.2.4　实验思考题

(1)设置显示的分辨率为800×600,桌面主题设为"Windows7";选择一个自己喜欢的屏幕保护程序,等待时间为1分钟,确定后等待1分钟,观察屏幕保护程序是否生效。再将等待时间设为30分钟。

(2)对系统的日期和时间进行正确设置。

(3)对鼠标和键盘进行适当的设置,使之适合自己使用。

(4)使用"计算机管理"工具查看各项硬件设备状态。

(5)对每一个硬盘驱动器的回收站进行适当设置,并练习【还原】、【删除】、【清空】等操作。

(6)添加"天气"小工具到桌面,并显示"重庆"的天气,并使用纵向工具条改变"天气"小工具的大小。

2.3　Windows的高级管理

2.3.1　实验目的

掌握磁盘清理、碎片整理、磁盘数据备份和还原的操作方法。

2.3.2　实验预备知识

1)格式化驱动器

磁盘格式化是指按照操作系统管理磁盘的方式,将磁盘划分成规定扇区和磁道的操作。操作步骤如下:在"资源管理器"中右键单击欲格式化的磁盘→选"格式化"命令→设置对话框的参数→单击“开始”。

特别提醒：格式化将抹掉当前盘上的所有信息，请谨慎操作。

2）任务管理器

“任务管理器”能够使用户方便地终止或启动程序，监视所运行的所有程序和进程，查看计算机的性能等。有时候系统运行忙时，一些应用程序会无法通过“关闭”按钮结束运行，此时就要借助于“任务管理器”的“结束任务”功能将其关闭。同时按下组合键【Ctrl + Alt + Delete】，再选择【启动任务管理器(T)】命令按钮，或在任务栏空白处单击鼠标右键，在弹出的快捷菜单中选择【启动任务管理器(K)】，均可打开“任务管理器”窗口。

3）磁盘清理

当 Windows 运行一段时间后，由于系统或应用程序的需要将会产生一些临时文件。当正常地退出应用程序或关机时，系统会自动地删除这些临时文件。当发生一些特殊情况时（如误操作、停电和非正常关机等），这些临时文件将继续驻留在磁盘上。这些文件不但占用磁盘空间，而且会降低系统的处理速度，从而影响系统的整体性能。“磁盘清理”可将磁盘上废旧文件、临时文件各回收站中的文件进行删除操作，释放磁盘空间。

4）碎片整理

磁盘用了一段时间后，会产生很多碎片，文件和文件夹的存储也会非常地不连续。由于碎片文件被分割放置在许多不相邻的部分，因此操作系统需要花费额外的时间来读取和搜集文件的不同部分。碎片过多时，计算机访问数据的效率就会降低，系统的整体性能也会下降。“磁盘碎片整理”可将计算机硬盘上的破碎文件和文件夹合并在一起，以便使其能分别占据单个和连续的空间。这样，系统就可以更有效地访问文件和文件夹，更有效地保存新的文件和文件夹。

5）磁盘数据的备份和还原

为了避免在计算机发生意外故障时造成数据的丢失，用户应该定期备份硬盘上的数据，如果事先对数据进行了备份，当需要时用户就可以将其还原，从而减小损失。Windows 7 的备份还原功能更强大和完美，支持多达 4 种备份还原方式，分别是文件备份还原、系统映像备份还原、早期版本备份还原和系统还原。不仅备份与恢复的速度很快，而且制作出的系统映像经过高度压缩，减少了对硬盘空间的占用，还支持一键还原功能，操作起来更简单。

2.3.3 实验内容与操作步骤

1）磁盘清理

实验内容

对 C 盘进行磁盘清理。

操作步骤

(1)单击【开始】→【所有程序】→【附件】→【系统工具】→【磁盘清理】命令，将弹出如图 2-33所示的“磁盘清理”对话框，选择需要清理的驱动器，单击“确定”按钮开始清理。

(2)进行磁盘清理计算，如图 2-34 所示。

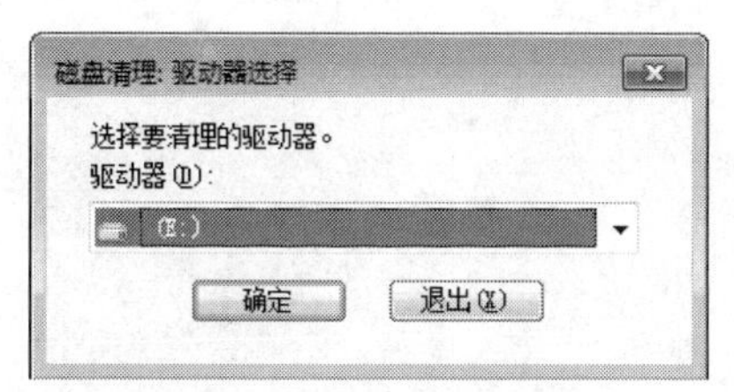

图2-33 “磁盘清理”对话框

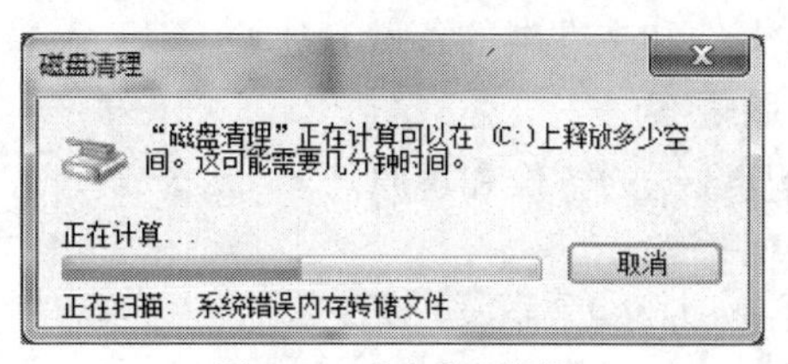

图2-34 磁盘清理计算

(3)磁盘清理计算结束后，系统会弹出如图2-35所示的磁盘清理对话框。在磁盘清理选项卡中的“要删除的文件”列表框中选定要删除的文件(相应选项前的小方框内标记符号“√”为被选定)。

(4)单击【确定】按钮，系统就会把选中的文件删除并返回。

2)磁盘碎片整理

实验内容

对C盘进行磁盘碎片整理。

操作步骤

单击【开始】→【所有程序】→【附件】→【系统工具】→【磁盘碎片整理程序】命令，将打开如图2-36所示的“磁盘碎片整理”对话框，选择一个盘符后，再单击【磁盘碎片整理】按钮，将开始整理指定磁盘。磁盘碎片整理将花费较长时间。

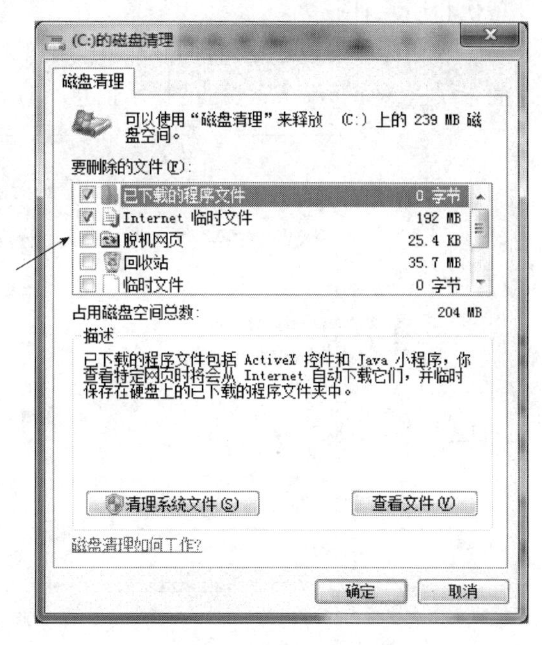

图2-35 磁盘清理

图2-36 磁盘碎片整理

3)文件和文件夹的备份和还原

实验内容

磁盘数据的备份和还原。

操作步骤

(1)数据备份

①按照前面介绍的方法打开“控制面板”窗口,并以【小图标】方式显示窗口,然后单击【备份和还原】图标。

②弹出【备份或还原文件】窗口,若用户之前从未使用过 Windows 7 备份,窗口中会显示“尚未设置 Windows 7 备份”的提示信息,单击【设置备份】链接,如图 2-37 所示。

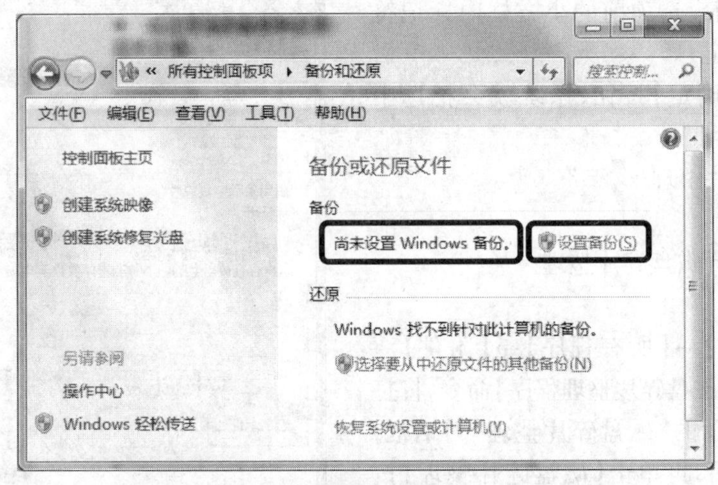

图 2-37 “备份或还原”窗口

③弹出【设置备份】对话框,显示“正在启动 Windows 备份”信息。

④Windows 备份启动完毕,会自动关闭【设置备份】对话框,弹出【选择要保存备份的位置】对话框,如图 2-38。

⑤在【保存备份的位置】组合框中列出了系统的内部硬盘驱动器,其中显示了每个磁盘驱动器的【总大小】和【可用空间】。用户可以根据【可用空间】大小,选择一个空间较大的磁盘驱动器。用户也可以单击【保存在网络上(V)…】按钮,将备份可在到网络上的某个位置。选择完毕单击【下一步(N)】按钮,弹出【您希望备份哪些内容?】对话框,如图 2-39。

⑥选中【让 Windows 选择(推荐)】单选钮,Windows 会默认将备份保存在库、桌面和默认 Windows 文件夹中的数据文件,而且 Windows 还会创建一个系统映像,用于在计算机无法正常工作时将其还原。在此选中【让我选择】单选钮,然后单击【下一步】按钮。

⑦在弹出的【您希望备份哪些内容?】对话框中,勾选要备份的项目对应的复选框,单击【下一步】命令按钮。

⑧弹出如图 2-40 所示的“查看备份设置”对话框中,【备份摘要】列表框中显示了备份的内容,在【计划】选项右侧显示了计划备份的时间,单击【更改计划】,可在弹出的【您希望多久备份一次?】对话框中设置更新备份的频率和具体时间点。

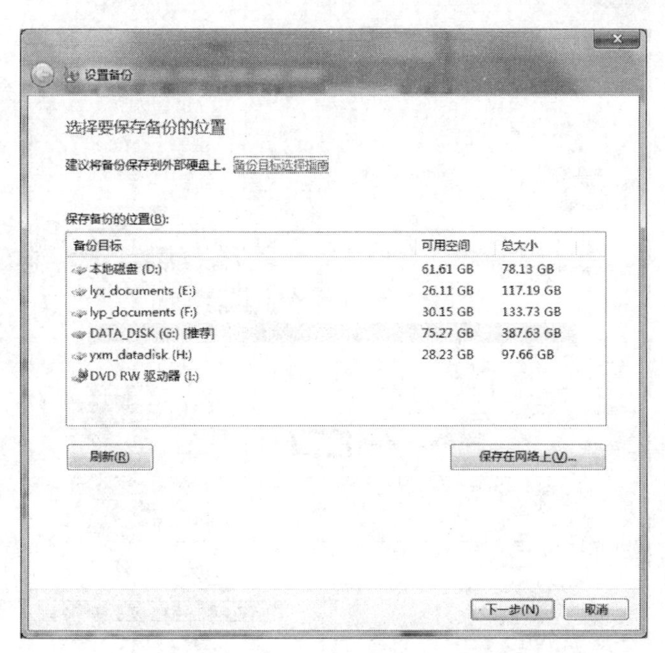

图2-38　“选择要备份的位置”对话框

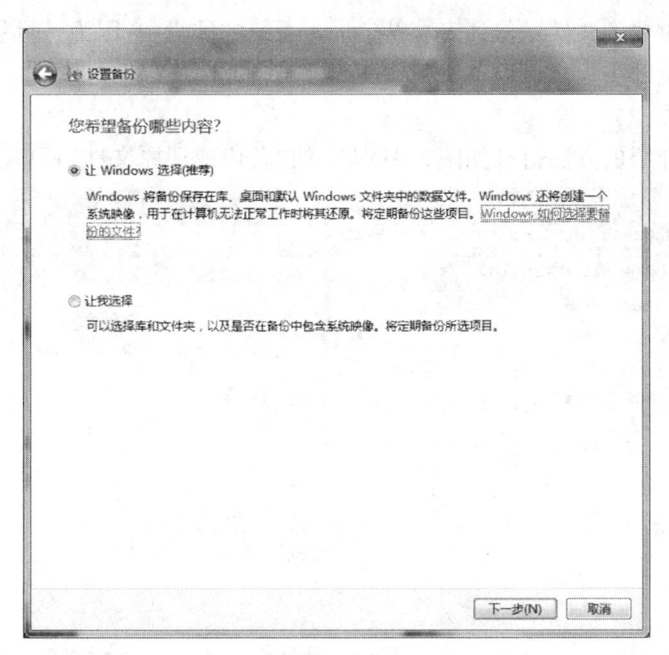

图2-39　选择备份内容对话框

⑨设置完毕单击【确定】按钮，返回【查看备份设置】对话框，然后单击【保存设置并运行备份(S)】按钮，弹出“正在备份”对话框，随即弹出【Windows 备份当前正在进行】对话框。

⑩当提示“Windows 备份已成功完成”的信息时，单击【关闭】按钮即可完成对所选定文件及文件夹的备份。

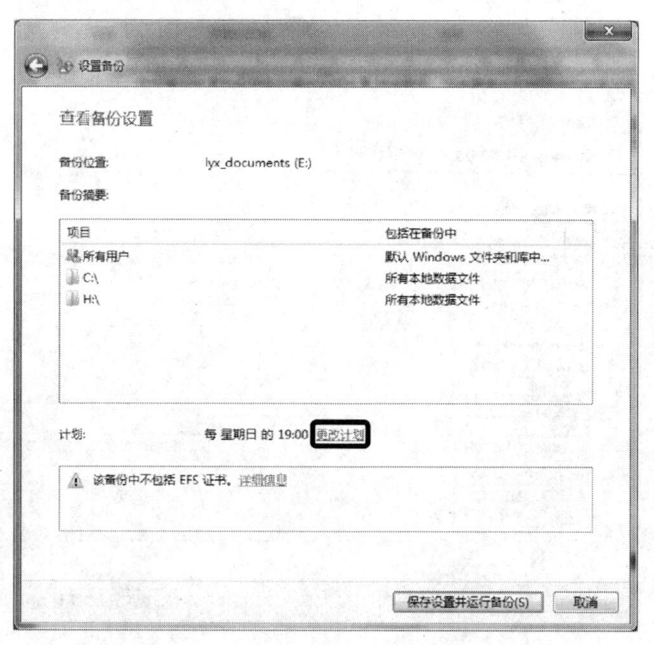

图 2-40 “查看备份设置”对话框

建议不要将重要的文件备份到安装 Windows 系统的硬盘中,因为一旦硬盘意外损坏,所备份的信息就会全部丢失。可以备份到移动存储设备或网络存储之中。

(2)数据还原

①按照前面介绍的方法打开如图 2-41 所示的“备份或还原文件”窗口。

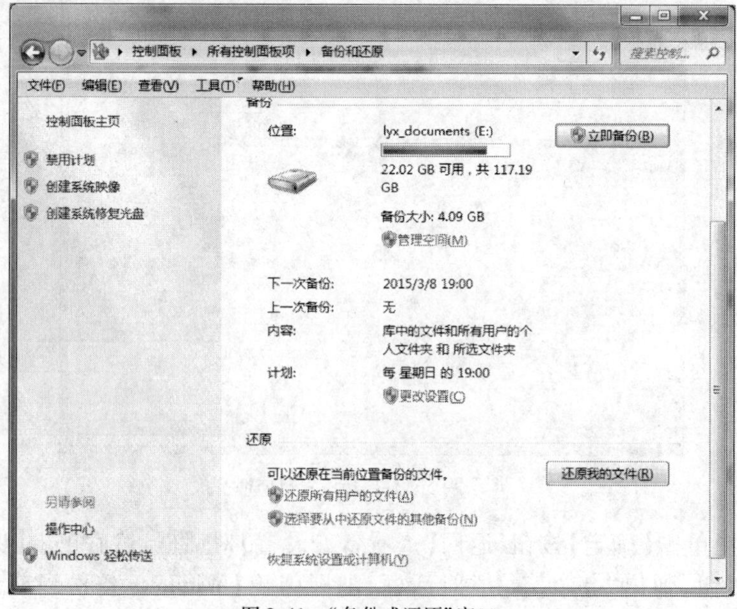

图 2-41 “备份或还原”窗口

②单击【还原我的文件(R)】按钮,弹出“还原文件”对话框。

③单击【选择其他日期】链接,弹出【还原文件】对话框。

④在【显示如下来源的备份】下拉列表中选择【上星期】选项,然后选择【日期和时间】组合框中选定一个日期时间选项,即可将所有的文件都还原到选中日期和时间的版本。

⑤若要搜索备份的内容,则可单击【搜索(S)…】按钮;若要浏览备份的内容,则可单击【浏览文件(I)】或【浏览文件夹(O)】按钮。

4)任务管理器应用

实验内容

使用任务管理器查看进程和系统性能。

使用任务管理器终止程序。

操作步骤

(1)查看系统性能

①同时按下组合键【Ctrl + Alt + Delete】,选取【启动任务管理器(T)】打开"任务管理器"窗口。

②选择【性能】选项卡,如图2-42所示。

图2-42 任务管理器"性能"选项卡

③该对话框上半部分显示了CPU和内存的使用记录曲线,下半部分显示了"系统"、"物理内存"和"核心内存"的使用信息。

④通过观察该图中的系统资源使用情况,可以判断计算机的CPU或内存等是否工作在正常的状态下。若CPU的使用百分比过高,应该考虑是否关闭一些应用程序或进程,以缓解计算机压力。

⑤关闭该对话框,操作完毕。

(2)终止程序

①在任务栏空白处单击鼠标右键,在弹出的快捷菜单中选取【启动任务管理器(K)】打

开“任务管理器”窗口。

②选择“应用程序”选项卡,如图 2-43 所示

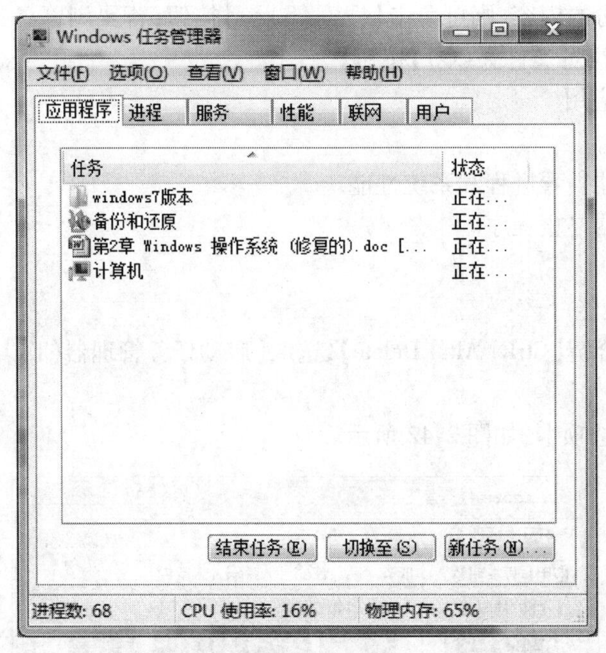

图 2-43　任务管理器“应用程序”选项卡

③在该选项卡中列出了系统所有前台运行的程序,且标明了应用程序的名称和状态。

④单击选中想要关闭的应用程序名称,再单击【结束任务(E)】按钮,则该程序被关闭,操作完毕。

第3章　文字处理软件 Word 2010 应用

3.1　实验目的

(1)掌握 Word 文档的创建、保存、关闭和打开方法。

(2)掌握 Word 文档的基本操作方法。

(3)掌握 word 文档的格式化方法。

(4)掌握 word 文档的图片、文本框、艺术字、公式的使用方法。

(5)掌握表格的创建、修改、格式化的方法。

3.2　实验预备知识

3.2.1　基本操作

1)Word 的启动和退出

(1)启动 Word

①利用桌面快捷方式启动。双击桌面上的 Word 程序快捷方式启动 Word。

②利用“开始”菜单启动。单击“开始”菜单→Microsoft Office 文件夹→Microsoft Word 启动 Word。

③直接双击已经存在的 Word 文档,同时系统会自动启动 Word 程序。

(2)退出 Word

①单击“窗口控制按钮”栏的“关闭”按钮。

②单击“文件”选项卡的“退出”选项。

③单击程序控制图标,在弹出的下拉菜单中选择“关闭”命令。

④按快捷键 Alt + F4。

2)Word 工作界面

Word 的工作界面主要由快速访问工具栏、标题栏、窗口控制按钮、功能区、文档编辑区和状态栏等组成,如图 3-1 所示。

(1)快速访问工具栏

快速访问工具栏位于工作界面的顶部左侧,用于快速执行某些操作。为程序控制图标,单击它会出现一个快捷菜单,由此可以完成对窗口的最大化、最小化、还原、关闭、移动等操作。

是保存按钮,用以保存当前文档。是撤销按钮,是恢复按钮,单击撤销按钮可以撤销最近执行的操作,恢复到执行操作前的状态,而恢复按钮的作用跟撤销按钮刚好相反。

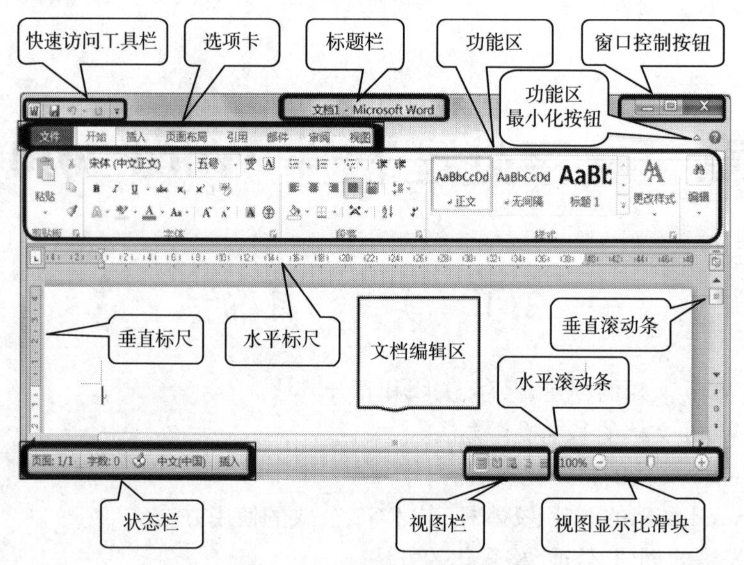

图 3-1　Word 2010 的工作界面

快速访问工具栏在默认情况下只放置了少数命令按钮,单击按钮(或单击“开始”→“选项”→“快速访问工具栏”命令),可以自行添加需要的命令按钮。

(2)标题栏和窗口控制按钮

标题栏位于快速访问工具栏右侧,用于显示文档和程序的名称。窗口控制按钮位于工作界面的右上角,单击窗口控制按钮,可以最小化、最大化/还原或关闭程序窗口。

(3)选项卡和功能区

选项卡位于标题栏下方,由 8 个选项标签组成,几乎包括了 Word 所有的编辑功能。单击某一选项卡标签,其下方会显示与之对应的功能区(编辑工具)。每个功能区又根据操作的相似性分为若干个功能组。

(4)文档编辑区

文档编辑区也称工作区,文档内容的输入和编辑排版等操作都在该区域完成。在 Word 中,不断闪烁的插入点光标“｜”表示用户当前的编辑位置。

(5)标尺

标尺包括水平标尺和垂直标尺两种,标尺上有刻度,用于对文本位置进行定位。水平标尺中部白色部分表示版面的实际宽度,两端浅蓝色的部分表示版面与页面四边的空白宽度。要显示或者隐藏标尺,可以在“视图”选项卡“显示”组中选中或者不选中“标尺”复选框。

(6)滚动条

滚动条可以对文档进行定位,文档窗口有水平滚动条和垂直滚动条。单击垂直滚动条两端的三角按钮或用鼠标拖动滚动条可使文档上下滚动。

(7)状态栏

状态栏位于窗口左下角,用于显示文档页数、字数及校对信息等。

(8)视图栏和视图显示比滑块

视图栏和视图显示比滑块位于窗口右下角,用于切换视图的显示方式以及调整视图的显示比例。

Word 中提供了多种视图方式供用户选择,这些视图方式包括“页面视图”、“阅读版式视图”、“Web 版式视图”、“大纲视图”和“草稿视图”等 5 种。

①页面视图

“页面视图”可以按照文档的打印效果显示文档,具有“所见即所得”的效果,在页面视图中,可以直接看到文档的外观以及图形、文字、页眉、页脚等在页面的位置,这样,在屏幕上就可以看到文档打印在纸上的样子,是最接近打印结果的视图方式,常用于对文本、段落、版面或者文档的外观进行修改。

②阅读版式视图

“阅读版式视图”以图书的分栏样式显示 Word 文档,快速访问工具栏、功能区等窗口元素被隐藏起来。在阅读版式视图中,用户还可以单击“工具”按钮选择各种阅读工具。适合用户查阅文档,用模拟书本阅读的方式让用户感觉如同在翻阅书籍。

③Web 版式视图

“Web 版式视图”以类似网页的形式显示 Word 文档,也可以编辑网页,该视图方式适用于发送电子邮件和创建网页。

④大纲视图

“大纲视图”主要用于显示、修改或创建文档的大纲,它将所有的标题分级显示出来,并可以方便地折叠和展开各种层级的文档。大纲视图广泛用于 Word 长文档的快速浏览和设置中。

⑤草稿视图

“草稿视图”取消了页面边距、分栏、页眉页脚和图片等元素,仅显示标题和正文,是最节省计算机系统硬件资源的视图方式。由于只显示了字体、字形、字号、段落及行间距等最基本的格式,将页面的布局简化,所以适合于快速输入或编辑文字。

用户可以在“视图”选项卡的“文档视图”中选择需要的文档视图方式,也可以在 Word 文档窗口右下方的视图栏单击视图按钮选择。默认情况下,Word 以页面视图方式显示文档。

由于功能区占据屏幕空间较多,使得工作区变小,为解决此问题,Word 2010 提供了“功能区最小化”按钮,单击它可隐藏功能区,同时该处按钮变成“展开功能区”。

3)文档的创建与打开

(1)创建文档

新建文档的方法很多,主要有创建空白文档、根据模板创建新的文档、根据现有文档创建新文档等。

在启动 Word 时,系统会自动新建一个空白文档。也可以选择“文件”选项卡的“新建”选项,再单击“可用模板”列表中的“空白文档”来创建。

(2)打开文档

当用户需要用到某个文档时,首先要打开该文档。打开文档有很多方式,最简单的方式是直接双击要打开的文档的图标。也可以通过“打开”命令,即先单击“文件”选项卡,再单击“打开”命令,在弹出的“打开”对话框中选择要打开的文档。

4)文档内容的输入

Word 通过键盘或鼠标输入文本。文本是文字、符号、特殊字符、表格和图形等内容的总称。要输入文本,首先要将插入点定位到需要插入文本的位置,输入的文本显示在插入点处,而插入点自动向右移动。在进行文本输入时,不同内容的文本输入方法有所不同,而对于一些经常使用的文本,程序还提供了一些快捷的输入方法。

(1)文档的输入状态

Word 提供了插入和改写两种状态。在“插入”状态下,输入的文本将插入当前光标所在位置,光标后面的内容将按顺序后移;而“改写”状态下,输入的文字将把光标后的文字替换掉,其余的文字位置不改变。要在这两种状态间切换,有以下两种方法。

①单击左下角“状态栏”上的“插入/改写”按钮在两种状态间切换。

②单击“文件”选项卡的“帮助”选项,再单击“选项”命令,打开“Word 选项”对话框,选择“高级”选项卡,如图 3-2,选中“用 Insert 控制改写模式”复选框,以后就可以通过按 Insert 键来切换“插入/改写”模式。

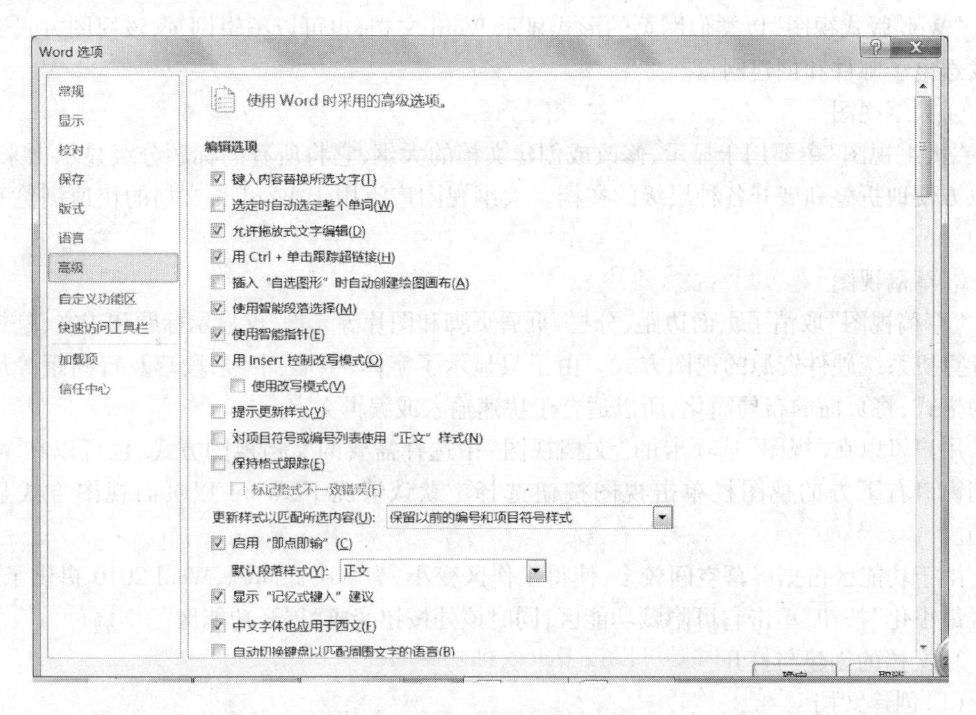

图 3-2　“Word 选项/高级”对话框

(2)输入普通文本

普通文本是指汉字、英文、阿拉伯数字等通过键盘直接输入的文本。当需要输入文本时,首先要定位光标,即文本输入的位置,也称为插入点。定位光标的方法有很多,主要有以下 3 种:

①鼠标定位

使用鼠标拖动垂直滚动条或水平滚动条到要定位的文档页面,然后在需要的位置单击鼠标左键,即可快速定位插入点。

②键盘定位

使用键盘也可准确定位插入点,表 3-1 为定位插入点的快捷键列表。

定位插入点的快捷键列表　　表 3-1

快捷键	功　能	快捷键	功　能
↑	上移一行	PageUp	上移一屏
↓	下移一行	PageDown	下移一屏
←	左移一个字符	Home	移到行首
→	右移一个字符	End	移到行尾
Ctrl + ↑	上移一段	Ctrl + PageUp	上移一页
Ctrl + ↓	下移一段	Ctrl + PageDown	下移一页
Ctrl + ←	左移一个单词	Ctrl + Home	移到文档首
Ctrl + →	右移一个单词	Ctrl + End	移到文档尾

③命令定位

单击"开始"选项卡的"查找"按钮旁的小箭头,在弹出的选项里选择"转到"命令,会弹出"定位"选项卡,如图 3-3 所示,可以输入要定位的内容,如在"输入页号"框里输入页码,即可迅速定位到该页上。

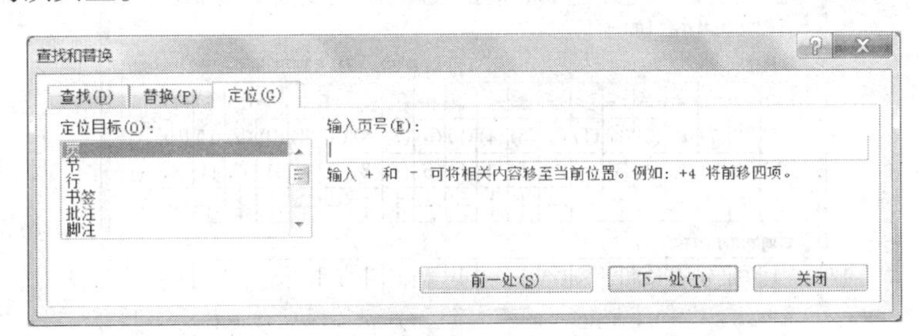

图 3-3　"查找和替换"对话框的"定位"选项卡

Word 同许多文字处理软件类似,自动换行功能使用户可连续输入,不需在每行的末尾按 Enter 键。如果当前没有足够的空间容纳正在输入的单词,Word 将自动把整个单词移到下一行的起始位置,这种功能称为自动换行。如果要强制换行,就按下 Enter 键(其实是分段)。当删除某些文字的时候可以按 Delete 键来删除插入点右边的一个字符,按 BackSpace 键来删除插入点左边的一个字符。

(3)输入日期和时间

要在文档中添加当前日期和时间,可以用程序预设的格式。如果不是插入当前时间和日期,也可以在插入预设日期文本后,手动对其内容进行修改。具体步骤如下:

①定位要插入日期或时间的位置,再单击"插入"选项卡"文本"组中的"日期和时间"按钮,弹出"日期和时间"对话框,如图 3-4 所示。

②在"可用格式"列表中选择需要的格式,就会在当前位置显示该格式的日期或时间。如果要让这个日期或时间随着时间的变化而变化,可以选中对话框右下方的"自动更新"复选框,这样每次打开文档都会在该位置显示系统当前的日期和时间。

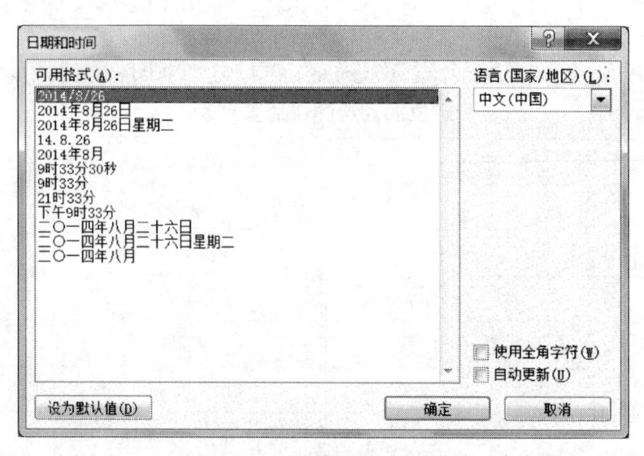

图 3-4 “日期和时间”对话框

(4)输入特殊字符

特殊字符指无法通过键盘直接输入的符号。插入特殊符号的步骤如下：

①单击“插入”选项卡“符号”组中的“符号”按钮,在下拉菜单中单击“其他符号”选项,弹出“符号”对话框的“符号”选项卡,如图 3-5 所示。

图 3-5 “符号”对话框的“符号”选项卡

②对话框中将符号按照不同类型进行了分类,所以在插入特殊符号前,先要选择符号类型,只要单击“字体”或者“子集”下拉列表框右侧的下三角按钮就可以选择符号类型了,找到需要的类型后就可以选择所需的符号。

还可以通过如图 3-6 所示的“特殊字符”选项卡输入一些特殊字符。

5)文档的保存和关闭

(1)文档的保存

文档编辑好之后需要保存在硬盘或者其他外存中,这就要用到 Word 的保存功能。Word 提供了多种保存方式,主要有以下两种：

①将文档保存到当前位置。可以单击“文件”选项卡的“保存”选项,或者直接单击快速访问工具栏上的▣。两种操作的效果是一样的,都是将文件保存到原来所在的位置上(已有文件)。

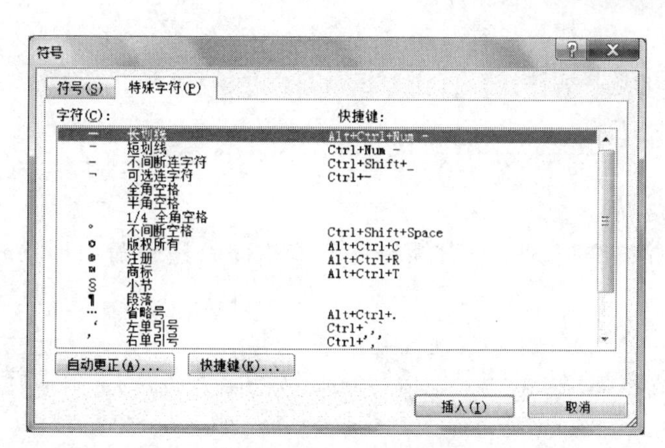

图 3-6　“符号”对话框的“特殊字符”选项卡

②将文档保存到其他位置。可以单击“文件”选项卡的“另存为”选项，会弹出一个“另存为”对话框，如图 3-7 所示，可以通过选择保存位置将文档保存到想要的地方，同时也可以通过该对话框更改文件名和文件类型。

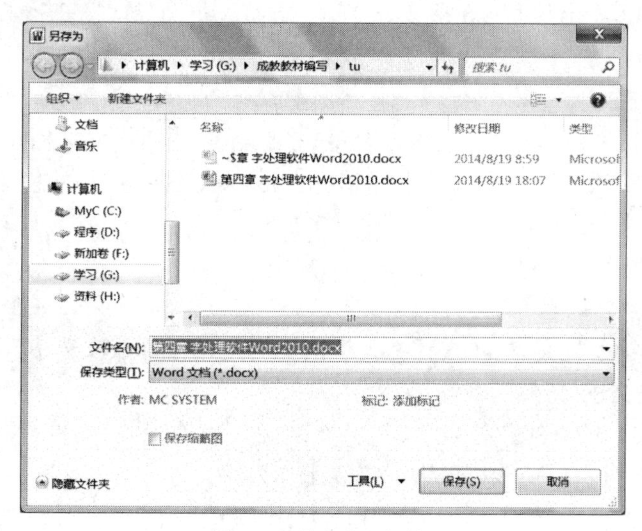

图 3-7　“另存为”对话框

此外，直接按快捷键 Ctrl + S 也可快速保存文档。

初次保存文档时，无论采取以上哪种方式都会出现“另存为”对话框，可以选择保存位置和输入文件名。Word 保存的文件扩展名默认为 . docx。

(2)文档的关闭

文档处理完毕，保存后就可以退出 Word，从而关闭文档了。

3.2.2　文本编辑排版与文档打印

1)文本的编辑

(1)选定文本

文本输入后，有时需要对内容进行调整，通常会进行插入、删除、复制、剪切、粘贴等编辑操作。要对某个或者某段文字进行编辑，首先要选中该文本，除了常规的拖动鼠标方法外，还有以下一些快捷的选择方法：

①选中字符

双击该字符。

②选中一行

将鼠标移动到该行的左侧，当鼠标指针变成指向右边的箭头形状时，单击可以选定该行。

③选中多行

将鼠标移动到该行的左侧，当鼠标指针变成一个指向右边的箭头形状时，向上或向下拖动鼠标可选定多行。

④选中一句

按住 Ctrl 键，然后单击某句文本的任意位置可选定该句文本。

⑤选中段落

可使用两种方法实现。将鼠标移动到某段落的左侧，当鼠标指针变成指向右边的箭头形状时，双击可以选定该段；在段落的任意位置 3 击（连续按 3 次左键）可选定整个段落。

⑥选中全部文档

可使用两种方法实现。按 Ctrl + A 组合键；将鼠标移动到任何文档正文的左侧，当鼠标指针变成一个指向右边的箭头形状时，3 击鼠标左键可以选定整篇文档。

⑦选中矩形块文字

按住 Alt 键并拖动鼠标可选定一个矩形块文字。

⑧选择不连续文本

选中要选择的第一处文本，再按住 Ctrl 键的同时拖动鼠标依次选中其他文本。

(2)查找、替换文本

Word 提供了强大的查找和替换功能，可以准确快速地查找和替换文本内容，尤其对于一些较长的文档，通过这些功能可以大大提高工作效率。

①选择要查找的范围，如果不选择查找范围，则将对整个文档进行查找。

②选择“开始”选项卡中“编辑”组的“查找”按钮，跳出“导航”窗格，如图 3-8 所示。

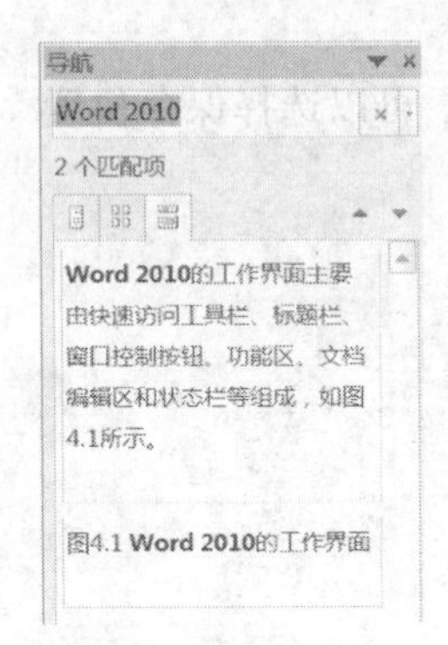

图 3-8 “导航”窗格

③在“导航”窗格的搜索框中输入要查找的关键字，此时系统将自动在选中的文本中进行查找，并将找到的文本以高亮显示，同时，“导航”窗格包含搜索文本的标题也会高亮显示。如果对查找有更高要求，可单击“开始”选项卡中“编辑”组的“查找”按钮旁边的下三角，选择“高级查找”，在弹出的对话框中再按左下角的“更多”按钮，可以设置查找的内容，如格式、区分大小写、使用通配符等等，如图 3-9所示。

替换文本是指将文档中的某些字符全部或部分换成其他文本。打开“替换”选项卡的方法是选择图 3-10 的“替换”按钮，或用快捷键 Ctrl + H。

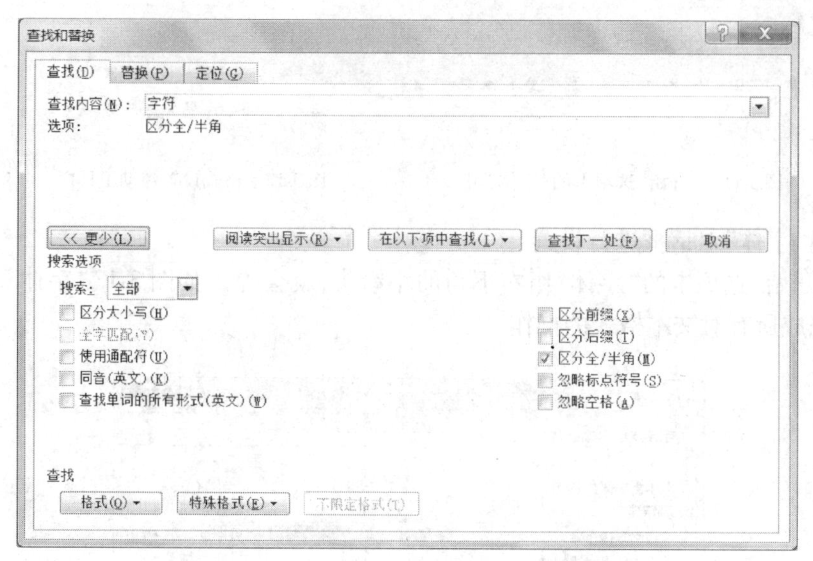

图 3-9　“查找和替换”对话框的“查找”选项卡(展开)

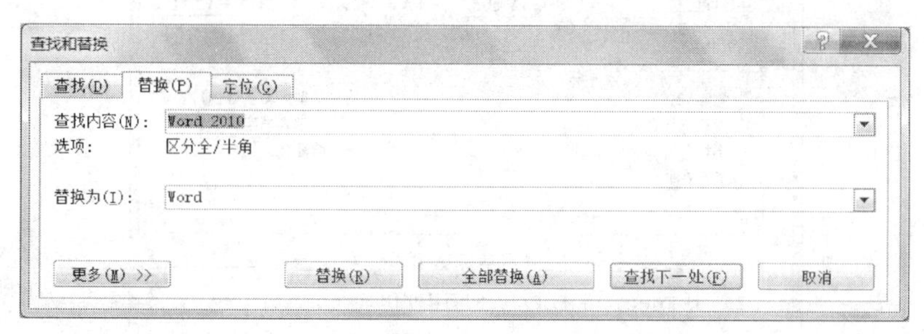

图 3-10　“查找和替换”对话框的“替换”选项卡

在“查找内容”框里输入将被替换的文本，在“替换为”框里输入将替换到文档里的文本内容。然后单击“替换”按钮以替换第一次出现的被查找文本，如果要一次性替换所有文本，则可以单击“全部替换”按钮，替换完成，同时会弹出提示框。

2)文本的格式化

对文本设置字体、字号、颜色、边框等风格可美化视觉效果，也是电子文档的编辑优势。Word 可以对文本进行灵活设置，从而得到丰富的文本效果。

(1)字符格式设置

Word 对文本字符的设置方法很多，下面介绍几种常用的方法。

①用选项卡功能进行设置

“开始”选项卡的“字体”组有一些常用功能选项，如图 3-11 所示。假如要改变某段文字的字号为“六号”、字体为“楷体”，那么首先选中该段文本，再在“字体”组中的字号下拉框中选择“六号”、字体下拉框中选择“楷体”即可。

②用浮动工具栏进行设置

当选中要设置格式的文本时，在所选区域右上角会出现一个工具栏，如图 3-12 所示，将鼠标指针移向工具栏，就可以选择需要的字体、字号等。

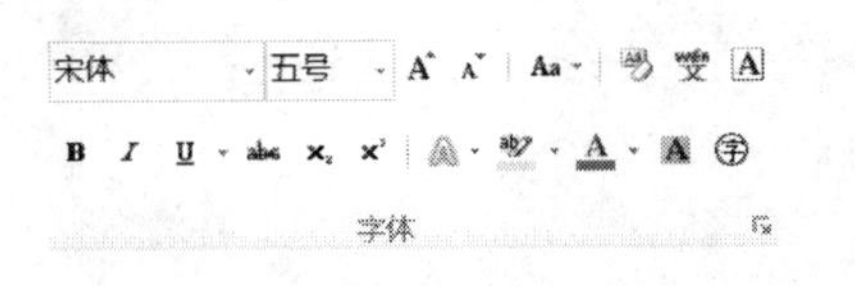

图 3-11 “开始”选项卡的“字体”组

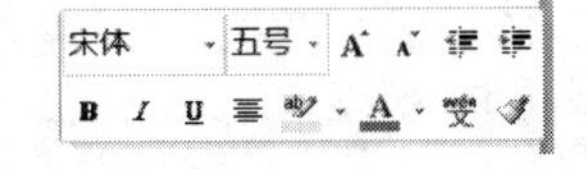

图 3-12 格式设置浮动工具栏

③使用“字体”对话框进行设置

单击“开始”选项卡的“字体”组右下角的小箭头，就会弹出如图 3-13“字体”对话框，通过它可以完成所有对文本格式的操作。

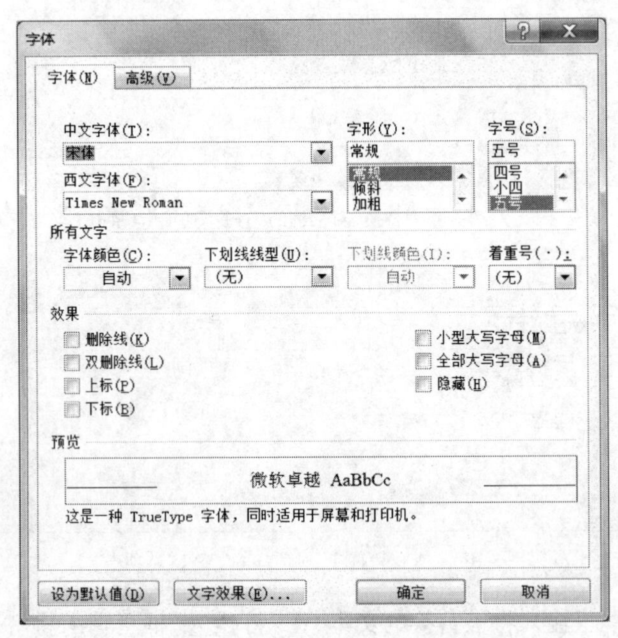

图 3-13 “字体”对话框的“字体”选项卡

④字符间距与字符缩放

字符间距是指相邻字符间的距离；字符缩放是指字符的宽高比例，以百分数表示。在如图 3-13 所示的“字体”对话框中单击“高级”选项卡，如图 3-14 所示，可以设置“字符间距”，输入一个具体的数值，以“磅”为单位；也可以设置“字符缩放”，默认值是“100%”，可以根据需要按比例缩小或放大间距。

(2)段落格式设置

段落是指以段落标记符(即回车符)结束的一段文字。段落格式设置即把整个段落作为一个整体进行格式设置，主要包括段落的对齐方式、段落缩进、行距和段间距等设置。

①段落的对齐方式

Word 提供了左对齐、右对齐、居中对齐、两端对齐和分散对齐 5 种对齐方式：

a. 左对齐(Ctrl + L)——文本靠左边排列，段落左边对齐。

b. 右对齐(Ctrl + R)——文本靠右边排列，段落右边对齐。

c. 居中对齐(Ctrl + E)——文本由中间向两边分布，始终保持文本处在行的中间。

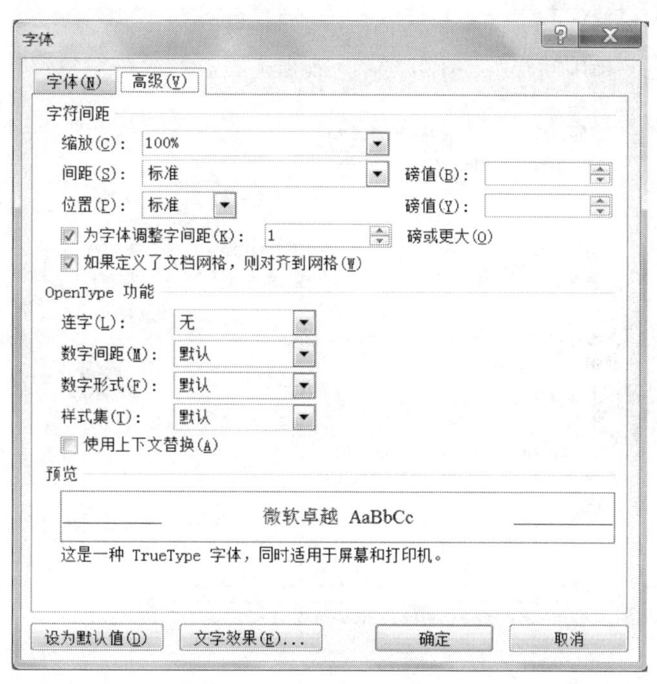

图 3-14　“字体”对话框的“高级”选项卡

d. 两端对齐(Ctrl + J)——段落中除最后一行以外的文本都均匀地排列在左右边距中间,段落左右两边都对齐。

e. 分散对齐(Ctrl + Shift + J)——将段落中所有文本(包括最后一行)都均匀地排列在左右边距之间。

文档默认的对齐方式为左对齐。设置对齐方式的方法主要有两种。

方法1:利用“开始”选项卡中“段落”组的快捷按钮。“开始”选项卡中“段落”组有很多快捷按钮,如图3-15 所示,选中文字后直接单击相应按钮就可以完成相应对齐方式的设置。

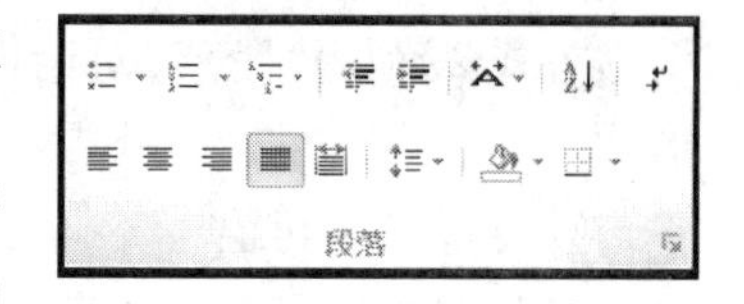

图 3-15 “开始”选项卡的“段落”组

方法2:利用“段落”对话框。单击“段落”组右下角的小箭头,弹出“段落”对话框,在“缩进和间距”选项卡下,可以设置对齐方式,如图3-16 所示。

②段落缩进

缩进是表示一个段落的首行、左边和右边距离页面左边和右边以及相互之间的距离关系。缩进方式有以下4 种:

a. 左缩进——段落的左边距离页面左边的距离。

b. 右缩进——段落的右边距离页面右边的距离。

c. 首行缩进——段落的第1 行由左缩进位置向内缩进的距离,中文习惯首行缩进两个汉字宽度。

d. 悬挂缩进——段落中除第1 行以外的其余各行由左缩进位置向内缩进的距离。

设置段落缩进的方式有以下两种。

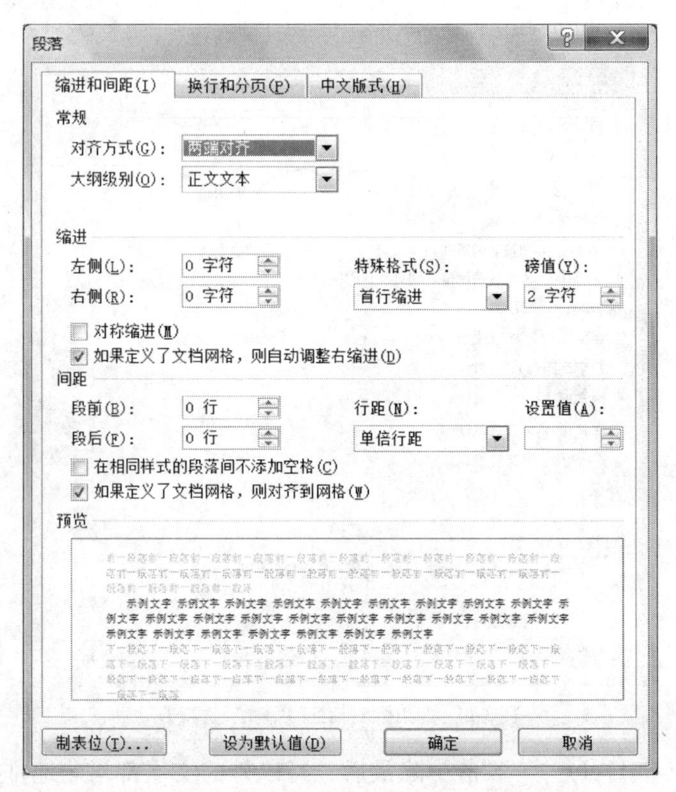

图 3-16 “段落”对话框的“缩进和间距”选项卡

方式 1:利用“开始”选项卡中“段落”组的快捷按钮。有两个按钮是用来设置缩进的,一个用来减少缩进量,另一个用来增加缩进量。

方式 2:利用“段落”对话框。在“段落”对话框中有一个“缩进”组,可以设置各种缩进形式。

③设置段落间距

段落间距指段落与段落之间的距离。有时为了区分段落,可以对段落间距进行设置。段落间距包括段前间距和段后间距两种,段前间距是指段落上方的距离量,段后间距是指段落下方的距离量,因此两段间的段间距应该是前一个段落的段后间距与后一个段落的段前间距之和。

设置段间距的方法有以下两种。

方法 1:利用“开始”选项卡中“段落”组的快捷按钮。单击“行和段落间距”快捷按钮图标会弹出下拉菜单,通过选择一个合适选项能调整段间距。

方法 2:利用“段落”对话框。“段落”对话框中有一个“间距”组,可以设置段前间距、段后间距等各种间距。

(3)首字下沉

首字下沉是指将段落中第一个字进行放大或下沉的设置,该效果有两种设置方式:首字悬挂和首字下沉。其中首字悬挂是将首字下沉后,悬挂于页边距之外;首字下沉是指将首字下沉后,放置于页边距之内。

实现该功能的操作为：单击“插入”选项卡中“文本”组的“首字下沉”按钮，出现如图3-17所示的“首字下沉”下拉列表，根据需要选择“下沉”或“悬挂”，出现系统默认的效果。也可单击最后一项“首字下沉选项”，出现如图3-18所示的“首字下沉”对话框，在其中还可设置字体、下沉行数。

(4)添加项目符号和编号

有时在某些段落前需要加上编号或者某种特定的符号，使文档的层次结构更清晰、有条理。Word提供了自动添加编号和项目符号的功能，可以快速实现为段落创建项目符号和编号。

①自动创建项目符号或编号

默认情况下，如果段落以星号或数字“1.”开始，Word会认为用户在尝试开始项目符号或编号列表，换段后会自动添加编号。如果不想自动添加编号，可以单击其左边出现的“自动更正选项”按钮选择合适的方式。

a. 输入“*”开始项目符号列表或输入“1.”开始编号列表，然后按空格或Tab键。

b. 输入所需的文本。

c. 按Enter键添加下一个列表项。

d. Word会自动插入下一个项目符号或编号。

e. 要完成列表，按两次Enter键或Backspace键删除列表中的最后一个项目符号或编号。

②在已有列表中添加项目符号或编号

a. 选择要向其添加项目符号或编号的项目。

b. 在“开始”选项卡的“段落”组中，单击“项目符号”或“编号”按钮。如果单击“项目符号”或“编号”旁边的箭头，有多种不同的项目符号样式和编号样式以供选择，如图3-19所示的。

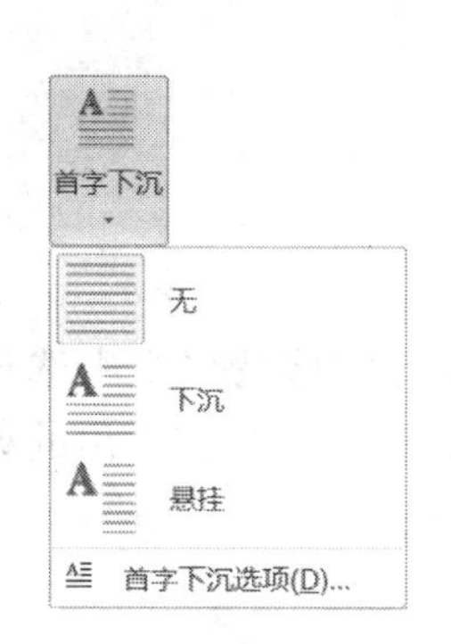

图3-17　“首字下沉”下拉列表

图3-18　“首字下沉”对话框

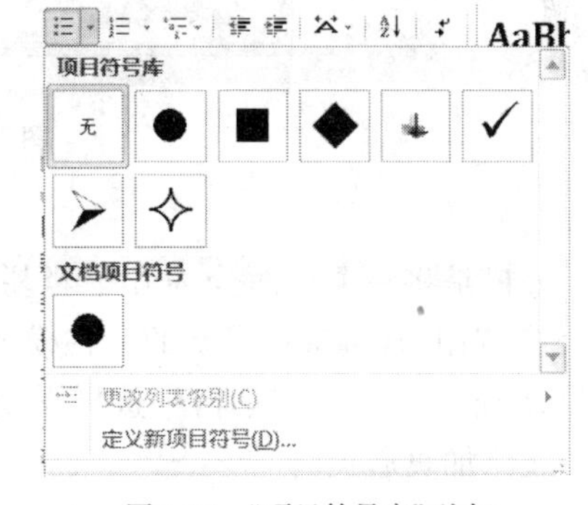

图3-19　“项目符号库”列表

3)页面美化

页面美化是指对文档的页面整体进行一些合理的设置。

(1)页面设置

页面设置主要指对文档的页边距、纸张、版式和文档网格等内容进行设置。设置方法如下：

①设置页边距

通过设置页边距，可以使Word文档的正文部分与页面边缘保持比较合适的距离，使得

Word 文档看起来更加美观。首先要切换到"页面布局"选项卡,在"页面设置"组中单击"页边距"按钮,并在打开的常用页边距列表中选择合适的页边距,也可选择"自定义边距",打开"页面设置"对话框,输入合适的页边距。

②设置纸张

在如图 3-20 所示的"页面设置"对话框中选择"纸张"选项卡,通过它可以设置纸张大小、类型等。

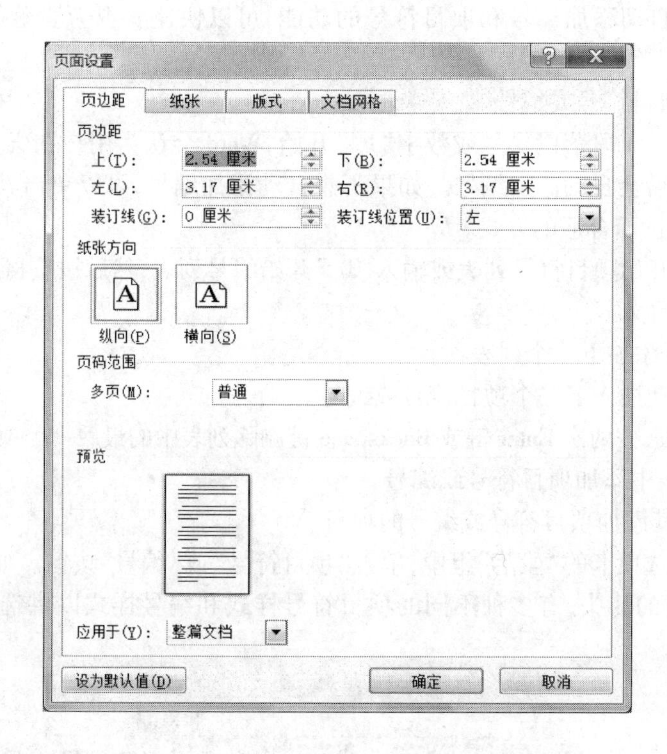

图 3-20 "页面设置"对话框

③分栏

分栏是将一个页面分为几个竖栏,可以在"页面布局"选项卡的"页面设置"组中选择"分栏"按钮,直接选择需要的分栏模式。如果有其他要求,可单击"更多分栏",在弹出的如图 3-21 所示"分栏"对话框中选择需要的栏数以及栏宽和栏间距等。

④添加页眉页脚

在 Word 文档中,页眉与页面顶端的距离默认为 1.5cm,页脚与页面底端的距离默认为 1.75cm。用户可以根据实际需要,调整页眉或页脚与页面顶端或底端的距离。首先选择"插入"选项卡,在"页眉和页脚"组中单击"页眉"或"页脚"按钮,并在打开的页眉或页脚面板(如图 3-22)中选择合适的页眉或页脚样式。

也可单击"编辑页眉"或"编辑页脚"命令,就可以设置页眉或页脚的内容,同时出现"页眉和页脚工具/设计"选项卡,如图 3-23 所示。

在"页眉和页脚工具/设计"选项卡的"位置"组中分别调整"页眉顶端距离"和"页脚底端距离"编辑框的数值,以设置页眉或页脚的页边距。可以选择"首页不同"或者"奇偶页不同”以给文档设置个性化的页眉页脚。首页不同是指文档第一页的页眉页脚与文档其他页的页眉页脚分别设置成不同的样式。奇偶页不同是指将文档的奇数页和偶数页的页眉页脚设置成不同的样式。

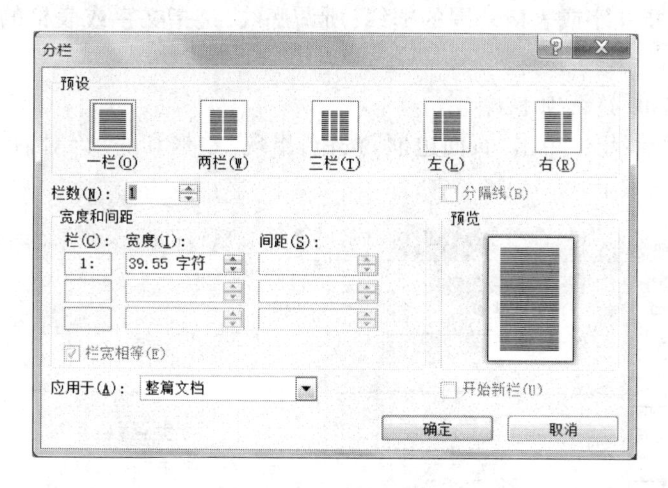

图 3-21　“分栏”对话框

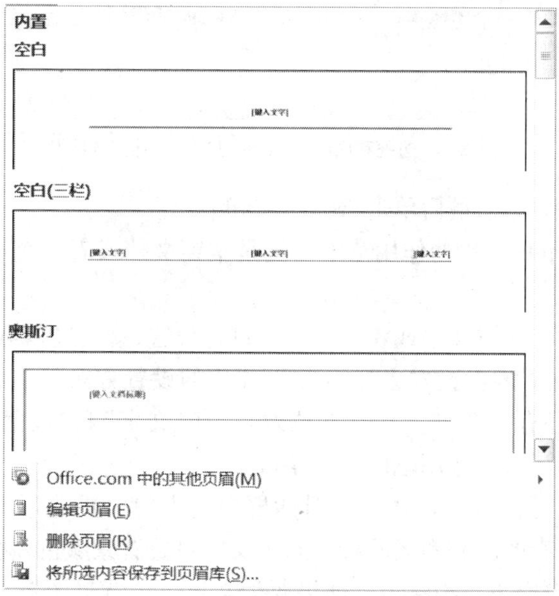

图 3-22　“页眉”下拉列表

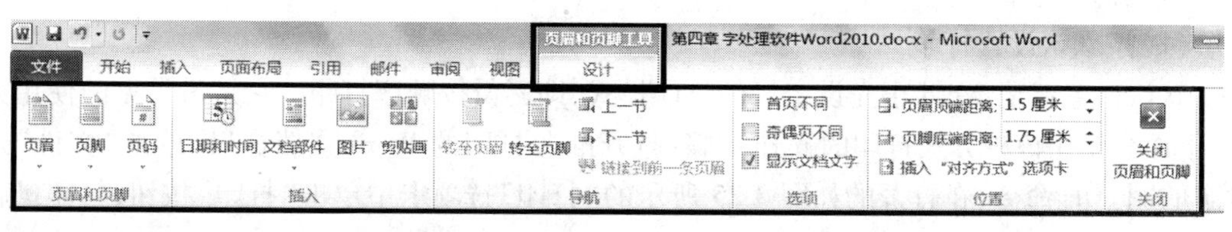

图 3-23　“页眉和页脚工具/设计”选项卡

在页眉页脚中,除了可以添加常规的文本外,还可以插入很多其他项目,如页码、时间和日期等。

(2)添加边框和底纹

所谓边框,是指文字或表格外围的框线;所谓底纹,是指文字或表格的背景。添加边框的方法如下:

①单击“页面布局”选项卡。

②在“页面背景”组中单击“页面边框”按钮,出现“边框和底纹”对话框,进入如图3-24所示“页面边框”选项卡。

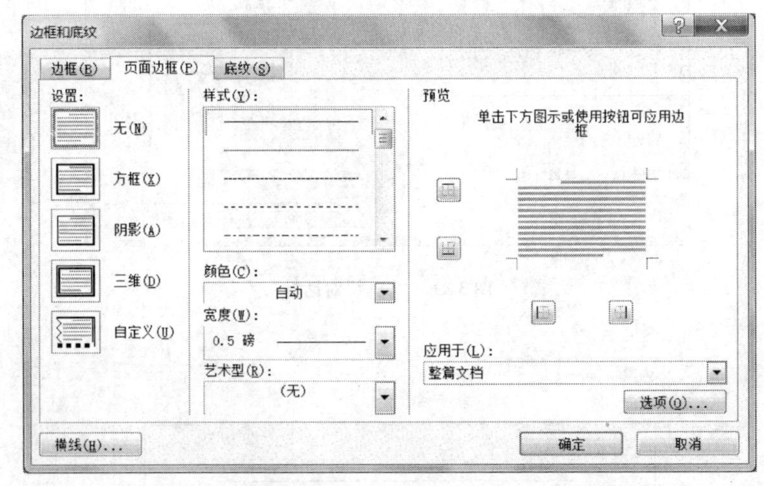

图3-24 “边框和底纹”对话框的“页面边框”选项卡

③选择想要的边框样式,最后单击“确定”按钮。

“页面边框”选项卡里设置的作用范围只能是整篇文档或者一个节,而不是一行或者一段文字。

如果要对一个字符、一行文字或者一段文字进行设置,就要进入“边框和底纹”对话框中的“边框”选项卡,“边框”的设置方法与“页面边框”的设置方法基本类似,主要区别在于作用范围不同。在右侧还有一个“应用于”下拉列表,有“文字”和“段落”可选,前者表示作用范围是选中的文字,后者表示作用范围是一整段。

如果要设置底纹,可在“边框和底纹”对话框中进入“底纹”选项卡,可以为某个或者某些文字设置背景,主要有颜色和图案两种。要为文字设置背景颜色,就要在“填充”下拉列表里选择一种颜色或者自定义一种颜色。如果要为文字设置背景图案,就要在“图案”下拉列表里选择一种图案样式。

4)文档打印

(1)按默认设置打印

默认设置就是Word事先设定好的打印模式,即逐份按顺序打印。它是最常见的使用方式,下面介绍用该种方式打印的操作步骤:打开准备打印的Word文档窗口,单击“文件”选项卡的“打印”命令,在打开的如图3-25所示的“打印”选项卡中单击“打印”按钮,打印机就会打印该文档。

(2)选择打印机

如果用户的计算机中安装有多台打印机,在打印 Word 文档时就需要选择合适的打印机,单击“打印机”选项按钮,在弹出的选择框里选择需要的打印机并进行打印。

(3)打印指定页码的文档

在 Word 中打印文档时,默认情况下会打印所有页,但用户可以根据实际需要选择要打印的文档页码。单击图 3-25“设置”区中“打印所有页”旁边的下拉三角按钮,其下拉列表(图 3-26)列出了用户可以选择的文档打印范围。其中“打印当前页面”选项可以打印光标所在的页面;如果事先选中了一部分文档,则“打印所选内容”选项变得可用,并且会打印选中部分的文档内容。

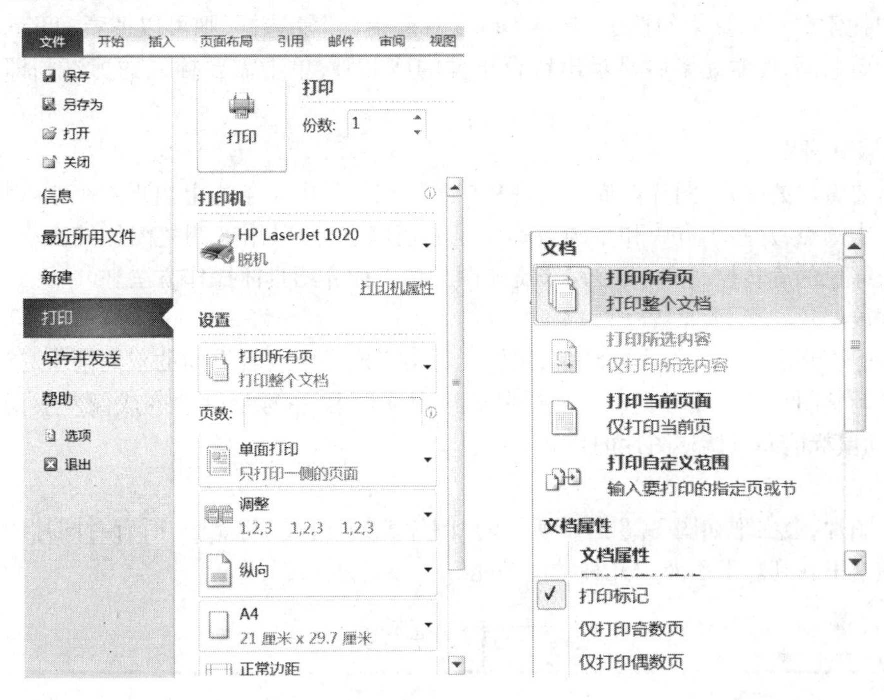

图 3-25“打印”选项卡　　　　图 3-26 文档打印范围列表

要打印指定页码的文档,就应该选中“打印自定义范围”选项,在“打印”选项卡“设置”区的“页数”编辑框中输入需要打印的页码,连续页码可以使用英文半角连接符“-”,如“5-15”,不连续的页码可以使用英文半角逗号“,”分隔,如“5,8,16”。页码输入完毕单击“打印”按钮,打印机就会把用户指定的页面打印出来。

3.2.3 图文混排

图文混排就是将文字与图片混合排列,文字可围绕在图片的四周、嵌入图片下面、浮于图片上方等。

1)图片和图形

(1)插入图片

可以插入各种格式的图片到文档,如 . bmp、. jpg、. png、. gif 等格式。首先把插入点定位到要插入图片的位置,然后选择"插入"选项卡,单击如图 3-27 所示"插图"组中的"图片"按钮,在弹出的"插入图片"对话框中,找到需要插入的图片,单击"插入"按钮或单击"插入"按钮旁边的下拉按钮,在打开的下拉列表中选择一种插入图片的方式即可。

图 3-27 "插入"选项卡的"插图"组

(2)插入剪贴画

Word 的剪贴画存放在剪辑库中,用户可以从剪辑库中选取图片插入文档。

首先把插入点定位到要插入剪贴画的位置,然后选择"插入"选项卡,单击"插图"组中的"剪贴画",接着在弹出的"剪贴画"窗格的"搜索文字"文本框中输入要搜索的图片关键字,单击"搜索"按钮,如果勾选了"包括 Office. com 内容"复选框,则可以搜索 Office. com 网站提供的剪贴画,搜索完毕后显示出符合条件的剪贴画,单击需要插入的剪贴画即可完成插入。

(3)编辑图片

单击要编辑的图片,图片四周会出现 9 个控制点。其中 4 条边上出现 4 个小方块,角上出现 4 个小圆点,这些小方块和小圆点称为尺寸控制点,可以用来调整图片的大小;图片上方有一个绿色的旋转控制点,可以用来旋转图片。下面介绍具体操作方法。

①缩放图片

将鼠标移到图片边缘的小方块上,鼠标指针会变成横向或者纵向的双向箭头,然后拉动鼠标就能调整图片长度或者宽度。如果鼠标移到圆点上,鼠标指针会变成偏左或偏右双向箭头,拉动鼠标能同时调整图片的长和宽。

②使用"图片工具"功能区

双击图片,会出现如图 3-28 所示所示的"图片工具/格式"功能区,所有对图片的编辑工具都能在这里找到。下面介绍几种常用功能。

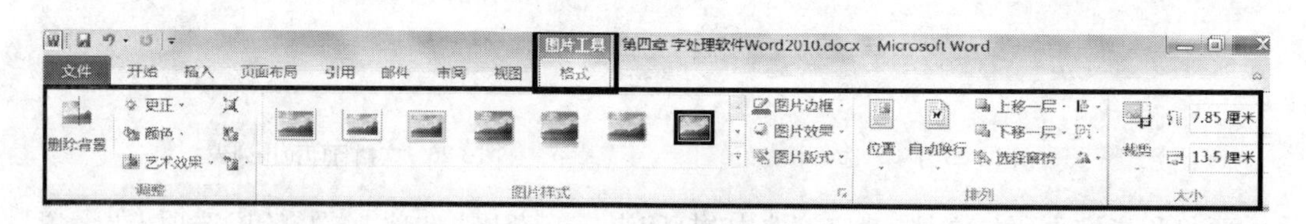

图 3-28 "图片工具/格式"功能区

功能 1,删除图片背景:单击"调整"组的"删除背景"按钮,弹出"背景清除"选项卡,可以通过"标记要保留的区域"来更改保留背景的区域,也可以通过"标记要删除的区域"来更改要删除背景的区域,设置完后单击"保留更改"按钮,系统会自动将需要删除的背景删除。

功能 2,调整图片色调:当图片过暗或者曝光不足时,可通过调整图片的色调、亮度等操作来使其恢复正常效果。单击"调整"组的"颜色"按钮,在弹出的下拉列表中单击"色调"区域内合适的"色温"图标。

功能 3,调整普通颜色饱和度:单击"调整"组的"颜色"按钮,在弹出的下拉列表中单击"颜色饱和度"区域内合适的"颜色饱和度"图标。

功能4,调整图片亮度和对比度:单击“调整”组的“更正”按钮,在弹出的下拉列表中单击“亮度和对比度”区域内合适的亮度和对比度。

功能5,裁剪图片:在单击“大小”组的“裁剪”按钮,图片上会出现一些黑色控制点,鼠标指针移到图片的这些控制点上,拖动鼠标就能对图片做适当的裁剪操作。

(4)设置文字环绕

文字环绕是指图片与文本的关系,一般在插入图片后都应该设置文字环绕。图片一共有7种文字环绕方式,分别为嵌入型、四周型、紧密型、穿越型、上下型、衬于文字下方和浮于文字上方。

在图3-28的“排列”组中单击“自动换行”按钮,在下拉列表中选择上述环绕方式中的一种即完成环绕方式的设置。每种环绕方式中,图片与文字的相互关系不尽相同,如果这些环绕方式不能满足需求,可以在列表里选择“其他布局选项”,以便选择更多的环绕方式。

(5)SmartArt 图形

SmartArt 图形是信息和观点的视觉表示形式,可以通过选择多种不同布局来创建 SmartArt 图形,从而快速、轻松、有效地传递信息。借助 Word 提供的 SmartArt 功能,用户可以在 Word 文档中插入丰富多彩、表现力丰富的 SmartArt 示意图,操作步骤如下:

①打开 Word 文档窗口,切换到“插入”选项卡,在“插图”组中单击 SmartArt 按钮,弹出如图3-29所示的“选择 SmartArt 图形”对话框。

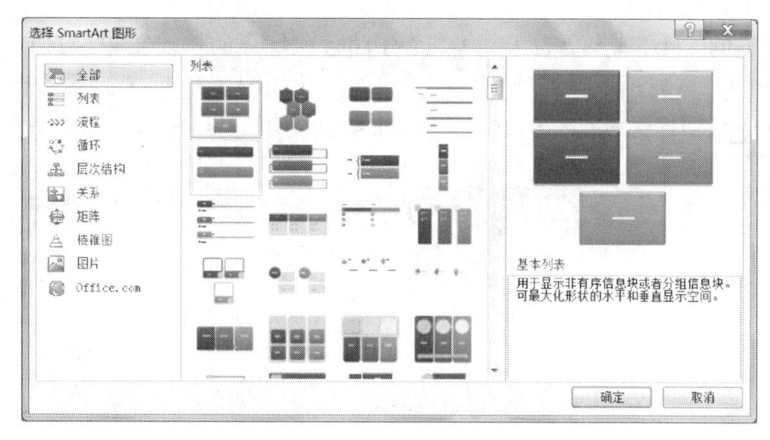

图3-29　“选择 SmartArt 图形”对话框

②在图3-29中,单击左侧的类别名称选择合适的类别,然后在对话框右侧选择需要的 SmartArt 图形,并单击“确定”按钮。

③返回 Word 文档窗口,在插入的 SmartArt 图形中单击文本占位符输入合适的文字。

(6)插入自选图形

Word 提供了插入自选图形的功能,可以在文档中插入各种线条、基本图形、箭头、流程图、旗帜、标注等。对插入的图形还可以设置线型、线条颜色、文字颜色、图形或文本的填充效果、阴影效果等。具体步骤如下:

①单击“插入”选项卡,在“插图”组中单击“形状”按钮,并在打开的如图3-30所示的

图 3-30 "形状"下拉列表

"形状"下拉列表中单击需要绘制的形状。

②将鼠标指针移动到 Word 页面位置，按下左键拖动鼠标可绘制图形。如果在释放鼠标左键以前按下 Shift 键，则可以成比例绘制形状；如果按住 Ctrl 键，则可以在两个相反方向同时改变形状大小。将图形调整至合适大小后，释放鼠标左键完成自选图形的绘制。

2）文本框的操作

文本框是储存文本的图形框，对文本框中的文本可以像普通文本一样进行各种编辑和格式设置操作，对整个文本框又可以像图形、图片等对象一样在页面上进行移动、复制、缩放等操作，并可以建立文本框之间的链接关系。

（1）插入文本框

将光标定位到要插入文本框的位置，选择"插入"选项卡，单击"文本"组中的"文本框"按钮，在弹出的下拉列表中选择要插入的文本框样式，此时，在文档中就插入了该样式的文本框，在文本框中可以输入文本内容并可进行编辑和格式设置。

（2）编辑文本框

①调整文本框的大小

调整文本框的大小，首先要右击文本框的边框，在打开的快捷菜单中选择"其他布局选项"命令，打开"布局"对话框并切换到"大小"选项卡（如图 3-31 所示），在"高度"和"宽度"绝对值编辑框中分别输入具体数值，以设置文本框的大小，最后单击"确定"按钮。

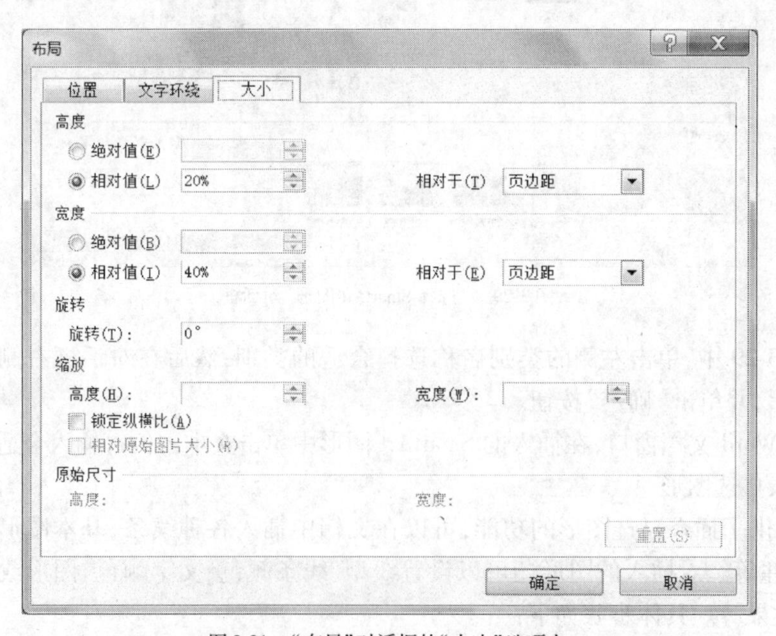

图 3-31 "布局"对话框的"大小"选项卡

也可以通过鼠标拉动文本框边角上的控制点来达到调整文本框大小的目的,但这种方法不能精确地控制文本框大小。利用“布局”对话框还可设置位置和文字环绕。

②移动文本框的位置

用户可以在Word文档页面中自由移动文本框的位置,而不会受到页边距、段落设置等因素的影响,这也是文本框的优点之一。

在Word文档页面中移动文本框很简单,只需单击选中文本框,然后把光标指向文本框的边框(注意不要指向控制点),当光标变成四向箭头形状时按住鼠标左键拖动文本框即可移动其位置。

③改变文本框的文字方向

在Word中,文本框的默认文字方向为水平方向,即文字从左向右排列。用户可以根据实际需要将文字方向设置为从上到下的垂直方向。首先单击需要改变文字方向的文本框,在屏幕上部“绘图工具/格式”选项卡的“文本”组中单击“文字方向”命令。然后在打开的“文字方向”列表中选择需要的文字方向,包括水平、垂直、将所有文字旋转90°、将所有文字旋转270°、将中文字符旋转270°。

④设置文本框边距和垂直对齐方式

默认情况下,Word文档默认的文本框垂直对齐方式为顶端对齐,文本框内部左右边距为0.25cm,上下边距为0.13cm。这种设置符合大多数用户的需求,不过用户也可以根据实际需要设置文本框的边距和垂直对齐方式。首先右击文本框,在打开的快捷菜单中选择“设置形状格式”命令,在打开的“设置形状格式”对话框中切换到如图3-32所示的“文本框”选项卡,在“内部边距”区域设置

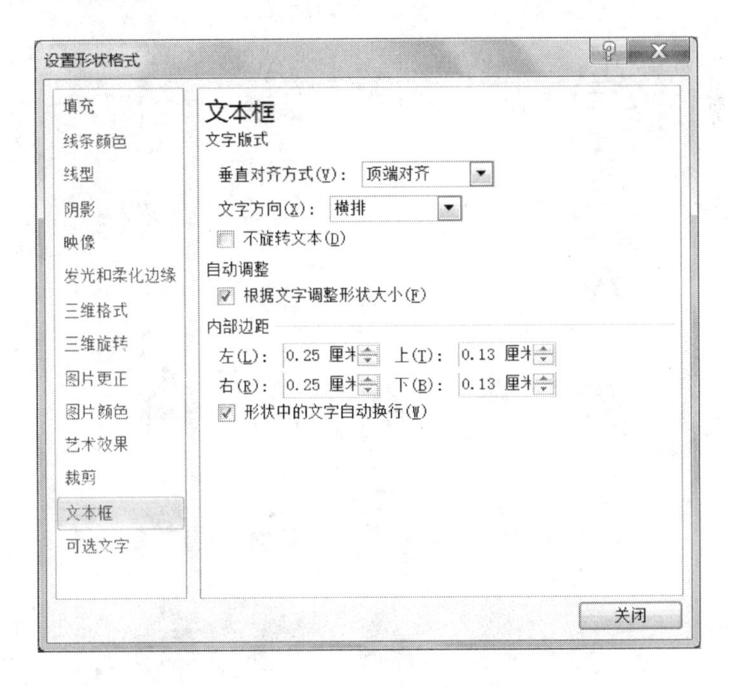

图3-32　“设置形状格式”对话框的“文本框”选项卡

⑤设置文本框文字环绕方式

文本框边距，然后在“垂直对齐方式”区域可选择顶端对齐、中部对齐或底端对齐方式。设置完毕点击“确定”按钮。

所谓文本框文字环绕方式就是指 Word 文档的文本框周围的文字以何种方式环绕文本框，默认设置为“浮于文字上方”环绕方式。用户可以根据 Word 文档版式需要设置文本框文字环绕方式。要设置环绕方式，首先在图 3-31“布局”对话框上单击“文字环绕”选项卡，在出现的界面中可以选择需要的环绕方式，这几种方式与图片的文字环绕方式是一样的。

⑥设置形状格式

选中文本框会出现“绘图工具”选项卡，与文本框操作相关的工具基本都在这里。或者在文本框上右键单击，选择“设置形状格式”，弹出如图 3-32 所示的“设置形状格式”对话框。这个对话框可以完成大部分文本框的格式操作，如文本框的边框样式、填充色、阴影效果、三维效果等。

3）艺术字设置

艺术字是指将一般文字经过各种特殊的着色、变形处理得到的艺术化的文字。在 Word 中可以创建出漂亮的艺术字，并可作为一个对象插入文档中。Word 将艺术字作为文本框插入，用户可以任意编辑文字。

（1）插入艺术字

①打开 Word 文档窗口，将插入点光标移到准备插入艺术字的位置。在“插入”选项卡中，单击“文本”组中的“艺术字”按钮，并在打开的如图 3-33 所示的艺术字预设样式列表中选择合适的艺术字样式。

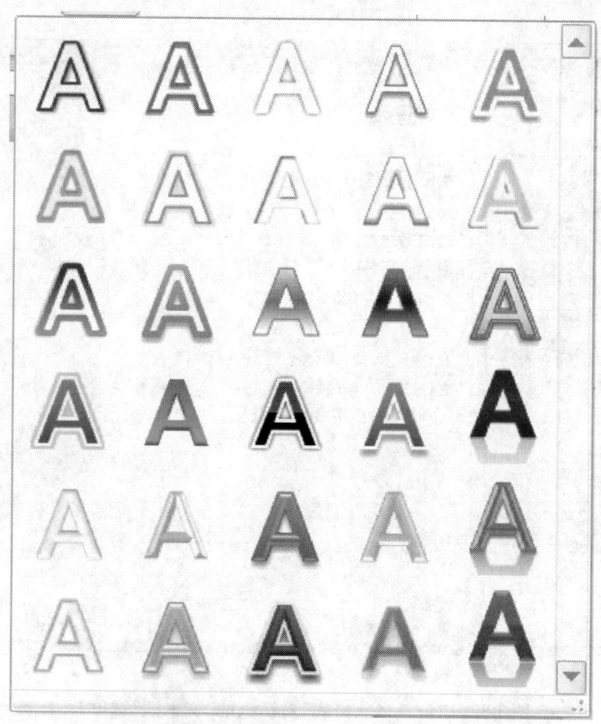

图 3-33　艺术字预设样式列表

②在艺术字的文本编辑框，直接输入艺术字文本即可。用户可以对输入的艺术字分别设置字体和字号。

(2)修改艺术字

用户在 Word 中插入艺术字后，可以随时修改艺术字，只需要单击艺术字即可进入编辑状态。

在修改文字的同时，用户还可以对艺术字进行字体、字号、颜色等格式设置。选中需要设置格式的艺术字，并切换到“开始”选项卡，在“字体”组即可对艺术字分别进行字体、字号、颜色等设置。

(3)设置艺术字样式

借助 Word 提供的多种艺术字样式，用户可以在 Word 文档中实现丰富多彩的艺术字效果，具体操作步骤如下：

①单击需要设置样式的艺术字使其处于编辑状态，屏幕顶部出现“绘图工具/格式”选项卡，单击“艺术字样式”组中的“文字效果”按钮。

②在出现的文字效果列表中，指向“阴影”、“映像”、“发光”、“棱台”、“三维旋转”、“转换”中的一个选项，选择需要的样式即可。当鼠标指向某一种样式时，Word 文档中的艺术字会即时呈现实际效果。

4)公式编辑器的使用

(1)公式编辑器

Word 自带了多种常用的公式供用户使用，用户可以根据需要直接插入这些内置公式以提高工作效率。操作步骤如下：

①打开 Word 文档窗口，切换到“插入”选项卡。

② 在“符号”组中单击“公式”下拉三角按钮，在打开的“内置”公式列表中选择需要的公式。

如果计算机处于联网状态，则可以在公式列表中单击“Office. com 中的其他公式”选项，并在打开的“来自 Office. com 的更多公式”列表中选择所需的公式。

(2)创建新公式

在“内置”公式列表中选择“插入新公式”选项(或在“符号”组中直接单击“公式”按钮)，进入如图 3-34 所示的“公式工具/设计”选项卡界面，用户可以通过键盘或选项卡的“符号”组输入公式内容，根据自己的需要创建任意公式。

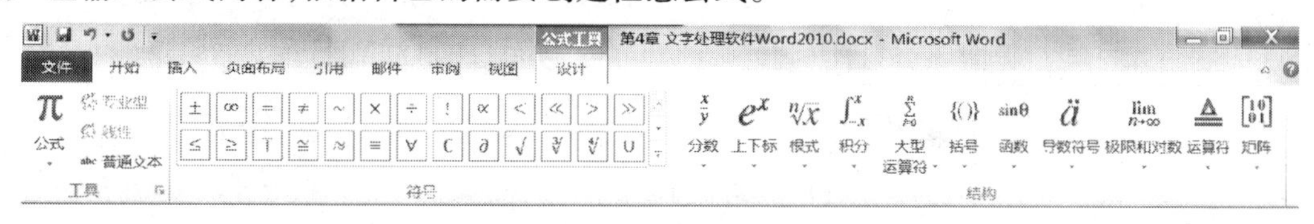

图 3-34　“公式工具/设计”选项卡

3.2.4　表格制作与处理

1)创建表格

在 Word 文档中，可以通过多种方式创建表格，常用的有以下 3 种方式：

(1)用虚拟表格快速插入

这是一种插入表格最快捷的方式,操作步骤如下:

①切换到"插入"选项卡,在"表格"组中单击"表格"按钮。

②在如图3-35所示的打开的表格列表中,拖动鼠标选择合适数量的行和列,同时文本中插入了希望的表格。通过这种方式插入的表格会占满当前页面的全部宽度,用户可以通过修改表格属性设置表格的尺寸。

(2)使用"插入表格"对话框插入表格

可以使用"插入表格"对话框插入指定行列的表格,并可以设置所插入表格的列宽,操作步骤如下:

①在图3-35的界面中单击"插入表格"选项。

②出现如图3-36所示的"插入表格"对话框,在"表格尺寸"区域分别设置表格的行数和列数。在"'自动调整'操作"区域中如果选中"固定列宽"单选按钮,则可以设置表格的固定列宽尺寸;如果选中"根据内容调整表格"单选按钮,则单元格宽度会根据输入的内容自动调整;如果选中"根据窗口调整表格"单选按钮,则所插入的表格将充满页面宽度。选中"为新表格记忆此尺寸"复选框,则再次创建表格时将使用当前尺寸。设置完毕单击"确定"按钮。

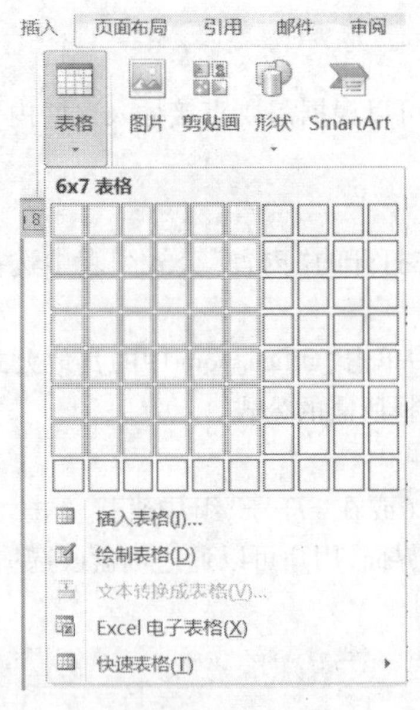

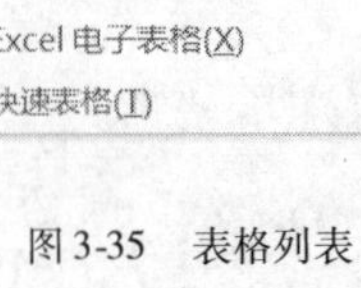

图3-35 表格列表

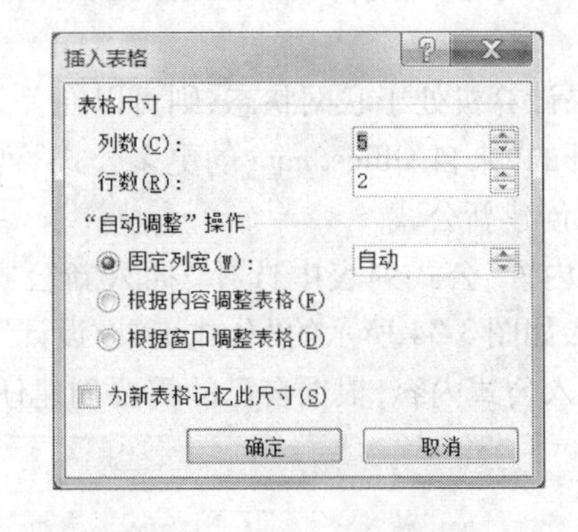

图3-36 "插入表格"对话框

(3)绘制表格

不仅可以通过指定行和列插入表格,还可以通过绘制表格功能自定义插入需要的表格,操作步骤如下:

①在图3-35界面中选择"绘制表格"选项。

②鼠标指针呈现铅笔形状,在Word文档中拖动鼠标左键绘制表格边框。然后在适当的位置绘制行和列。

③当选中“绘制表格”时，屏幕顶部自动会出现如图 3-37 所示的“表格工具/设计”选项卡，可以通过它对表格格式或样式进行设置。

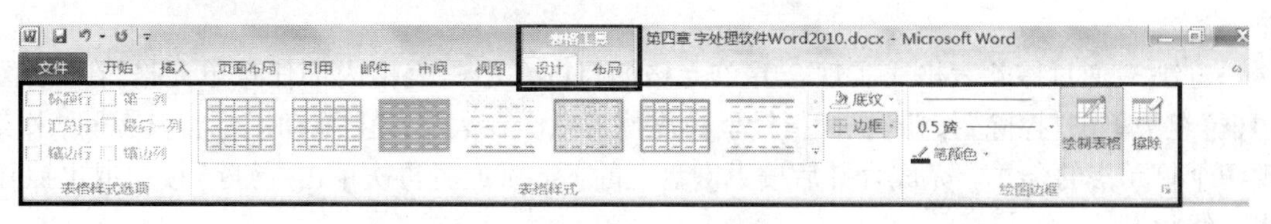

图 3-37　“表格工具/设计”选项卡

2）表格的编辑

（1）添加单元格

①在准备插入单元格的相邻单元格中单击鼠标右键，然后在打开的快捷菜单中指向“插入”命令，并在打开的下一级菜单中选择“插入单元格”命令。

②在打开的“插入单元格”对话框中选中“活动单元格右移”或“活动单元格下移”单选按钮，并单击“确定”按钮。

（2）添加行或列

在 Word 文档表格中，用户可以根据实际需要插入行或者列。在准备插入行或列的相邻单元格中单击鼠标右键，然后在打开的快捷菜单中指向“插入”命令，并在打开的下一级菜单中选择“在左侧插入列”、“在右侧插入列”、“在上方插入行”或“在下方插入行”命令。

还可以在“表格工具”功能区进行插入行或插入列的操作。在准备插入行或列的相邻单元格中单击鼠标，然后将“表格工具”选项卡切换到如图 3-38 所示的“布局”选项卡，在“行或列”组中根据实际需要单击“在上方插入”、“在下方插入”、“在左侧插入”或“在右侧插入”按钮插入行或列。

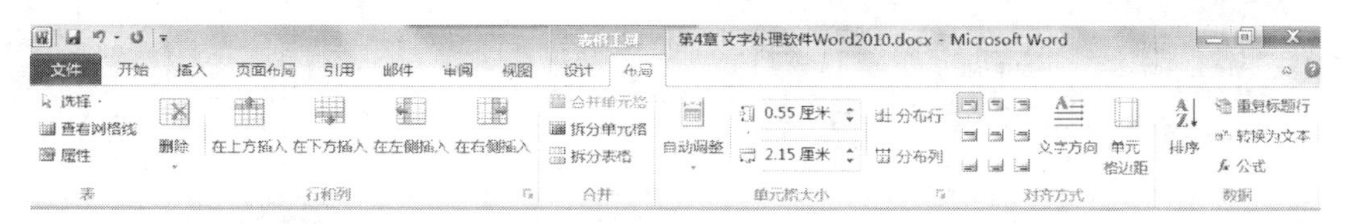

图 3-38　“表格工具/布局”选项卡

（3）删除行或列

可以通过多种方式进行删除行或列的操作，主要有以下两种。

方法 1：选中需要删除的行或列，然后右键单击选中的行或列，并在打开的快捷菜单中选择“删除行”或“删除列”命令。

方法 2：在 Word 文档表格中，单击准备删除的行或列中的任意单元格，然后在“行或列”组中单击“删除”按钮，并在打开的下拉菜单中选择“删除行”或“删除列”命令。

（4）合并单元格

在 Word 文档表格中，通过使用“合并单元格”功能可以将两个或两个以上的单元格合并成一个单元格，从而制作出多种形式、多种功能的 Word 表格。用户可以在 Word 文档表格中通过 3 种方式合并单元格，下面分别予以介绍。

方法 1：选中准备合并的两个或两个以上的单元格，右键单击被选的单元格，在打开的快捷菜单中选择“合并单元格”命令。

方法2:选中准备合并的两个或两个以上的单元格,然后在“合并”组中单击“合并单元格”命令。

方法3:通过擦除表格线实现合并单元格的目的。单击表格内部任意单元格,在“绘图边框”组中单击“擦除”按钮,鼠标指针呈橡皮擦形状。在表格线上拖动鼠标将其擦除,来实现两个单元格的合并。完成合并后按下键盘上的Esc键或者再次单击“擦除”按钮退出擦除表格线状态。

(5)拆分表格

用户可以根据实际需要将一个表格拆分成多个表格。在Word文档中拆分表格的步骤是:首先单击表格拆分的分界行中任意单元格,然后在“合并”组中单击“拆分表格”按钮。

(6)调整单元格宽度

在Word表格中右键单击准备改变行高或列宽的单元格,选择“表格属性”命令,还可以单击准备改变行高或列宽的单元格,单击“表”组中的“属性”按钮。在打开的如图3-39所示的“表格属性”对话框中,切换到“表格”选项卡,选中“指定宽度”复选框,然后调整表格宽度数值。

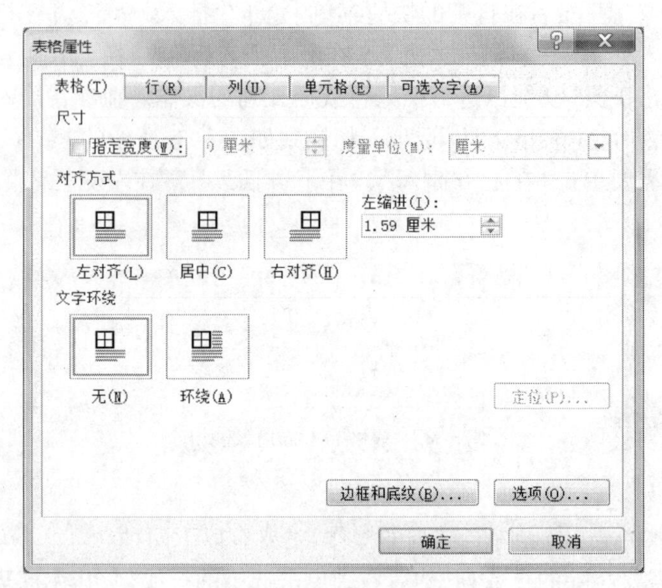

图3-39 “表格属性”对话框

(7)边框和底纹

单击表格内部任意单元格,选择“表格工具/设计”选项卡,在“表格样式”组的最右侧有“底纹”和“边框”两个按钮,通过它们可以设置底纹以及边框的样式。单击“底纹”会出现底纹颜色选择框,可以选择需要的颜色作为底纹,而单击“边框”按钮旁的下三角箭头,则会打开边框选择框,可以非常方便地选择需要的边框样式。

(8)表格自动套用格式

如果既想让表格美观,又想非常方便地达到效果,可以使用自动套用格式功能,在“表格工具/设计”的“表格样式”组中有很多表格样式的缩略图,这些就是 Word 预设的表格样式,如果对这些样式不满意,可以单击这些缩略图最右侧的滚动条来查看其他表格样式,找到满意的样式后单击该样式对应的按钮就会自动完成样式设置。

(9)将文本转换成表格

将文本转换成表格,关键的操作是使用分隔符号将文本合理分隔。Word 能够识别常见的分隔符,如段落标记、制表符和逗号等。例如,对于只有段落标记的多个文本段落,Word 可以将其转换成单列多行的表格;而对于同一个文本段落中含有多个制表符或逗号的文本,Word 可以将其转换成单行多列的表格;包括多个段落、多个分隔符的文本则可以转换成多行多列的表格。将文本转换成表格的步骤如下:

①为准备转换成表格的文本添加段落标记和分隔符,如英文半角的逗号,选中需要转换成表格的所有文字。

②在“插入”选项卡的“表格”组中单击“表格”按钮,并在打开的表格菜单中选择“文本转换成表格”命令,打开如图 3-40 所示的“将文字转换成表格”对话框。

③在“列数”编辑框中将出现转换生成表格的列数,如果该列数为 1,而实际是多列,则说明分隔符使用不正确(比如使用了中文逗号),需要返回上面的步骤修改分隔符。在“‘自动调整’操作”区域可以选中“固定列宽”、“根据内容调整表格”或“根据窗口调整表格”单选按钮,用以设置转换生成的表格列宽。在“文字分隔位置”区域已自动选中文本中使用的分隔符,如果不正确可以重新选择。设置完毕单击“确定”按钮,之前的文本就会变成表格形式。

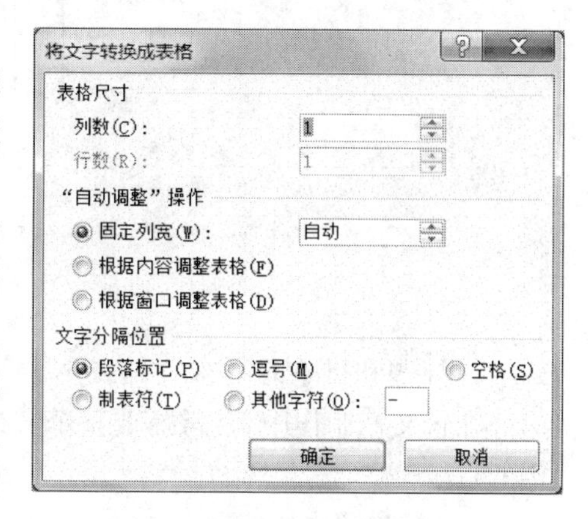

图 3-40　“将文字转换成表格”对话框

3)表格中的数据处理

在 Word 中不仅可以创建表格,还可以对表格中的数据进行一些简单的排序和计算等处理,只是数据处理不是 Word 的强项,第 4 章介绍的 Excel 软件具有更强的数据处理能力,因此这里就不再赘述 Word 的数据处理功能。

3.2.5　长文档制作

一般情况下,文档超过 8 页为中长篇文档,如毕业论文、实习报告等。掌握对中长文档的处理技巧,不仅能提高工作效率,还会对文档增色不少。

1)插入文档封面

利用 word 提供的封面功能能够快速地为文档制作封面。可以使用系统提供的丰富的封面模板库,也可以自己设计封面模板并保存到文档库,以备使用。

操作方法是单击“插入”选项卡的“页”功能组的“封面”下拉按钮即可预览系统提供的如图 3-41 所示的封面模板。如果要删除“封面”,则只需单击“封面”下拉列表中的“删除当前封面”命令即可。

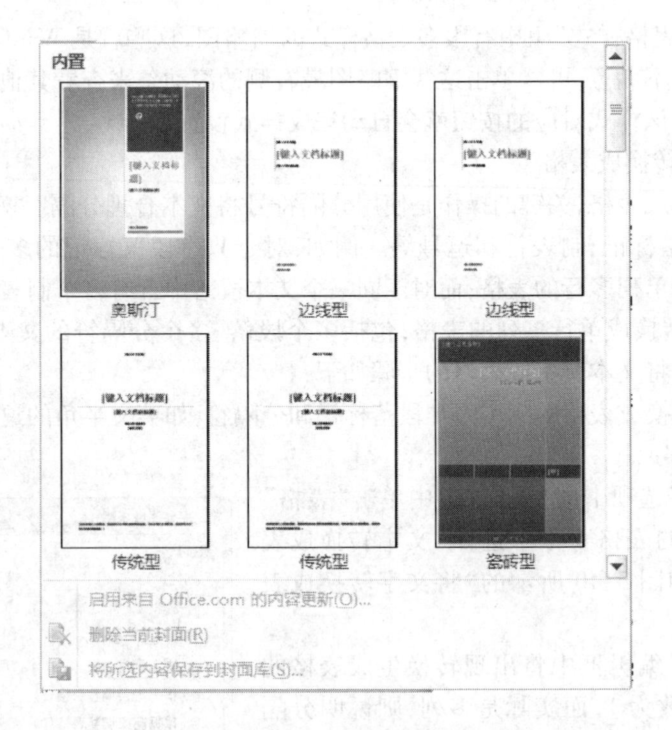

图 3-41 “封面”模板

2)标题和目录的制作

在长文档制作中,常常需要整个文档的格式要统一,如文档中的各级标题的格式以及文档的目录等。

(1)标题样式的使用

文档的标题格式,可以通过“开始”选项卡的“样式”功能组中的样式列表中选择所需样式,或者单击“样式”功能组右下角的“窗口启动”按钮,在弹出的“样式”窗口中选择所需的标题样式来进行设定。

标题样式的设定方式是,将插入光标置于要设定标题的段落,单击“样式”窗口中所需要的样式即可。

系统的标准模板提供了标题的样式,如果标题样式不符合文档的要求,可以通过“样式”功能组中的“更改样式”命令来进行格式修改。

(2)目录的制作

长文档常常需要目录,可以根据标题自动生成目录。通常习惯,目录与文档的正文不采用相同的页码编排,并且,经常在文档的开头或结尾插入目录。

插入目录的操作,是利用如图 3-42 所示的“引用”选项卡功能区中的命令来完成的。

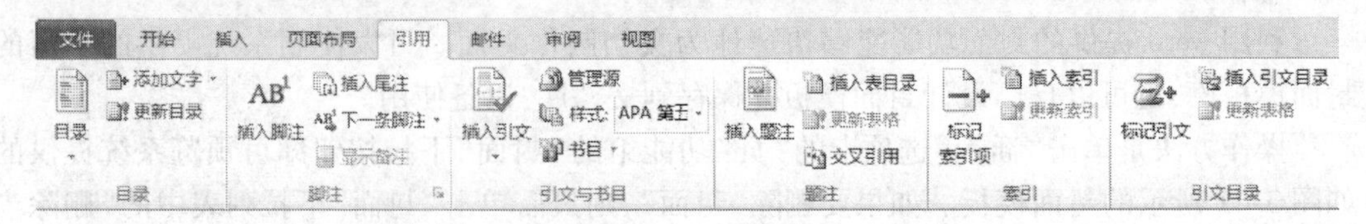

图 3-42 “引用”选项卡功能区

“引用”选项卡功能区中提供了以下功能组:“目录”功能组用来插入和编辑目录;“脚注”功能组用来插入和编辑脚注和尾注;“引文与书目”功能组用来插入引文和书目信息;“脚注”功能组用来插入表目录和脚注信息;“索引”功能组用来插入和标记索引;“引文目录”功能组用来插入引文目录和标记引文。

插入目录操作步骤:打开编辑好的文档,将光标调整到最前端的新行中,单击“引用”选项卡,在“目录”选项组中单击“目录”下拉按钮,从弹出的菜单中选择“自动目录”选项,如图3-43所示。

图3-43　插入目录

3.3　实验内容与提示

说明:

(1)本章所有需提交的实验内容集中做成一个 Word 文档,文件名为学号后3位+姓名+word实验,如135李明word实验(在每个实验之后要求在“页面布局”中插入分节符,选择“下一页(N)”插入分节符,并在下一页开始继续本部分的下一个实验。实验三的表格制作要求“页面布局”的纸张方向设置为横向。)

(2)每个实验内容相关操作步骤请详细阅读前面3.2实验预备知识的内容。

实验一　制作一份协议书

实验内容

一份简单的文档处理,即制作一份效果图如图3-44所示的协议书。

操作要求

(1)输入以上文字。

(2)标题设置为黑体小四号字,加粗,居中,段前、段后各10磅。

(3)所有正文设置为宋体五号字,首行缩进2字符,行距为18磅。

(4)小标题一、二设置为黑体五号字并加粗。

(5)小标题下面的编号1、2、3、4设置为自动编号。

(6)“甲方”、“乙方”两段文字,设置为左缩进2字符、悬挂缩进3字符格式,同时“甲方”、“乙方”文字设置为楷体加粗字。

(7)最后4行参照效果图。

北京东方学院与美国德可斯大学合作办学协议书

北京东方学院(以下简称甲方)与美国德可斯大学(以下简称乙方)以平等互利、共同发展、保证质量为原则、拟定此协议书。

一、办学内容、学制、学费

1、 开设专业:国际商务。

2、 学制:实行学分制,本专业共计66学分,全日制教学。

3、 招生对象:高中及同等学历,英语达到相应水平。

4、 乙方学籍注册费每人100美元,每学分按130美元收费,按学年申请所修学分交费。

二、双方职责

甲方: 办理招生、注册、收费等事务;提供教学所需的设施、设备与必要的生活设施;按乙方教学大纲组织教学活动并负责学生的教育与管理。

乙方: 负责合作项目在美方的注册及学生的学籍管理,提供教学计划、大纲及教材;对修满教学计划所规定的学分的学生,颁发大专学历证书和副学士学位证书;义务为甲方相关教学人员提供专业培训;对甲方教学过程与质量实行监督。

甲方	乙方
北京东方学院	美国德可斯大学
代表签字	代表签字
年 月 日	年 月 日

图3-44 协议书样例

实验二 公式、流程图制作

说明:下面的(1)和(2)集中在同一页。

(1)练习输入如下公式:

$$\int \frac{x^5}{\sqrt{1-x^2}}\mathrm{d}x \int_{\frac{\pi}{4}}^{\frac{3\pi}{4}} \frac{\mathrm{d}x}{\cos x^2}$$

$$\begin{cases} x+y=6 \\ 2x+3y=16 \end{cases}$$

$$\begin{vmatrix} 1 & 1 & 1 \\ x & y & z \\ x^2 & y^2 & z^2 \end{vmatrix}$$

(2)数据流程图的制作

使用Word制作如图3-45所示的“办公用品领用流程”图。

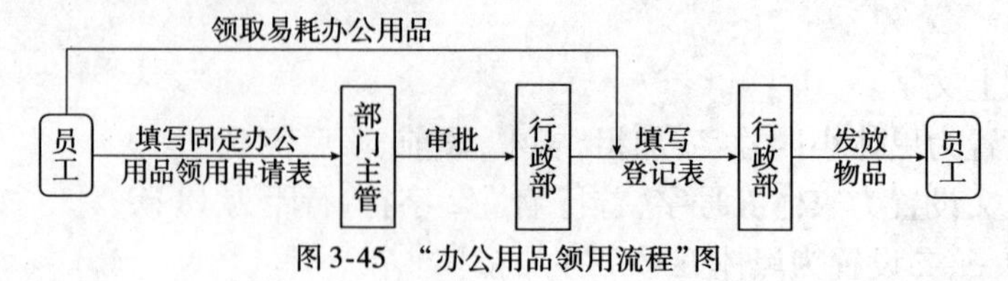

图3-45 “办公用品领用流程”图

实验三　表格制作

制作2014-2015学年第一学期校历，如图3-46所示（此页要求“页面布局”的纸张方向设置为横向。）

2014—2015第一学期校历

<table>
<tr><td colspan="2">月</td><td colspan="3">九</td><td colspan="6">十</td><td colspan="4">十一</td><td colspan="4">十二</td><td colspan="4">一</td><td colspan="5">二</td></tr>
<tr><td colspan="2">周次
日
星期</td><td>一</td><td>二</td><td>三</td><td>四</td><td>五</td><td>六</td><td>七</td><td>八</td><td>九</td><td>十</td><td>十一</td><td>十二</td><td>十三</td><td>十四</td><td>十五</td><td>十六</td><td>十七</td><td>十八</td><td>十九</td><td>二十</td><td>二十一</td><td>二十二</td><td>二十三</td><td>二十四</td><td>二十五</td><td>二十六</td></tr>
<tr><td colspan="2">星期一</td><td>1</td><td>8</td><td>15</td><td>22</td><td>29</td><td>6</td><td>13</td><td>20</td><td>27</td><td>3</td><td>10</td><td>17</td><td>24</td><td>1</td><td>8</td><td>15</td><td>22</td><td>29</td><td>5</td><td>12</td><td>19</td><td>26</td><td>2</td><td>9</td><td>16</td><td>23</td></tr>
<tr><td colspan="2">星期二</td><td>2</td><td>9</td><td>16</td><td>23</td><td>30</td><td>7</td><td>14</td><td>21</td><td>28</td><td>4</td><td>11</td><td>18</td><td>25</td><td>2</td><td>9</td><td>16</td><td>23</td><td>30</td><td>6</td><td>13</td><td>20</td><td>27</td><td>3</td><td>10</td><td>17</td><td>24</td></tr>
<tr><td colspan="2">星期三</td><td>3</td><td>10</td><td>17</td><td>24</td><td>1</td><td>8</td><td>15</td><td>22</td><td>29</td><td>5</td><td>12</td><td>19</td><td>26</td><td>3</td><td>10</td><td>17</td><td>24</td><td>31</td><td>7</td><td>14</td><td>21</td><td>28</td><td>4</td><td>11</td><td>18</td><td>25</td></tr>
<tr><td colspan="2">星期四</td><td>4</td><td>11</td><td>18</td><td>25</td><td>2</td><td>9</td><td>16</td><td>23</td><td>30</td><td>6</td><td>13</td><td>20</td><td>27</td><td>4</td><td>11</td><td>18</td><td>25</td><td>1</td><td>8</td><td>15</td><td>22</td><td>29</td><td>5</td><td>12</td><td>19</td><td>26</td></tr>
<tr><td colspan="2">星期五</td><td>5</td><td>12</td><td>19</td><td>26</td><td>3</td><td>10</td><td>17</td><td>24</td><td>31</td><td>7</td><td>14</td><td>21</td><td>28</td><td>5</td><td>12</td><td>19</td><td>26</td><td>2</td><td>9</td><td>16</td><td>23</td><td>30</td><td>6</td><td>13</td><td>20</td><td>27</td></tr>
<tr><td colspan="2">星期六</td><td>6</td><td>13</td><td>20</td><td>27</td><td>4</td><td>11</td><td>18</td><td>25</td><td>1</td><td>8</td><td>15</td><td>22</td><td>29</td><td>6</td><td>13</td><td>20</td><td>27</td><td>3</td><td>10</td><td>17</td><td>24</td><td>31</td><td>7</td><td>14</td><td>21</td><td>28</td></tr>
<tr><td colspan="2">星期日</td><td>7</td><td>14</td><td>21</td><td>28</td><td>5</td><td>12</td><td>19</td><td>26</td><td>2</td><td>9</td><td>16</td><td>23</td><td>30</td><td>7</td><td>14</td><td>21</td><td>28</td><td>4</td><td>11</td><td>18</td><td>25</td><td>1</td><td>8</td><td>15</td><td>22</td><td>1</td></tr>
<tr><td rowspan="4">内容</td><td>2012级</td><td colspan="9">课堂教学</td><td colspan="2">考试</td><td colspan="10">专题讲座</td><td rowspan="4" colspan="5">寒假</td></tr>
<tr><td>2013级</td><td rowspan="2" colspan="18">课堂教学</td><td rowspan="2">机动</td><td rowspan="2" colspan="2">考试</td></tr>
<tr><td>2014级</td></tr>
<tr><td>2015级</td><td></td><td>入学教育</td><td colspan="3">军事技能训练</td><td colspan="15">课堂教学</td><td>考试</td></tr>
<tr><td colspan="28">注：</td></tr>
</table>

图3-46　校历

提示：

斜线表头利用插入自选图形的功能（即形状按钮），在第一个单元格中插入多条线条，再利用空格和回车键将文字移到合适的位置。

实验四　图文混排

实验内容

制作一份网络天地宣传稿，素材和效果图如图3-47所示。（此页要求“页面布局”的纸张方向为纵向。）

操作要求

（1）输入素材中的文字。

（2）设置页眉：输入“网络天地”。添加两个矩形自选图形，并为它们选择“填充效果”为“渐变”型，在“填充效果”对话框中，选择“颜色”预设的“雨后初晴”，选择“底纹样式”为“纵向”，具体颜色可自己选择。

在网上浏览，发现许多网页使用的特效都是用 JAVA 程序编制的。这对于许多刚入“网”的初学者来说，有点过于高深。不过，现在可好了，网页的特效制作工具层出不穷，大有泛滥成灾之势，要从中挑选出最好的也困难，只好用一个算一个了。笔者最近刚从网上下载了小秘书（小编：网上能够下载小秘书!?），使制作网页特效更具一番风格。其实，小秘书是我对“呼吸小秘书”的昵称，其新颖的界面，实用的功能让你不得不……下面，咱就把小秘书介绍给各位，还请笑纳！

小秘书可是完全国产的，保证符合中国国情，叫你不得不喜欢。称其为网页特效制作工具，可别以为它很大，其实只是一个容量不到 500K 的 EXE 可执行文件，出现主界面。该程序的主界面可以说相当漂亮，特别是那样卡通 MM，好可爱呀！在主界面上的鼠标指针都是透明的，并且随着移动到的区域变换形状。在主界面顶端排列这五个标签项，分别是：窗口特效、鼠标特效、文字特效、菜单特效、其他特效。在这些不同功能的特效标签项下的某一实用功能介绍一下。

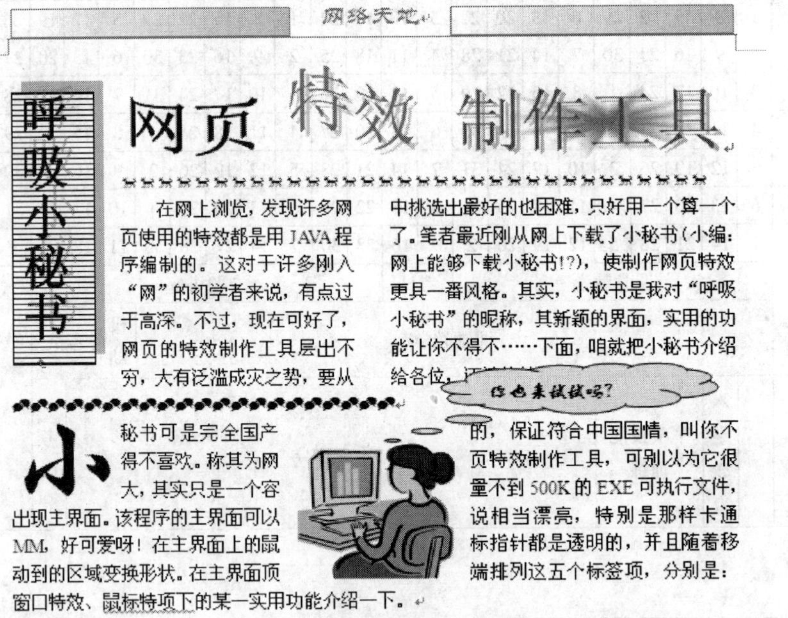

网络天地

呼吸小秘书

网页 特效 制作工具

在网上浏览，发现许多网页使用的特效都是用 JAVA 程序编制的。这对于许多刚入“网”的初学者来说，有点过于高深。不过，现在可好了，网页的特效制作工具层出不穷，大有泛滥成灾之势，要从中挑选出最好的也困难，只好用一个算一个了。笔者最近刚从网上下载了小秘书（小编：网上能够下载小秘书!?），使制作网页特效更具一番风格。其实，小秘书是我对“呼吸小秘书”的昵称，其新颖的界面，实用的功能让你不得不……下面，咱就把小秘书介绍给各位，

你也来试试吗？

小秘书可是完全国产的，保证符合中国国情，叫你不得不喜欢。称其为网页特效制作工具，可别以为它很大，其实只是一个容量不到 500K 的 EXE 可执行文件，出现主界面。该程序的主界面可以说相当漂亮，特别是那样卡通 MM，好可爱呀！在主界面上的鼠标指针都是透明的，并且随着移动到的区域变换形状。在主界面顶端排列这五个标签项，分别是：窗口特效、鼠标特项下的某一实用功能介绍一下。

图 3-47　素材和“网络天地”效果图

（3）排版文字：第 1 段文字设置“分栏”，为第 2 段文字设置“首字下沉”，并设置首字字体为“华文行楷”，下沉行数为 3 行。

（4）插入符号：在第 1 段文字和第 2 段文字之间插入一行特殊符号（随意选择符号）。

（5）插入艺术字：分别插入艺术字“网页”、“特效”、“制作工具”等，并适当调整位置与大小。

（6）制作艺术字“制作工具”下方的蓝色星型图形。插入“星与旗帜”中的“爆炸 1”图标，在“设置自选图形格式”对话框中，选择“版式”为“衬于文字下方”，选择“颜色和线条”中的颜色填充效果为“渐变”型，颜色为“双色”（蓝与白），底纹样式为“中心辐射”。

（7）在艺术字与下面的文字之间插入一行特殊符号。（随意选择符号）。

（8）插入文本框，设置文本框格式。文本框的“版式”为“四周型”，“颜色填充效果”选择“图案”中的“浅色横线”。为文本框添加阴影效果，选择“投影”中的“阴影效果 2”。

（9）添加艺术字“呼吸小秘书”，并将其与文本框组合在一起。

（10）插入剪贴画到文字当中（随意选择剪贴画），剪贴画“版式”为“四周型”。

(11)插入标注。用“插图”功能组的“形状”按钮,选择“标注”中的“云形标注”,输入文字“你也来试试吗?”,并为该框填充颜色。

3.4 综合实训

1)搜索朱自清的文章“荷塘月色”,并按照以下格式(图3-48)排版

荷塘月色

作者：朱自清

这几天心里颇不宁静。今晚在院子里坐着乘凉，忽然想起日日走过的荷塘，在这满月的光里，总该另有一番样子吧。月亮渐渐地升高了，墙外马路上孩子们的欢笑，已经听不见了；妻在屋里拍着闰儿，迷迷糊糊地哼着眠歌。我悄悄地披了大衫，带上门出去。

路上只我一个人，背着手踱着。这一片天地好像是我的；我也像超出了平常的自己，到了另一世界里。我爱热闹，也爱冷静；爱群居，也爱独处。像今晚上，一个人在这苍茫的月下，什么都可以想，什么都可以不想，便觉是个自由的人。白天里一定要做的事，一定要说的话，现在都可不理。这是独处的妙处，我且受用这无边的荷香月色好了。

曲曲折折的荷塘上面，弥望的是田田的叶子。叶子出水很高，像亭亭的舞女的裙。层层的叶子中间，零星地点缀着些白花，有袅娜地开着的，有羞涩地打着朵儿的；正如一粒粒的明珠，又如碧天里的星星，又如刚出浴的美人。微风过处，送来缕缕清香，仿佛远处高楼上渺茫的歌声似的。这时候叶子与花也有一丝的颤动，像闪电般，霎时传过荷塘的那边去了。叶子本是肩并肩密密地挨着，这便宛然有了一道凝碧的波痕。叶子底下是脉脉的流水，遮住了，不能见一些颜色；而叶子却更见风致了。

月光如流水一般，静静地泻在这一片叶子和花上。薄薄的青雾浮起在荷塘里。叶子和花仿佛在牛乳中洗过一样；又像笼着轻纱的梦。虽然是满月，天上却有一层淡淡的云，所以不能朗照；但我以为这恰是到了好处——酣眠固不可少，小睡也别有风味的。月光是隔了树照过来的，高处丛生的灌木，落下参差的斑驳的黑影，峭楞楞如鬼一般；弯弯的杨柳的稀疏的倩影，却又像是画在荷叶上。塘中的月色并不均匀；但光与影有着和谐的旋律，如梵婀玲上奏着的名曲。

荷塘的四面，远远近近，高高低低都是树，而杨柳最多。这些树将一片荷塘重重围住；只在小路一旁，漏着几段空隙，像是特为月光留下的。树色一例是阴阴的，乍看像一团烟雾；但杨柳的丰姿，便在烟雾里也辨得出。树梢上隐隐约约的是一带远山，只有些大意罢了。树缝里也漏着一两点路灯光，没精打采的，是渴睡人的眼。这时候最热闹的，要数树上的蝉声与水里的蛙声；但热闹是它们的，我什么也没有。

忽然想起采莲的事情来了。采莲是江南的旧俗，似乎很早就有，而六朝时为盛；从诗歌里可以约略知道。采莲的是少年的女子，她们是荡着小船，唱着艳歌去的。采莲人不用说很多，还有看采莲的人。那是一个热闹的季节，也是一个风流的季节。梁元帝《采莲赋》里说得好：于是妖童媛女，荡舟心许；鹢首徐回，兼传羽杯；棹将移而藻挂，船欲动而萍开。尔其纤腰束素，迁延顾步；夏始春余，叶嫩花初，恐沾裳而浅笑，畏倾船而敛裾。可见当时嬉游的光景了。这真是有趣的事，可惜我们现在早已无福消受了。

于是又记起《西洲曲》里的句子：

采莲南塘秋，莲花过人头；低头弄莲子，莲子清如水。今晚若有采莲人，这儿的莲花也算得“过人头”了；只不见一些流水的影子，是不行的。这令我到底惦着江南了。——这样想着，猛一抬头，不觉已是自己的门前；轻轻地推门进去，什么声息也没有，妻已睡熟好久了。

图3-48 “荷塘月色”效果图

(1)设置纸张类型和页边距:纸张选择“A4”,将上、下、左、右页边距全部设置为“2.2厘米”,纸张方向选择“纵向”。

(2)设置字符和段落格式:正文字体为“宋体”、字号为“小三”、字形为“粗体”, 对齐方式为两端对齐、缩进为首行缩进2字符、间距为段前0.5行和段后0.5行、行距为多倍行距(1.25)。

(3)制作艺术字标题:选择第3行第4列的艺术字样式,设置字体为“华文行楷”、字号为“48”、字形为“粗体”, 艺术字形状为“双波形1”形状,文字环绕选择“嵌入型”。

(4)设置第1段为首字下沉:位置设置为“下沉”、字体为“宋体”、下沉行数为“2”。

(5)将第2段分为两栏:设置分两栏、带分隔线且栏宽相等,突出分栏效果,将两栏文字设置为不同的颜色(左栏为粉红色,右栏为绿色)。

(6)插入图片:为第3段插入一张图片,图片的大小中设置为高度“3.86厘米”、宽度“4.13厘米”,环绕方式为“四周型”、水平对齐方式为“右对齐”,移动图片至适当位置。为第4段插入一个图片,设置其高度为2.75厘米、宽度为4.13厘米、四周型、右对齐。为第5段插入剪贴画

背景(“荷花”), 设置图片环绕方式为“衬于文字下方” ,适当增加图片的亮度。

(7)为第6段设置边框与底纹:设置边框类型为“三维”、应用范围为“段落”, 底纹设置填充类型为“淡紫”、应用范围为“段落”。

(8)为第8段插入竖排文本框:在第8段的适当位置插入竖排文本框,【在大小】选项卡中取消“锁定纵横比”前面的对号,设置高度为“5.47 厘米” 、宽度为“6.9 厘米”,环绕方式为“四周型”,水平对齐方式,为“右对齐”。阴影选择“阴影样式6”(绘图工具栏上的【阴影】按钮)。文本框内部输入四句诗:“采莲南塘秋 莲花过人头 低头弄莲子 莲子清如水”,按每句一列进行布局,并设置字体为“华文行楷”、字号为“小一”、字形为“粗体”。文本框的颜色填充选择填充效果中纹理“绿色大理石”, 文本框的线条颜色选择“玖瑰红”,线型选择“4.5 磅实线”。

2)参照效果图(图3-49),制作一份邀请书

3)参照样例(图3-50)制作某主题的电子报

4)参照样例(图3-51)制作本人的个人简历

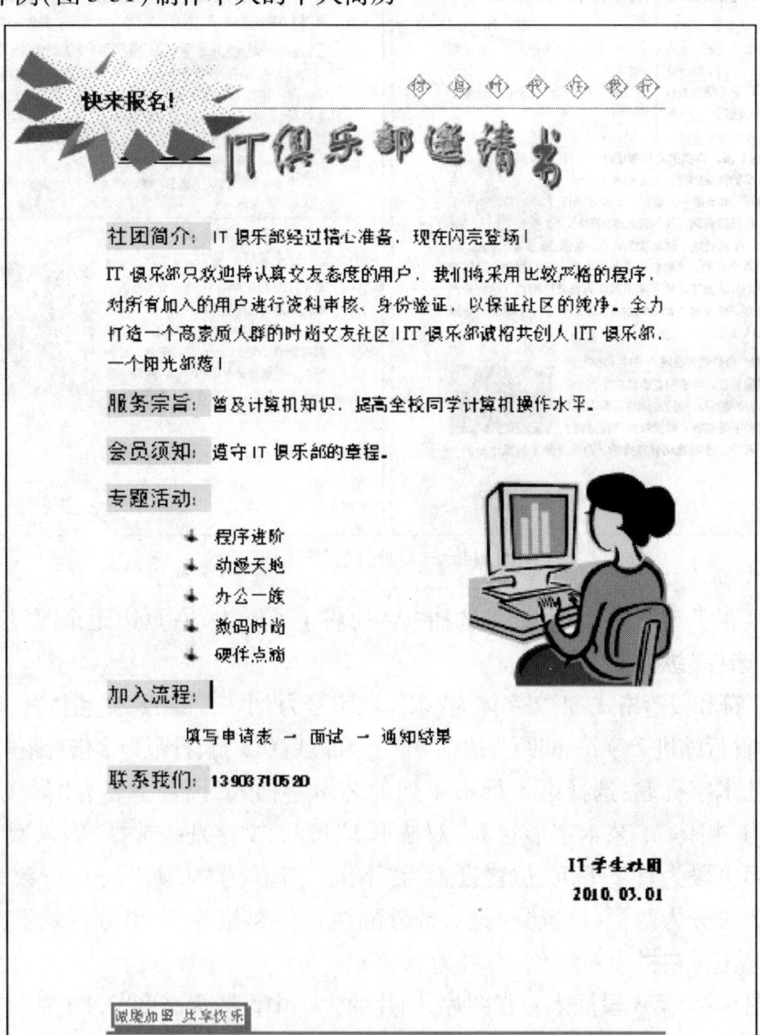

图3-49 IT俱乐部邀请书效果图

师范语文

SHI FAN YU WEN

2009年9月28日
第668期
（1985年创版）
社长：郭莎
赣内准字：J002号

校园文艺	（第一版）
青春絮语	（第二版）
孩子的心灵	（第三版）
童话	（第四版）
少年小说	（第五版）

春　天

每年春之将至，我必定做梦。

山、原野，各种草木都在萌生，各种花卉都在竞放。树群的萌芽，井然有序。嫩叶的色彩和形状，因树而异。不消说，嫩时的颜色不限于绿色。例如沿东海道春游，就可以看见远州路罗汉松的新，和关原一带的柿树的嫩时不限于绿……仅以红叶和枫树的嫩叶来说，确实也是千变万化的。还有许多我不知名的、小得几乎不显眼的野花。

我一度的却想写写我自己亲眼仔细观察到的春天，写春天来到山野的草木丛中。于是我就观察山间林木的万枝千朵的花。然而，在我到处细心观察而未下笔的时候，春天的嫩叶和花却匆匆的起了变化。我便想来年再写吧。我每年照例要做这样的梦。也许我是一个日本作家的缘故吧。而且我梦中看见了一座美丽的山，布满了森林、繁花和嫩叶。我梦中想到：这是故乡的山啊！人世间哪里都找不到这样美丽的故乡。我却梦见理想中的故乡的春天！

作者：（日本）川端康成

别说不行

人生，犹如一次漫长的旅行，作为游客，谁希望阳光明媚，鸟语花香，坦途千里？然而事情总不顺从意，在路途中，难免风雨雷电，难免坎坎坷坷。此时此刻，唯有鼓足勇气，迈开大步，勇往直前。须知路是人走出来的，别说“不行”。

“地上本没有路，走的人多了，也便成了路。”这是鲁迅先生的名言。是啊，世界之大，方之小，若不步，何来坦途？朋友，只要肯付出汗水，长满荆棘的坎坷路一定会被你开劈成为鲜花灿烂的平坦大道！当你成功时，你就会发现：成功与失败仅一步之遥。当你拾起一样东西时，你就成为强者，这样东西就是“信心。”

忆童年

童年的时候，总认为长大的日子，遥遥无期。童年离去了，只能把那份美丽写入日忆里去。抚思回忆，时恍时書，多想，再有一些傻的问题是然，知道那些已是过去，却总是回忆。

花　香

风，没有方向的吹来，雨，也跟着悲伤起来。没有人能告诉我，爱是在什么时候悄悄走开。风，伴着花谢了又开，雨，把眼泪落向大海，现在的我才明白。你抱着紫色的梦选择等待。记忆是阵阵花香，我们说好谁都不能忘，守着黑夜的阳光，难过却假装坚强，等待的日子里，你比我勇敢，记忆是阵阵

花香，一起走过永远不能忘，你的温柔是阳光，把我的未来填满，提醒我花香常在，就像我的爱。

图3-50　电子报

基本信息

姓　名：张山　　性　别：男
出生日期：2000年07月28日　　居住地：重庆市
身体状况：健康　　民族：汉族

教育经历

- 2018/09—2022/07，上海交通大学园林绿化专业本科，多次获奖学金，并担任学生会干部；
- 2015/09—2018/07，西南大学附属中学读高中；
- 2012/09—2015/07，西南大学附属中学读初中；

自我评价

本人是一个工作认真负责，积极主动、善于团队工作的人，思维严谨，具有较高的技术水平和丰富的管理经验，适合从事多种工作。

联系方式

- 地址：
- 邮编：
- 电子邮件：
- 家庭电话：
- 移动电话：
- 个人主页：

图3-51　个人简历

第 4 章　电子表格软件 Excel 2010 应用

4.1　实 验 目 的

(1)掌握 Excel 的基本操作。

(2)掌握利用 Excel 的公式和函数对数据进行处理的方法。

(3)掌握数据管理的方法。

(4)掌握创建、编辑图表的方法。

(5)掌握创建数据透视表。

4.2　实验预备知识

4.2.1　基本操作

1)Excel 的启动和退出

(1)启动 Excel

启动 Excel 的方法有多种,如:

①利用"开始"菜单启动。单击 Windows"开始"菜单,选中 Microsoft Office 文件夹,单击 Microsoft Excel 即可启动。

②单击桌面上的 Excel 快捷方式图标。

③双击某工作簿文件,在启动 Excel 的同时也打开了该文件。

(2)退出 Excel

退出 Excel 方法也有多种,如:

①单击"窗口控制按钮"栏的"关闭"按钮。

②单击"文件"选项卡的"退出"选项。

③单击程序控制图标,在弹出的下拉菜单中选择"关闭"命令。

④按快捷键 Alt + F4。

2)Excel 工作界面

Excel 2010 的工作界面主要由快速访问工具栏、标题栏、选项卡、功能区、窗口控制按钮、表名栏、状态栏等组成,如图 4-1 所示。下面分别对各个组成部分进行说明。

(1)标题栏

标题栏位于窗口的顶部,显示应用程序名 Microsoft Excel 及当前正在被编辑的工作簿文件名。

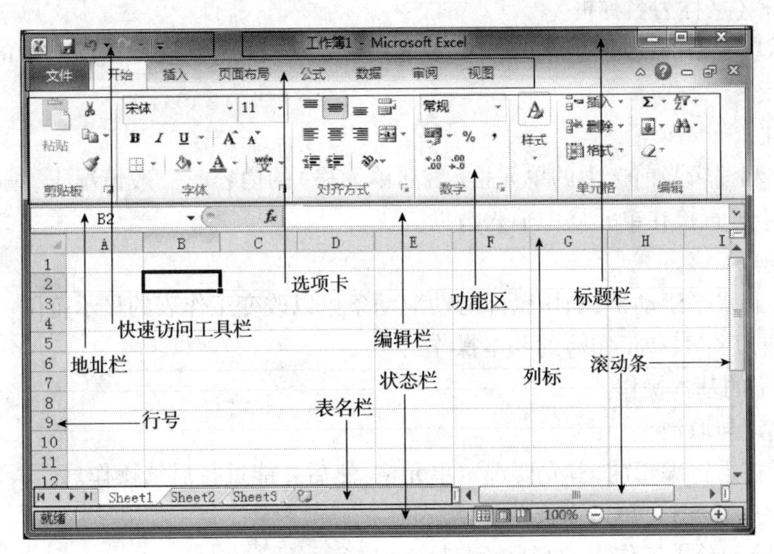

图 4-1　Excel 的窗口组成

(2)选项卡

每个选项卡下包含多个选项组,每个选项组中又包含若干命令,一个选项卡就是一类命令的集合。

(3)功能区

功能区位于选项卡的下部,它与选项卡是配合使用的。功能区中列出了当前选中的选项卡所包含的选项组和命令按钮。选择不同的选项卡,功能区的内容也会发生变化。

(4)快速访问工具栏

快速访问工具栏位于标题栏的左侧,它包含一组常用的命令按钮,这些命令按钮是固定的,不随选项卡的选择而变化。默认情况下为“保存”、“撤消”和“恢复”。单击右侧的下拉箭头,可以自定义快速访问工具栏中的命令按钮。

(5)表名栏

Excel 的工作簿可以由多个工作表(sheet)组成,也就是说一个工作簿里可以有多个内容相互独立的工作表。在默认情况下,一个工作簿由 3 个工作表组成,它们的名称分别为 sheet1、sheet2、sheet3。表名栏里列出了工作簿所包含的所有工作表的名称,通过点击这些名称,可以切换到相应的工作表。工作表的名称可改变,数量可以增减,但一个工作簿至少要包含 1 个工作表,最多可包含工作表的数量与 Excel 的版本有关。

(6)状态栏

状态栏位于窗口的最底部,它的功能主要有:显示当前单元格数据的编辑状态、显示选定区域的统计数据、选择页面显示方式以及调整页面显示比例等。

(7)行号、列标

工作表的每行和每列都有自己的标号,即行号和列标。列标显示在工作表的上端,用 A,B,…DX,DY 等英文字母来表示;行号显示在工作表的左端,用 1,2,…连续的数字来表示。

(8)地址栏(又称为名称框)

用于显示单元格的地址(或名称),如地址栏里显示"F8",则表示当前选中的是第F列、第8行的单元格。

(9)编辑栏

用于显示和编辑当前选中的单元格(活动单元格)的内容。一般情况下,编辑栏用途不大,用户习惯于可直接在单元格中输入数据。

(10)滚动条

分为垂直和水平滚动条,利用鼠标滑动滚动条可以改变工作表的显示范围。

3)单元格、工作表和工作簿的基本操作

(1)单元格的基本操作

①区域选定与取消

在对单元格进行编辑前,首先要选定单元格,然后才能进行后续操作。

a. 选定单个单元格:单击需选单元格。

b. 选定整行:单击工作表的行号,可选定一整行。

c. 选定整列:单击工作表的列标,可选定一整列。

d. 选定整个工作表:单击第1行号之上(第A列标之左)的矩形区域。

e. 选定矩形区域:单击需选区域的左上角单元格,按住鼠标拖动至右下角单元格。也可按住〈Shift〉键,利用上下左右箭头键,从需选区域的左上角移动至右下角。

f. 选定不连续区域:按住〈Ctrl〉键的同时,单击需选的所有单元格。

g. 取消选定:在被选区域之外的任何位置单击鼠标即可。

②数据的输入与修改

单元格数据的输入,单击鼠标选中单元格后键入所需数据,输入的数据即为单元格的值。一个单元格中还可以采用强制换行方式输入多行数据,使用〈Alt + Enter〉组合键即可强制换行。

单元格数据的修改,双击单元格,单元格中出现闪烁的光标,此时单元格处于可编辑状态,光标闪烁的位置称为插入点,移动光标到所需位置,可输入新的内容,也可利用〈Del〉或〈Backspace〉键清除一个或多个字符。

③清除、删除、插入单元格

单元格的清除是指将单元格中的内容、格式、批注或超链接清除,并用默认的格式替换原有格式,而单元格本身仍保留;删除是指将整个单元格(包括其中的内容、格式等)全部删除,且还要用其他单元格来填补。

a. 清除单元格

选择单元格或区域后再按〈Del〉键,这个操作可清除单元格中的内容,但不能清除格式、批注等(读者可以自行设计一个小小的实验来验证)。若要清除格式、批注或超链接,可在"开始"选项卡的功能区中,单击"编辑"选项组中"清除"命令按钮的下拉箭头,并选择相应的操作。

b. 删除单元格

选定单元格或区域后,在"开始"选项卡的功能区中,单击"单元格"选项组中"删除"命令按钮的下拉箭头,并选择相应的命令。

c. 插入单元格

选定单元格后,在"开始"选项卡的功能区中,单击"单元格"选项组中"插入"命令按钮的下拉箭头,并选择相应的命令,可插入一行、一列或单个单元格,若右击行号或列标后选择"插入"可插入一行或一列单元格。

d. 插入批注

批注的作用是对单元格进行说明或备注,每个单元格都可以插入一个单独的批注。此操作命令可在"审阅"选项卡的功能区中找到,最方便还是通过"右击"来完成。插入了批注的单元格的右上部会显示一个红色的小三角,当鼠标指针移动到该单元格时,会自动显示批注框中的批注(如图4-2所示)。

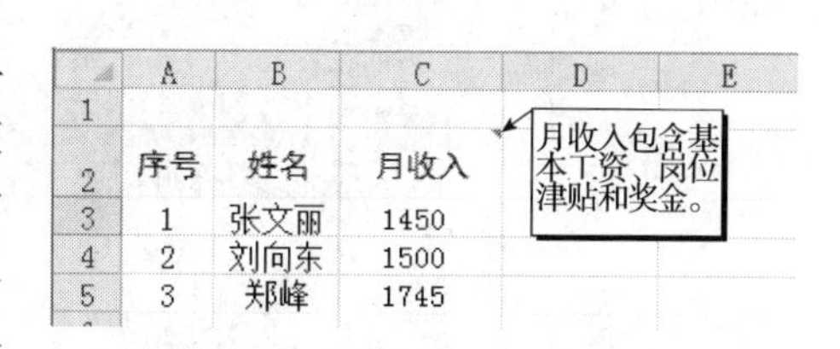

图4-2　单元格的批注

e. 插入超链接

在单元格中插入超链接后,点击该单元格可链接到其他文件、网页或本工作簿的其他位置,合理应用超链接可增强工作表的可读性。插入超链接的命令可在"插入"选项卡的功能区中找到,也可通过"右击"快捷菜单来完成。

④单元格的复制与移动

利用"开始"选项卡功能区中的"复制"、"剪切"、"粘贴"3组命令或者使用Ctrl+C、Ctrl+X、Ctrl+V快捷键可以完成,其具体使用方法与Word中的相应操作基本相同,其中Excel又具有特有的单元格复制、移动的快捷操作。

a. 移动单元格

选中单元格区域后,将鼠标移动到所选区域的边缘,鼠标指针将变成"✥"状,按住鼠标左键后,指针变成"↖"状,将区域拖动至所需位置即可。

b. 复制单元格

复制升序(降序)数列:如果所选区域是单个单元格,且单元格中的数据为数值、科学记数、日期、时间等可计数的类型,则鼠标移动到所选单元格的填充柄处,按住〈Ctrl〉键(时间、日期型不按),指针将变成"✚⁺"状,按住鼠标左键,沿行或列的方向拖动。若向右方或下方拖动,可在行或列的方向上产生一个升序数列;若向左方或上方拖动,可在行或列的方向上产生一个降序数列。

复制等差数列:要产生一组等差数列,只需在相临的2个单元格中输入数据,确定出步长后,其他数据便可利用复制功能自动产生。

⑤单元格高度和宽度的调整

当单元格中的数据太多或字体太大时,可能无法完全显示出来,此时需要调整单元格的宽度和高度。方法是:鼠标移动到工作表中某列标的右边线,鼠标指针将变为"✚"状,按住鼠标左键并左右拖动可以改变此列的宽度;鼠标移动到工作表中某行号的下边线,鼠标指针将变为"✚"状,按住鼠标左键并上下拖动可改变此行的高度。

⑥单元格的格式设置

单元格格式设置是Excel的特有的功能,它主要用于设置单元格和数据的外观,所以格式设置也称为单元格修饰。所谓“格式”其实内涵相当丰富,它包含了单元格的数据类型、单元格对齐方式、字体(含字体、字号、字型、颜色、效果)、边框、填充、保护等多种设置。

在“开始”选项卡功能区的“单元格”选项组中,单击“格式”命令按钮可进行格式设置,也可通过“右击”快捷菜单来执行格式设置。格式设置窗口如图4-3所示,该窗口包含“数字”、“对齐”、“字体”等6个选项卡,每个选项卡下面对应了不同类型的格式设置,下面分别介绍。

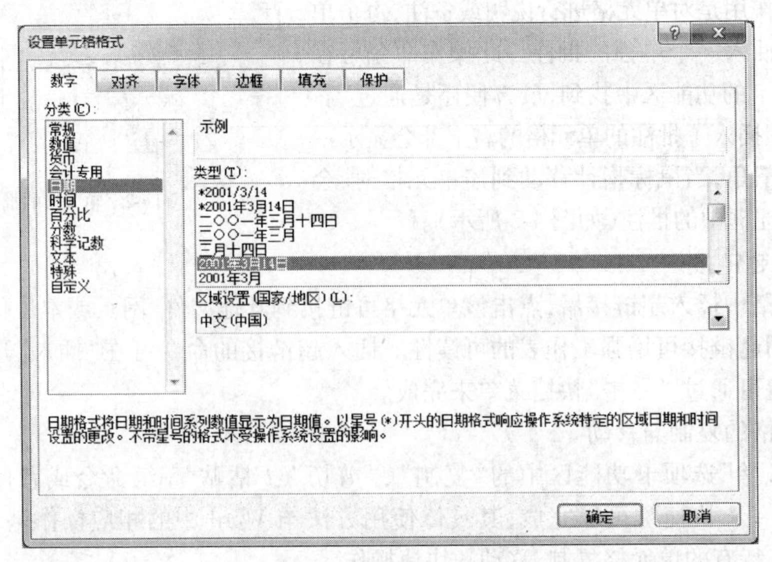

图4-3　单元格格式设置

a. 数据类型设置

为了控制单元格中数据的显示外观,同时也为了便于对工作表中的数据进行统计、筛选、排序等处理,Excel提供了数据类型定义功能,允许将数据定义为数值、文本、货币、日期、时间、会计专用等多种类型,并且同一类型的数据还可以使用不同的显示格式。

在默认情况下,单元格的数据类型为“常规”。其实“常规”不是特定类型,而是一个不定类型,如果你输入的全是阿拉伯数字,将被自动识别为数值;如果输入的数据含有字符,将被自动识别为文本,在输入数据之前先输入前导符“'”,也会被识别为文本;如果输入诸如“2012/12/30”之类的数据,将被自动识别为日期。

数据类型设置实例,如图4-4所示。

百分比		零开头数值		多位数值	
设置前	设置后	设置前	设置后	设置前	设置后
0.0134	1.34%	8156	0081456	5.23014E+12	5230135788645
日期数据		**时间数据**		**中文大写数字**	
设置前	设置后	设置前	设置后	设置前	设置后
2014/9/7	二〇一四年九月七日	23:45	下午11时45分	3845	叁仟捌佰肆拾伍

图4-4　数据类型设置实例

b. 单元格的对齐

单元格的对齐设置主要是设置数据在单元格中的显示位置、方向和文本控制规则,设置包括单元格中数据的水平和垂直对齐方式、文字的方向、单元格合并、自动换行、缩小填充等(如图4-5所示),对齐设置能提高表格的可读性和美观程度。

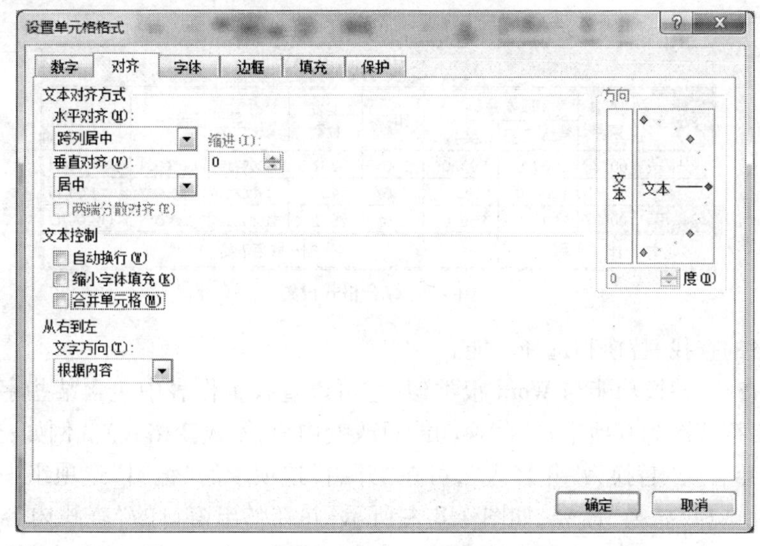

图4-5　单元格对齐设置

c. 边框、图案设置

Excel提供了丰富、灵活的边框设置功能,它允许分别设置单元格的上、下、左、右、对角线边框,并使用不同的线条样式和颜色(如图4-6所示)。在设置时最好按"先选颜色,再选线条样式,最后设置边框"的顺序。

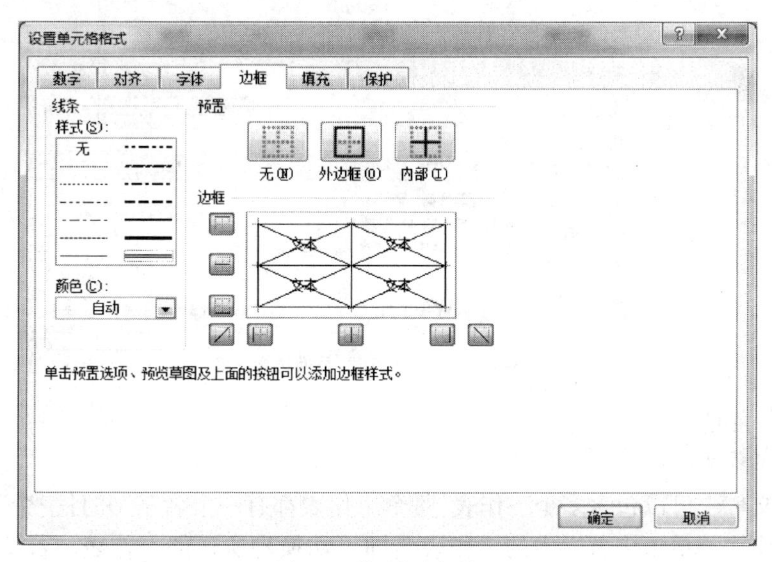

图4-6　单元格边框设置

图4-7提供了一张包含多种单元格格式设置的工作表,它使用了单元格的对齐、字体、边框、填充等多种设置,以及数据类型中的数值、百分比、文本、日期、特殊等类型设置。这张表有很多细节值得读者注意,比如工资编号中出现了"00138",显然必须将这些单元格的数

字类型设置为“文本”，否则“00138”会自动显示为“138”；再如“实发金额”这个单元格使用了强制换行输入方式，若使用自动换行，由于字的宽度小于单元格宽度，不会出现这样的效果。

工资发放清册								
姓名	工资编号	应发金额		扣税	实发金额	身份证号	发放日期
		基本工资	奖金				
张晓鹏	00138	2500.0	800.0	3.0%	3201	523087198402050984	2014年7月8日
郑媛	01245	1300.0	1200.0	2.5%	2438	517233196408150967	2014年7月1日
刘薇薇	00027	1900.0	750.0	3.0%	2571	510212297712290913	2014年7月7日
应发合计（大写）		捌仟肆佰伍拾					

图 4-7　综合格式设置

⑦单元格的查找、替换和选择功能

Excel 的查找、替换功能与 Word 很类似，它可以查找工作表中包含某些字符的单元格，并可将这些字符替换为其他字符（替换功能只改变内容，不改变格式）。例如：要将所有单元格中的字符“年青人”替换为“年轻人”，可在“开始”选项卡的“编辑”选项组中点击“查找和选择”按钮，并选择“替换”命令，如图 4-8 左所示，并在弹出窗口的“查找内容”文本框中键入“年青人”，在“替换为”文本框中输入“年轻人”，然后单击“全部替换”或“替换”按钮。

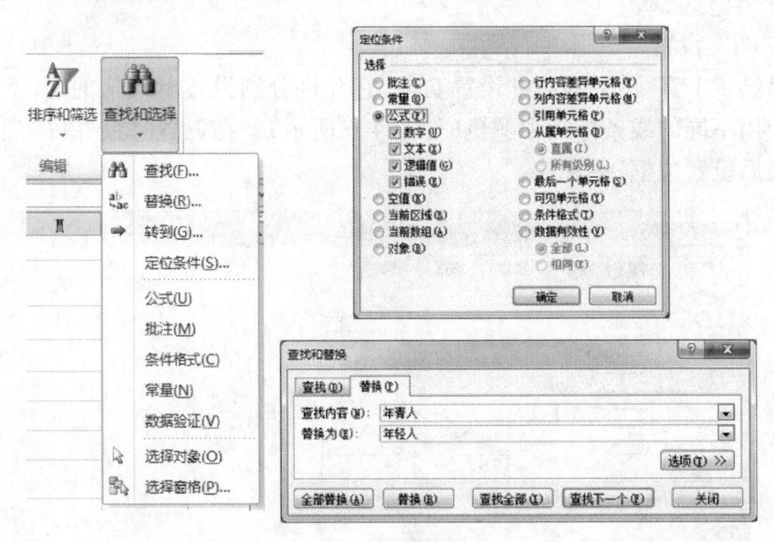

图 4-8　单元格的查找、替换选择功能

(2) 工作表的基本操作

①切换工作表

工作簿文件中可以包含多个工作表，每个工作表都有一个名字，并且一个工作簿中不能有同名的工作表。单击表名栏中的工作表名即可切换到所选的工作表。若工作表太多，表名栏显示不全，可点击前进、后退按钮翻阅，如图 4-9 所示。

图 4-9　表名栏

②工作表的插入、删除、重命名

右击表名栏中的工作表名,选择“插入”后,弹出一个对话窗口,你可选择插入对象的类型,选择“工作表”后,单击“确定”按钮即可在所选工作表之前插入一个空白工作表;右击表名栏中的工作表名,选择“删除”命令后,将弹出一个对话窗口,选择“确定”按钮后即可删除所选工作表;右击表名栏中的工作表名,选择“重命名”命令,或直接双击工作表名,即可修改工作表名。必须注意的是:同一工作簿内不能有名字相同的工作表。

③工作表的移动与复制

Excel 可以在同一工作簿文件内很方便地移动、复制工作表。在同一工作簿内移动工作表,可以改变工作表的排列顺序,但并不影响表中的数据。移动的方法是:单击表名栏中的工作表名,按住鼠标左键并拖动到所需位置;复制工作表的方法是:选中工作表,按住<Ctrl>键,按住鼠标左键并拖动到所需位置。新工作表的名字为原来工作表名字后加上“(2)”。

另外,还有一种方法可以完成工作表的插入、删除、重命名、移动、复制等操作。具体做法是:鼠标指向表名栏的工作表名,单击右键后弹出如图4-10所示的菜单,选择相应的选项,便可完成相应操作。采用此方法,可以将工作表移动或复制到其他工作簿文件中(如图4-10右所示)。

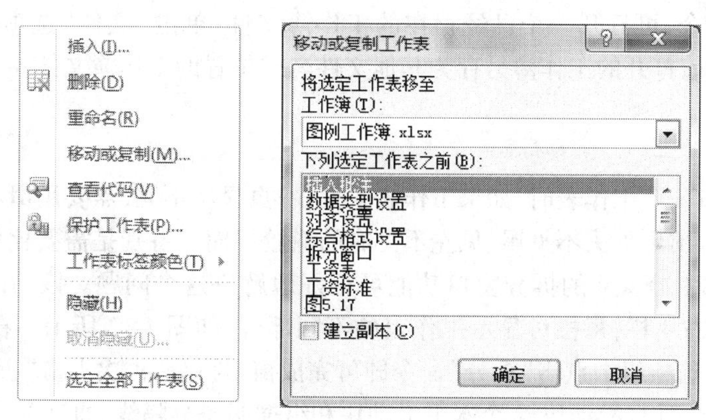

图4-10　工作表的复制、移动

④多表之间的数据复制、移动

要在不同工作表之间进行数据的复制、移动操作,必须使用“复制”、“剪切”、“粘贴”命令。具体操作方法是:在源工作表选中需要复制或移动的单元格区域,单击右键选择“复制”或“剪切”命令,然后切换到目标工作表,并选择好位置,再单击右键,并选择“粘贴”命令,即可完成复制或移动操作。

默认情况下,数据、格式、批注、超链接一并复制。同时,Excel 也提供了选择性粘贴功能(参见图4-11左),允许只粘贴已复制对象中的一部分。比如,只粘贴其中的数据、公式等等,甚至还能将原单元格区域进行转置后再粘贴(参见图4-11右)。

(3)工作簿的基本操作

①工作簿的创建与保存

Excel 启动后,将自动新建一个名字为“工作簿1.xlsx”的工作簿文件,此工作簿文件包括3个工作表,对工作表进行编辑修改后,可对文件进行保存,保存工作簿文件时,工作簿中所有的工作表都同时保存。如果是首次保存,将被要求输入文件的保存位置和文件名。

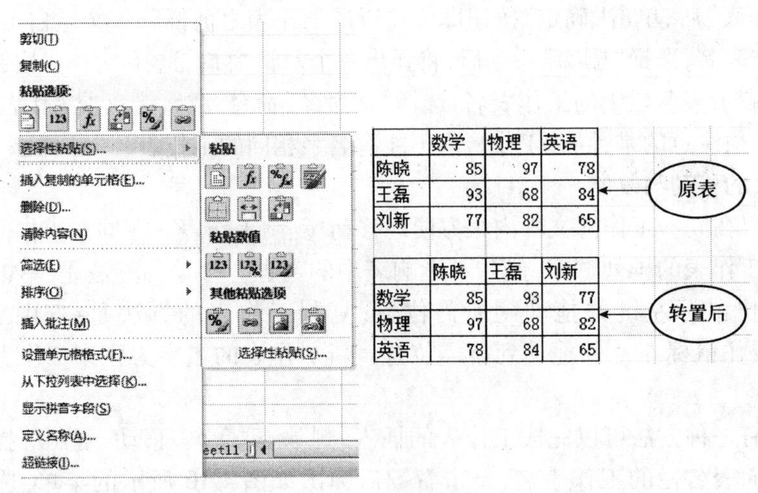

图4-11 选择性粘贴

单击"文件"选项卡并选择"新建"命令,可新建立一个工作簿文件;单击"文件"选项卡并选择"打开"命令,可打开一个已经存在的工作簿文件;单击"文件"选项卡并选择"另存为"命令,可将当前打开的工作簿另存为其他文件名或位置的工作簿文件。

②窗口操作

a. 拆分窗口

在浏览、编辑一个工作表时,如果工作表太大,一页显示不完,需要用滑动条来改变窗口的显示内容,常常出现见头不见尾、见左不见右的尴尬局面。特别是需要比较两处不能显示在同一页的内容时, Excel 的拆分窗口功能可很好地解决这个问题。该功能可将工作表的窗口拆分上下左右4栏,每栏可显示工作表的不同部分,如图4-12所示。在"视图"选项卡功能区的"窗口"选项组中点击"拆分"命令即可完成窗口拆分,再次点击"拆分"可取消。拆分后的窗口有2个垂直滑动块、2个水平滑动块和纵横两条分隔线,通过调整滑动块,可自由地改变每栏的显示内容,调整分隔线位置可改变窗格的大小。

b. 冻结窗格

冻结窗格其作用类似窗口拆分,也是为了便于大型表格的浏览,但实用性更强。冻结方式有3种:

冻结首行——即让表格的首行在滑动垂直滑块时保持固定,这方便我们随时都能看到表头。

冻结首列——即让表格的首列在滑动水平滑块时保持固定。以图4-12为例,这个功能使我们在滑动水平滑块时,避免了不知道表中的数值是哪个学生的成绩的尴尬局面。

冻结区域——让某一区域(选中单元格以上行、以左列的区域)在滑动水平和垂直滑块时保持固定。"冻结区域"在 Excel 软件中被标注为"冻结拆分窗格"。

上述功能的操作很简单,均在"视图"选项卡功能区"窗口"选项组的"冻结窗格"命令按钮之下。

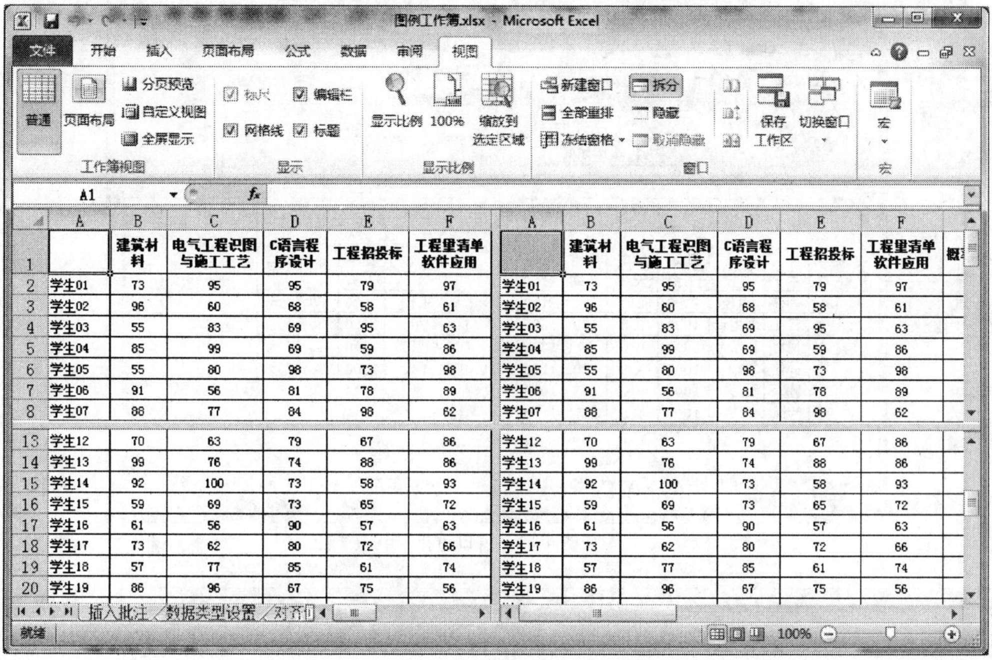

图4-12　窗口的拆分

c. 窗口的新建、切换、重排和隐藏

Excel允许新建多个窗口来打开同一工作簿,在不同窗口里可选择显示不同的工作表。与新建窗口功能相关的还有窗口的切换、重排和隐藏。上述功能的操作均可在“视图”选项卡功能区“窗口”选项组中实现。

图4-13给出了一个利用窗口重排功能垂直并排显示两个窗口的例子。请大家注意观察,两个窗口显示的是同一工作簿的不同工作表。多窗口并列显示便于我们同时浏览多个内容相关的工作表。

4)页面设置与打印输出

Excel的打印功能可将工作表的内容输出到纸张上,而页面设置是为了调整打印的效果,这两个功能是相互关联的。

(1)页面设置

在“页面布局”选项卡功能区的“页面设置”选项组中,可启动页面设置窗口(如图4-14所示)。该窗口有“页面”、“页边距”、“页眉/页脚”和“工作表”4个选项卡:

①“页面”——主要用于设置打印的方向(横向或纵向)、缩放比例、纸张大小等内容,

②“页边距”——设置打印的上下左右边距、页眉页脚的高度和打印内容的摆放位置等。

③“页眉/页脚”——Excel允许在页眉或页脚内插入诸如日期、时间、页码、作者等标识。可点击下拉列表选择预先设定好的页眉和页脚样式,如果需要设置更复杂的页眉页脚,可使用“自定义页眉”和“自定义页脚”。

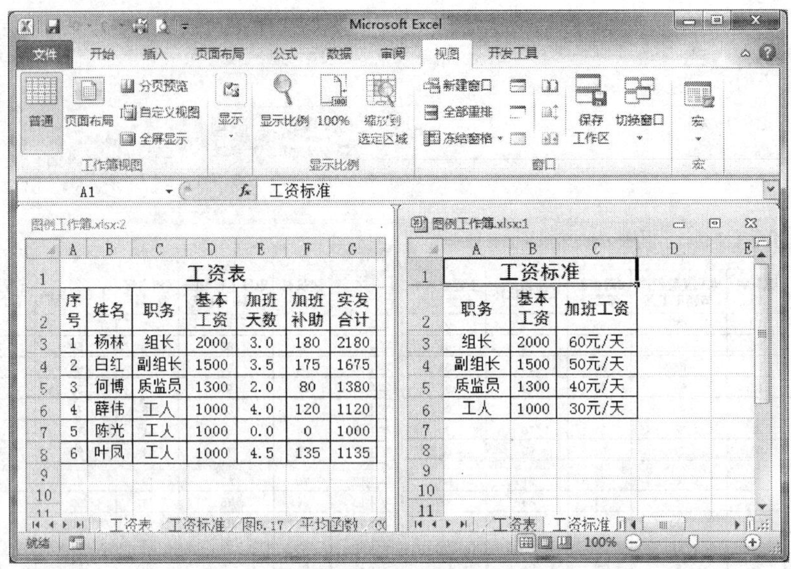

图 4-13　窗口重排

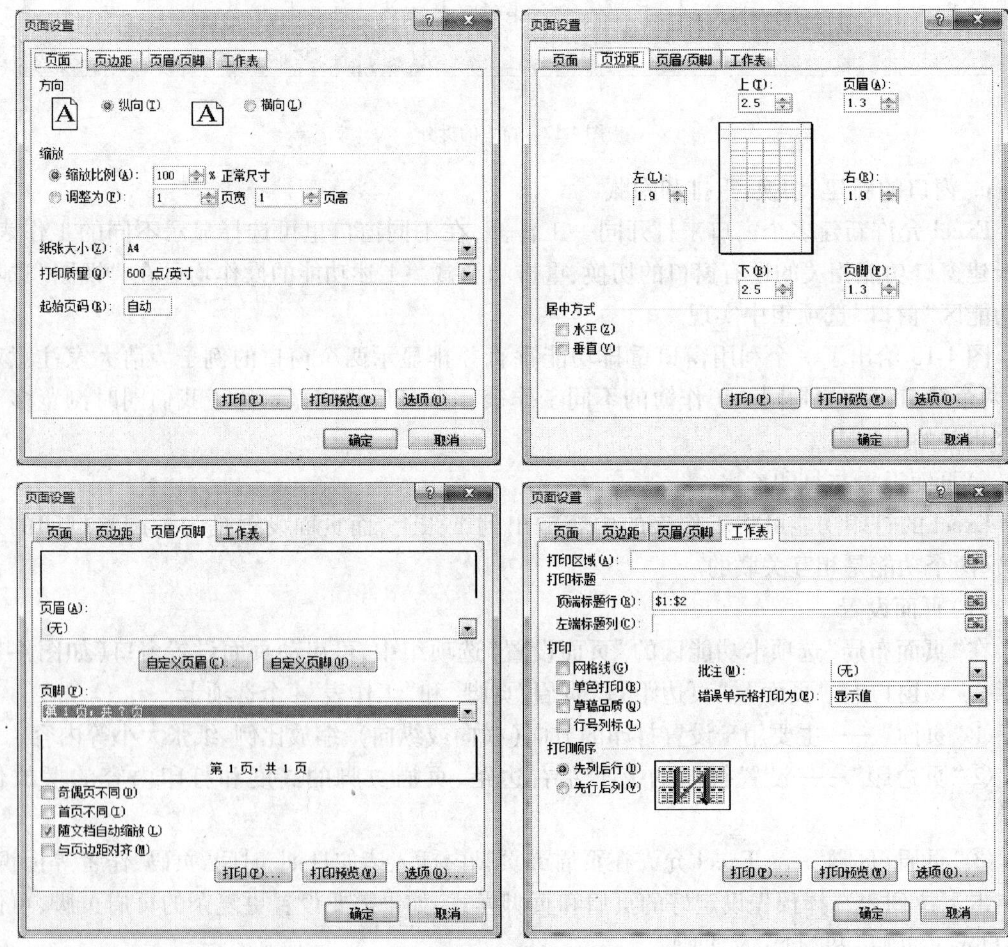

图 4-14　页面设置

④“工作表”——此项设置主要是定义工作表的打印区域、打印顺序和打印标题等。其中。

可以把工作表的一行或连续的多行定义成“打印标题”，在打印过程中 Excel 会自动将这些行加在每一打印页的开头。例如：将第 1、2 行作为每页的标题，则可以在“顶端标题行”框中键入“＄1：＄2”。

【注意】Excel 的页面设置多数都只在打印或预览时才生效，正常的编辑状态下看不出效果，且页面设置只对当前工作表有效。

(2)打印输出

Excel 的打印操作很简单，既可在页面设置窗口执行，也可在快捷访问工具栏或文件选项卡中执行。打印前还可以进行打印分数设置、选择打印机、预览等操作。

4.2.2　使用公式和函数

Excel 的公式是对工作表中数据执行计算并返回结果的等式，它是 Excel 最重要的功能之一。在单元格中输入公式，可以对工作表中的各类数据进行数值、逻辑、文本等运算，并实时显示计算结果。

1)公式的输入与编辑

(1)公式的组成

Excel 的公式由函数、引用(或名称)、运算符和常量组成。

①函数

函数是预先编写好的特殊公式，可以对一个或多个值执行运算，并返回一个或多个结果。

②引用

引用的作用在于标识工作表上的单元格或单元格区域，并指明公式中所使用的数据的位置。通过引用，可以在公式中使用不同单元格的数据。公式中的引用一般是某个或某些单元格地址(如：A3、B1：B9 等)或名称，引用的值就是该地址所指的单元格中的数据的值，单元格中的数据发生变化，引用的值也相应地发生变化。

③运算符

运算符是表示特定类型运算的符号。Microsoft Excel 包含 4 种类型的运算符：算术运算符、比较运算符、文本运算符和引用运算符。Excel 公式中常用的运算符如表 4-1 所示。

Excel 公式中允许的运算符号　　表 4-1

运算符	功　能	类　别	优先级
：	区域运算符，产生对包括在两个引用之间的所有单元格的引用。如：(B5：B15)	引用运算符	0
(单个空格)	交叉运算符，产生对两个引用共有的单元格的引用。如：(B7：D7 C6：C8)		
，	联合运算符，将多个引用合并为一个引用。如：(SUM(B5：B15，D5：D15))		

续上表

运算符	功　　能	类　　别	优先级
-	负号	算数运算符	1
%	百分比		2
∧	乘幂		3
* /	乘、除		4
+ -	加、减		5
&	连接两个文本数据	文本运算符	6
=　<　> <=　>=　<>	等于、小于、大于、小于等于、大于等于、不等于	逻辑运算符	7

④常量

常量是一个固定不变的值。例如，=30+70+110。

(2)输入公式

所有的公式都必须以英文符号的等号("=")开头，如"=3*(C5+C6)"。如果在输入公式时未加"=",Excel将把输入的内容当成一般的文本数据。在单元格输入公式并按回车键后，输入的公式将显示在编辑栏中，而单元格中显示的是公式计算后的结果。

图4-15是公式应用的一个简单例子，其作用是计算两个数的乘积，即销售金额(D列)等于商品单价(B列)乘以销售量(C列)。

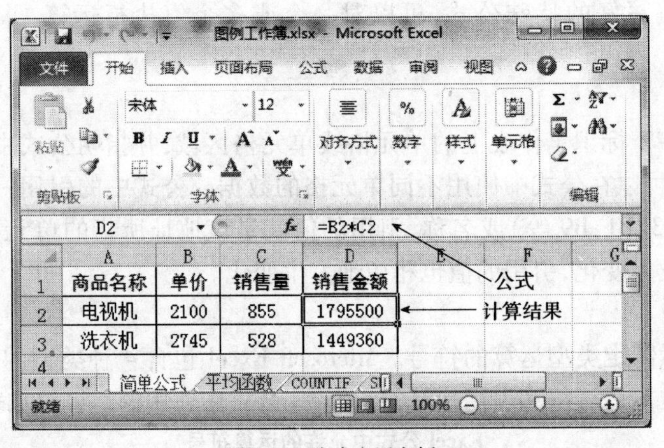

图4-15　公式应用实例

(3)插入函数

Excel提供了大量的标准函数，并根据用途将这些函数划分为"常用"、"统计"、"财务"、"数学与三角函数"、"日期与时间"、"文本"、"逻辑"等十几个种类。

插入函数的方法，先选中需要插入函数的单元格，再点击编辑栏左端的"插入函数"图标("fx"),在弹出的"插入函数"窗口中选择所需要的函数(见图4-16左上),并点击"确定"按钮。之后将弹出"函数参数"窗口，在该窗口中需要选择函数的参数，即选择要对哪些单元格进行计算。如果要对B2至D2的单元格求平均，可在第1个参数栏中输入"B2:D2"(见

图4-16右上)，也可以用鼠标在工作表中直接选取单元格区域，最后单击“确定”按钮完成函数的插入。如果能记住函数的表达式，可以直接在单元格的公式中输入函数，这样更快捷。图4-16(下)给出了一个函数应用简单实例。

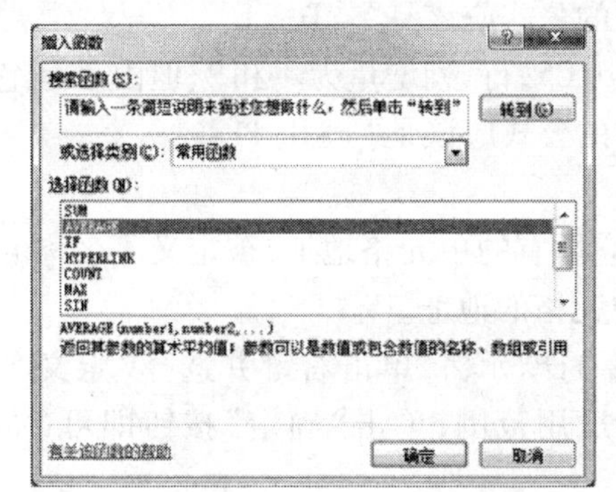

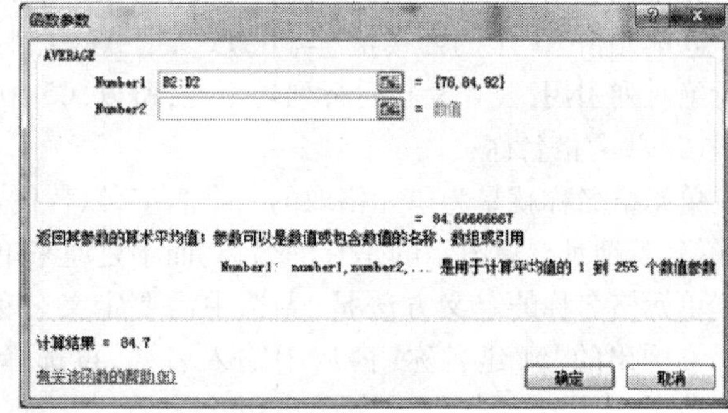

图4-16　插入函数

(4)复制公式

如果需要在多个单元格中逐一输入公式，可利用Excel提供的公式的复制功能。公式的复制其实就是将一个单元格的内容复制到另一个单元格。公式从源单元格复制到目标单元格后，目标单元格中的公式的引用(单元格地址)要自动变化。如将D2单元格的公式“ = B2 * C2”复制到D3，则公式将由“ = B2 * C2”变为“ = B3 * C3”。变化的规律是：

目标单元格公式中引用的行、列数 = 源单元格公式中引用的行、列数 +(行增量、列增量)

以图4-16的公式为例，D2的公式复制到D3后，其行、列增量分别为1、0，因此，公式就由“ = B2 * C2”变为“ = B3 * C3”。

2)相对地址、绝对地址和名称

(1) 相对地址、绝对地址

单元格地址的书写方式是：列标 + 行号，这种书写方式称为“相对行相对列地址”，简称为相对地址。若在公式中引用相对地址，则公式复制到其他单元格后，目标单元格的地址引用将发生变化。但若公式中的某个引用需要固定指向某个单元格，复制公式后不希望被改变，这种情况下就必须采用“绝对地址”。

绝对地址在书写时需要在行或列之前加上一个“ $ ”，它又分为3种形式：如：$A7、H$3、$D$9。公式中的引用采用绝对地址被称为“绝对引用”，采用相对地址就称为“相对引用”。无论是相对引用还是绝对引用，单元格中的公式复制到其他单元格后，公式中引用的地址的行列变化规律可总结为：有“ $ ”就不变，无“ $ ”则加上行或列的增量。如：

①单元格 A1 中的公式是"=$B11",把 A1 复制到 C5,行、列增量为 4 和 2,但由于是相对行绝对列引用,公式复制后行变列不变,所以,C5 中的公式应该是"=$B15"。

②单元格 A1 中的公式是"=B$11",把 A1 复制到 C5,行、列增量为 4 和 2,但由于是绝对行相对列引用,公式复制后列变行不变,所以,C5 中的公式应该是"=D$11"。

③单元格 A1 中的公式是"=$B$11",把 A1 复制到 C5,行、列增量为 4 和 2,但由于是绝对行绝对列引用,公式复制后行列均不变,所以,C5 中的公式应该是"=$B$11"。

(2)单元格名称

单元格名称就是为单元格取的一个名字,以替代它原有的单元格地址,被定义了名称的单元格,其地址栏里显示的是它的名称,而不是原来单元格的地址。

单元格名称的定义方法是:先选中需要定义名称的单元格,单击右键并选择"定义名称",在弹出的"新建名称"窗口中输入名称,再选择适用范围,单击"确定"按钮即可(如图 4-17所示)。

图 4-17 定义单元格名称

在一张很大的工作表里,如果需要引用多处绝对地址,最好是为这样的单元格定义一个容易记忆的名称,便于直接引用。如:假设 B2 单元格中的数值是 35,B2 单元格又被定义了名称"Test",则公式"=(Test + 10) * 2"的值就是 90。

3)有条件统计功能

SUM、AVERAGE、COUNT、MAX、MIN 等函数只能实现简单的统计功能,这些函数的参数中只有单元格地址,不能输入统计条件。在实际应用中,对数据进行统计时,往往都需要设定一些条件,比如:"女性的平均年龄"、"机械工程系学生总人数"、"姓王的男学生人数"等等。要完成这些统计,需要使用 EXCEL 提供的条件统计函数。

所谓条件统计函数,就是该函数可以按照设定的条件进行统计。常用的条件统计函数有 COUNTIF、SUMIF、IF 等,这些函数还能组合使用,完成非常复杂的统计功能。

(1) COUNTIF 函数

COUNTIF 称为条件计数函数,即统计满足一定条件的单元格的个数。在图 4-18 所示的例子中,如果要统计表中女性的人数(即统计性别等于"女"的单元格个数),可以在任意空白单元格中输入包含条件计数函数的公式:=COUNTIF(B2:B6,"女"),回车后即可得到统计结果。

COUNTIF 函数有两个参数,一个是被统计单元格的区域,另一个是统计条件,参数与参数之间用英文的逗号分隔。在图 4-24 的例子中,参数"B2:B6"代表性别数据所在单元格区域是 B2 至 B6,"女"代表性别为女,也可以写成"=女"。注意:公式中的引号必须是英文的双引号。如果要统计表中年龄大于 30 的人数,可将公式改为:=COUNTIF(C2:C6,">30")

(2)SUMIF 函数

SUMIF 称为条件求和函数,即对满足一定条件的单元格中的数据求和。SUMIF 函数有 3 个参数,分别是:条件数据所在单元格区域、求和条件、求和数据所在单元格区域。

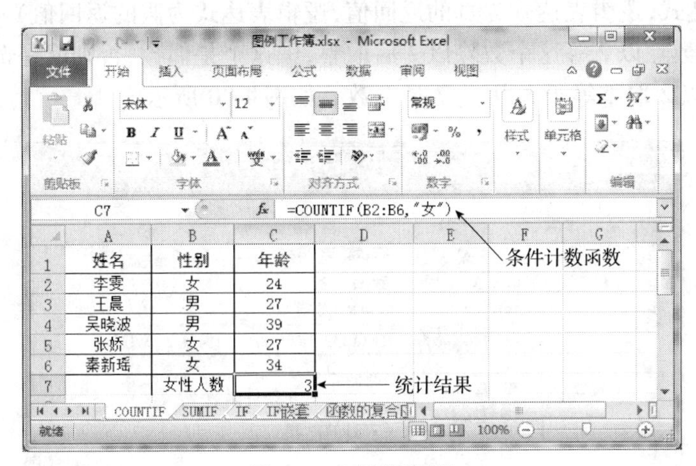

图4-18　条件计数函数

在图4-19所示的例子中，如果要计算“网络工程”专业学生的总人数，需要考虑3个问题：一是代表条件的数据在哪里；二是求和条件是什么；三是求和的数据在哪里。清楚这三点后，公式就很容易写出来了，即：=SUMIF(A2:A8,“=网络工程”,D2:D8)。公示中，“A2:A8”代表存放条件数据的单元格区域，“=网络工程”是求和条件，“D2:D8”是存放求和数据的单元格区域。

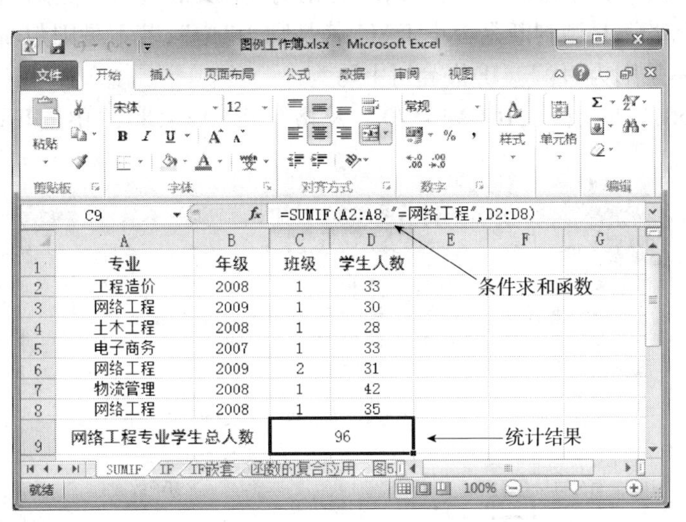

图4-19　条件求和函数

在某些情况下，条件数据和求和数据是同一个数据，比如：求人数大于32的班级的学生总数，此时函数的参数可以简化为两个，即：=SUMIF(D2:D8,“>32”)

(3) IF函数

IF函数有两个返回值，当满足一定条件时，IF函数返回一个值，不满足条件时，返回另一个值。在EXCEL的函数集中，IF是属于逻辑类函数。它可以与其他统计函数混合使用，实现比较复杂的统计功能。

IF函数有3个参数，其书写方式如下：

IF(逻辑表达式,逻辑表达式为真的返回值,逻辑表达式为假的返回值)

如果某个整数除以 2 等这个数除以 2 后取整,则这个是偶数,否则就是奇数。如:7 除以 2 等于 3.5,7 除以 2 取整等于 3,因此 7 是奇数。如图 4-20 所示。

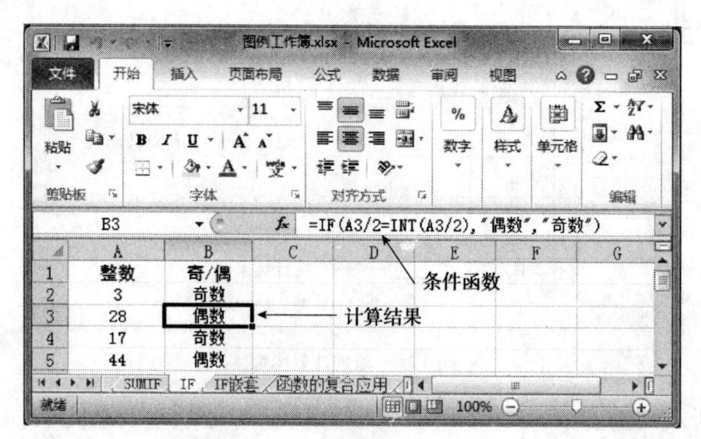

图 4-20　条件函数的简单应用

(4)IF 函数的嵌套及组合应用

所谓嵌套就是一层套一层,即 IF 函数里面套 IF 函数。如图 4-21 所示,将百分制的考试成绩转换成 5 级计分制:分数是否小于 60,若是则为“不及格”,若不是则判断是否小于 70,若是则为“及格”,若不是则判断是否小于 80,若是则为“中”,若不是则判断是否小于 90,若是则为“良”,若不是则为“优”。IF 嵌套可书写为:

=IF(A2 < 60,“不及格”,IF(A2 < 70,“及格”,IF(A2 < 80,“中”,IF(A2 < 90,“良”,“优”))))

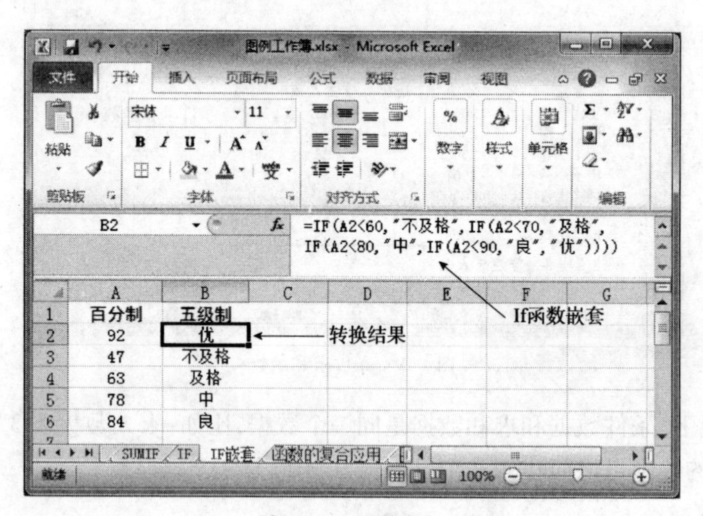

图 4-21　If 函数嵌套

IF 函数除了能嵌套使用外,还能与多种函数组合使用。如图 4-22 所示:收入大于等于 3000,按 5% 扣税,小于 3000 按 3% 扣税,其计算扣税的公式为:

=IF(SUM(B2:C2) > =3000,SUM(B2:C2) * 0.05,SUM(B2:C2) * 0.03)

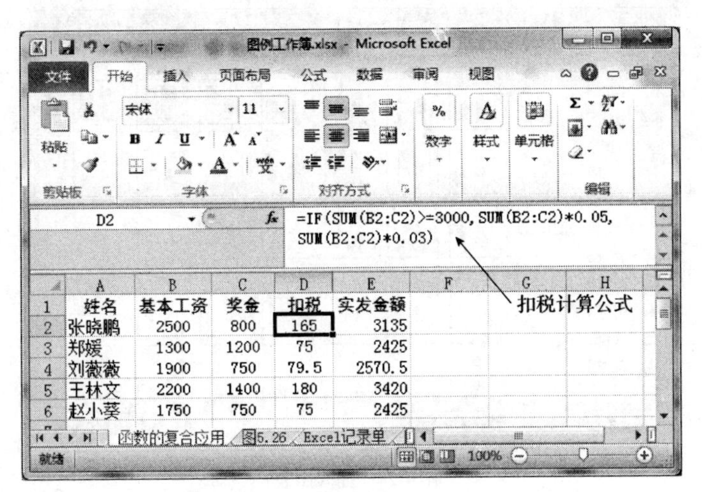

图4-22 函数的复合应用

4.2.3 图表的使用

图表可以将工作表中的数据以图形的形式直观、简要地表现出来，提升统计数据的可视性。

1)插入图表

在工作表中插入图表的操作步骤如下：

在工作表中选择一个区域，区域必须包含所有打算用图表来表示的数据。这个区域称为图表的数据源(如图4-23 所示)。

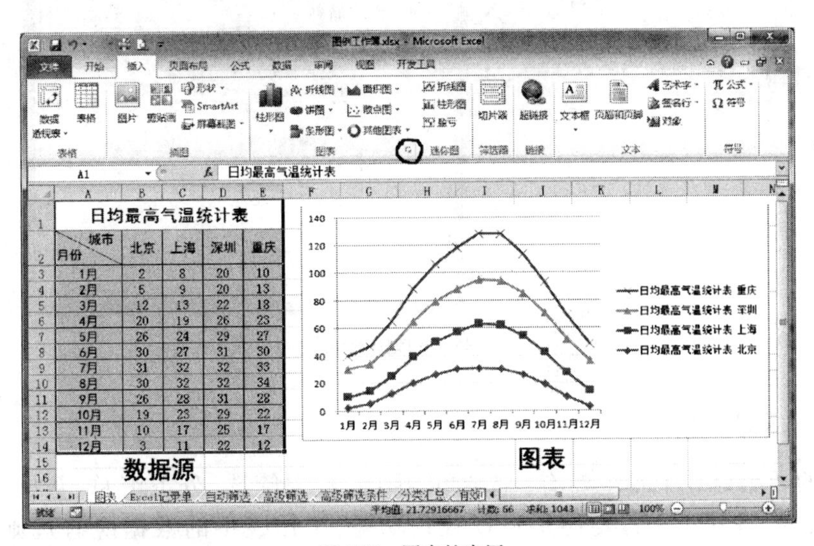

图4-23 图表的应用

在“插入”选项卡功能区的“图表”选项组中点击“创建图表”图标(在该选项组区域的右下角，参见图4-23)，并在弹出的如图4-24 所示的“插入图表”窗口中选择合适的图表类型后，单击“确定”按钮即可完成图表的建立。

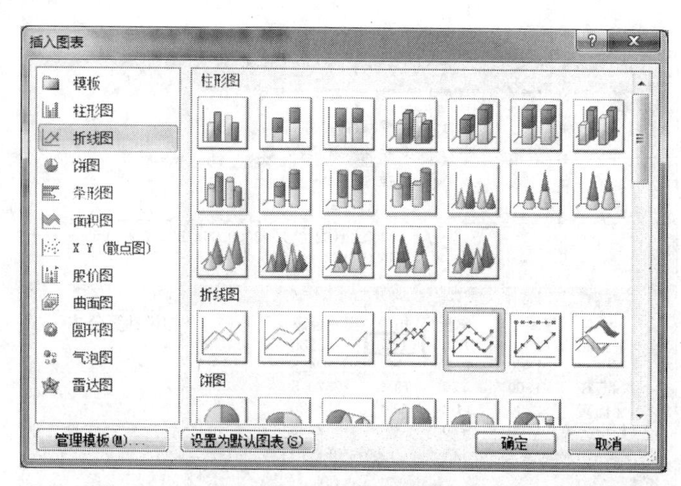

图 4-24　插入图表

2)编辑图表

在插入图表之后,若对图表的某些部分不满意,比如网格线太密、坐标轴的字体太大、图表类型选择得不合适等,可对图表进行修改。修改的方法是:需要修改哪部分,就将鼠标指向该位置,右击鼠标,然后在弹出的快捷菜单中选择相应的操作。如图 4-25 所示。

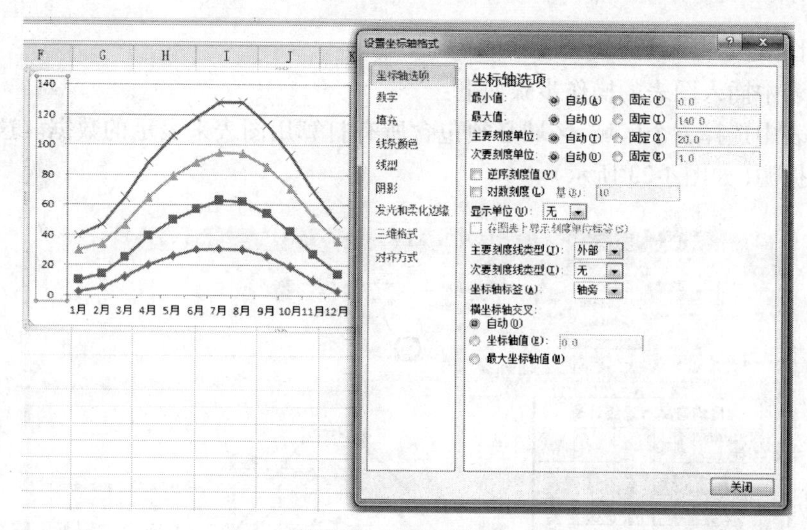

图 4-25　修改图表样式

4.2.4　数据处理

Excel 的数据处理工具主要有:记录单、排序、数据筛选、分类汇总、数据透视、数据有效性验证等。Excel 中若要使用数据处理功能,工作表中的数据应有规则的二维结构,如图 4-26所示的工资表,通常把一行数据称为一条“记录”,而记录中的数据项称为“字段”。

1)数据记录单

当工作表中的数据具有相同结构时,可以使用 Excel 提供的记录单功能,简便地以记录为单位录入和维护数据，主要用于大型数据表的录入和维护。Excel 2010 版没有将“记录单”命令放置在“数据”选项卡功能区中，需要使用者自行添加。添加命令可通过“文件”选项卡下的“选项”操作来完成，可根据使用习惯自行决定新添命令的放置位置。启动记录单前先要选中数据所在区域的任意单元格，再点击自行添加的“记录单”命令，启动如图 4-27 所示的窗口。

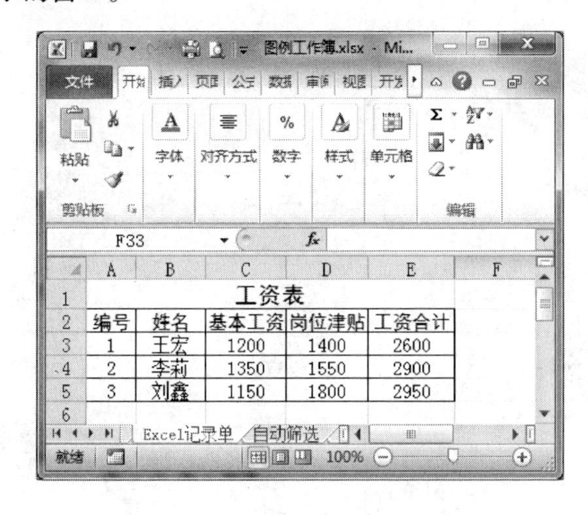

图 4-26　具有数据库基本特征的工作表

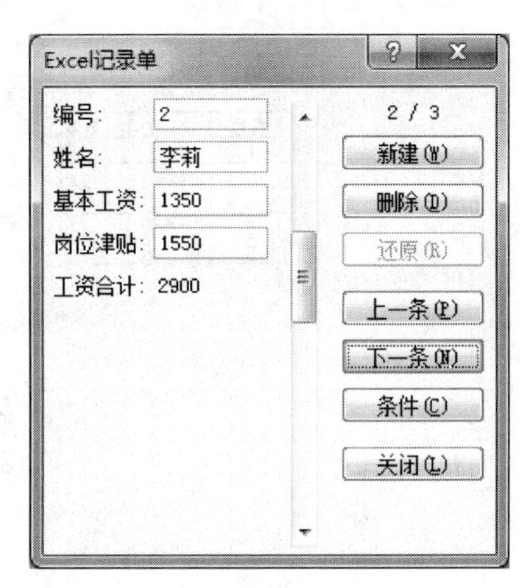

图 4-27　记录单

例如，要查询编号为 2 的记录，只需单击对话窗口中的“条件”按钮，然后在“编号”一栏中输入“2”，并按〈Enter〉键，就可以看到该记录的所有字段。

2）排序

如按照“工资合计”由高到低排序，其操作：选中数据所在区域的任意单元格，单击“数据”选项卡功能区“排序和筛选”选项组中的“排序”命令，将弹出如图 4-28 所示的排序窗口，在“主要关键字”（所谓“关键字”就是排序的依据）一栏里选择“工资合计”，选择排序依据为“数值”，选择次序为“降序”，再单击“确定”按钮，即可完成排序。

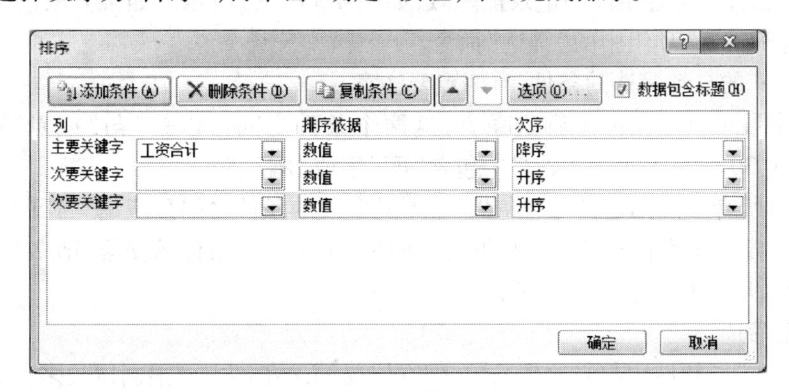

图 4-28　排序

3）数据筛选

“数据筛选”指的是将工作表中部分记录隐藏起来，只显示满足条件的记录，便于浏览、编辑大型的工作表。数据筛选分“自动筛选”和“高级筛选”2 种方式。

(1)自动筛选

启动自动筛选的方法是:先选中数据所在区域的任意单元格,单击“数据”选项卡功能区“排序和筛选”选项组中的“筛选”命令,则工作表中每个字段名旁边都出现一个下拉列表的箭头符号(如图4-29),这表明自动筛选功能已经启动;单击下拉列表箭头,就可以定义相应字段的筛选条件。

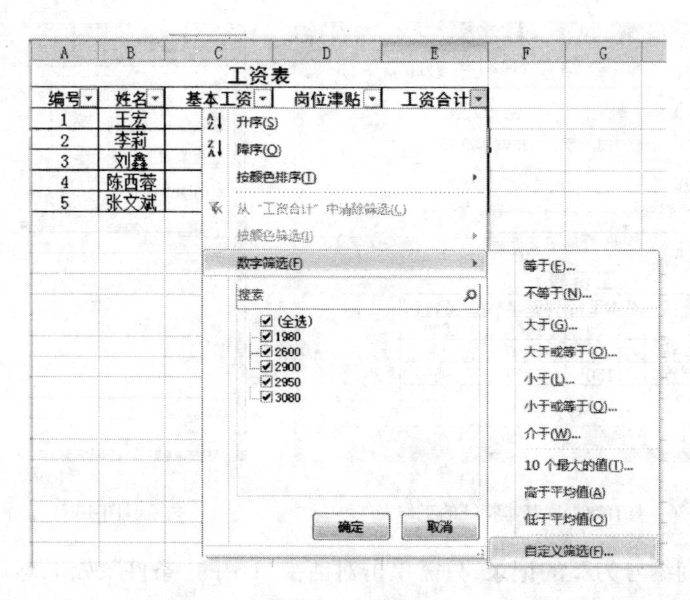

图4-29　自动筛选

筛选条件定义很灵活,既可在下拉列表中直接勾选某个值,也可使用自定义筛选设置其他条件。假如直接勾选列表中的“3080”,筛选条件即为“工资合计等于3080”。如果点击“自定义筛选”,将弹出如图4-30(上)所示的筛选条件定义窗口,在该窗口中可对每个字段定义两个条件,单击“确定”按钮,即可完成筛选。

完成筛选后,不符合条件的记录被隐藏,如图4-30(下)所示。如果要取消筛选,可再次单击“排序与筛选”选项组中的“筛选”命令。

关于Excel的自动筛选的条件,有两点要注意:

①同一字段可以定义两个筛选条件,这两个条件之间可以是“与”或者“或”的关系。如:(年龄大于30或小于45)、(姓名中包含“丽”字或“刚”字)。

②允许对所有字段都定义筛选条件,但不同字段的条件之间只能是“与”的关系,如果有多个字段同时定义了筛选条件,最终的筛选条件是多个字段条件的交集,即多个条件同时满足。如:(年龄大于30)且(是党员或团员)。

(2)高级筛选

“自动筛选”虽然使用起来比较简单,但在定义筛选条件方面限制比较多,比如不同字段之间只能定义“且”的关系,它不能定义诸如“年龄大于50岁或工龄大于30年”之类的条件。而“高级筛选”可以实现一些比较复杂的筛选功能。但“高级筛选”在输入条件时有以下几条规定:

①筛选条件直接输入在工作表中,但不能与数据混在同一矩形区域里。

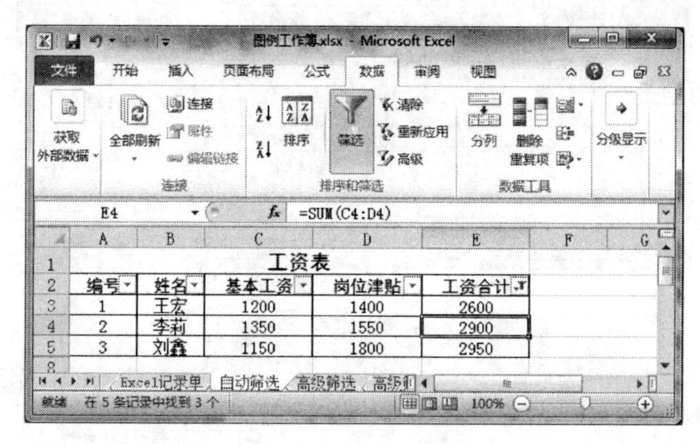

图 4-30　自定义自动筛选

②允许输入多个条件。

③条件与条件之间是“且”的关系，则这些条件必须输入在同一行。

④条件与条件之间是“或”的关系，则这些条件必须输入在不同行。

例如：在图 4-31 所示的工作表中，要筛选掉不满足条件“工资合计”大于 2700 且“基本工资”大于或等于 1350 的记录，我们需要把以上条件输入到数据区（又称为列表区）以外的条件区，由于这两个条件是“且”的关系，所以必须输入在同一行单元格中（如图 4-31 所示）。然后单击“数据”选项卡功能区“排序和筛选”选项组中的“高级”命令，弹出如图 4-32（左）所示的窗口，该窗口要求定义数据区（列表区）和条件区的位置，从图中可以看出，数据区和条件区是用绝对地址的形式书写的。单击“确定”按钮，就可以看到如图 4-32（右）所示的高级筛选结果。由于不符合条件的记录被隐藏，所以表中的行号不连续。若要取消高级筛选，可单击“数据”选项卡功能区“排序和筛选”选项组中的“清除”命令。在图 4-33 中列举了常见的几种筛选条件及其对应的书写方法。

4）分类汇总

分类汇总就是分类统计，即将工作表中某个字段作为分类字段，以该字段不同的值作为条件，分别对其他字段进行求和、计数、求平均、求最大值等多种运算，并生成统计结果。比如：统计课程名称分别为语文、数学、英语的课程的不及格人数。当一个 EXCEL 工作表足够大时，分类汇总功能有助于直观、清晰、全面地了解数据。

图 4-34（左）是一张记录家用电器销售情况的工作表，若想知道各类商品销售数量及金额分别是多少，则就应该以“商品名称”作为分类字段，对数据进行分类汇总。分类汇总前需要对表中数据进行排序，排序的关键字就是分类字段。

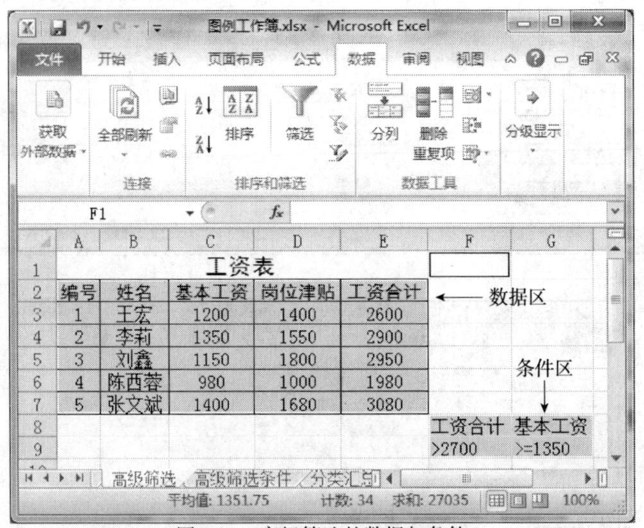

图 4-31　高级筛选的数据与条件

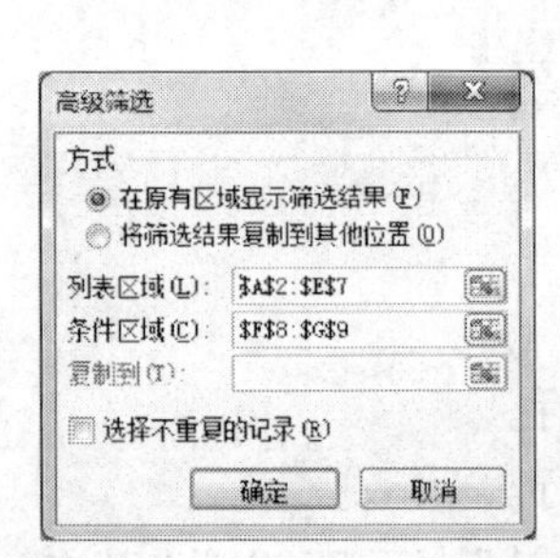

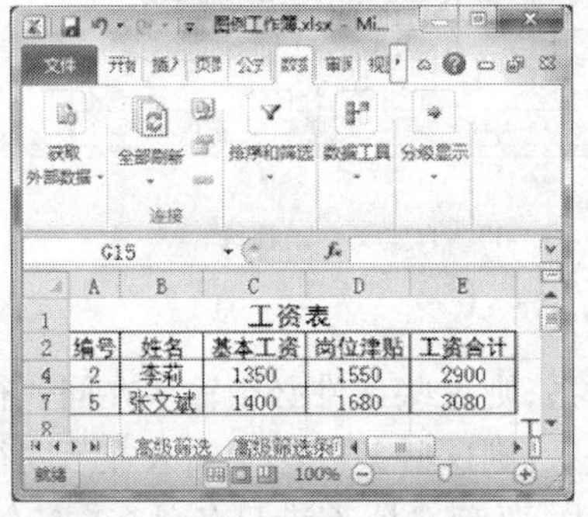

图 4-32　高级筛选

身高	体重	说明
>1.7	>80	身高大于1.7且体重大于80

身高	体重	说明
>1.7		身高大于1.7或体重大于80
	>80	

身高	体重	说明
>1.7	>80	（身高大于1.7且体重大于80）或体重大于100。
	>100	

身高	体重	说明
>1.7	>80	（身高大于1.7或小于1.6）且体重大于80。
<1.6	>80	

图 4-33　高级筛选条件举例

	A	B	C	D	E
1	商品名称	品牌	单价	销售量	销售金额
2	电冰箱	西门子	2238	34	76092
3	电视机	TCL	3800	22	83600
4	空调	长虹	2235	25	55875
5	电冰箱	澳柯玛	2435	24	58440
6	电视机	康佳	1782	4	7128
7	空调	美的	2775	32	88800
8	洗衣机	小天鹅	3850	8	30800
9	洗衣机	西门子	3570	2	7140
10	电冰箱	海尔	3265	5	16325
11	电视机	长虹	4538	14	63532
12	洗衣机	松下	3427	16	54832
13	空调	伊莱克斯	5872	2	11744
14	洗衣机	荣事达	3780	24	90720

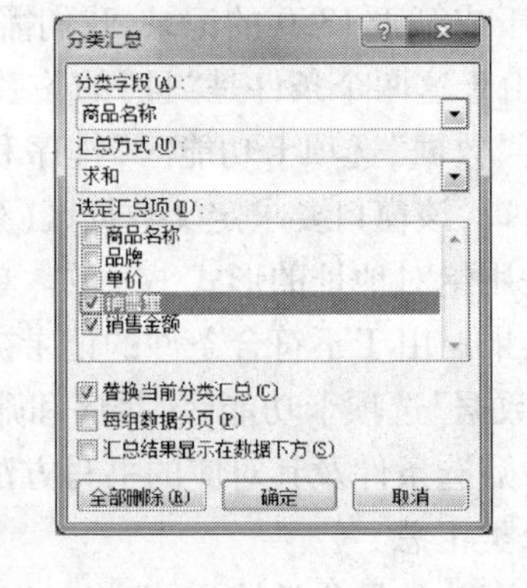

图 4-34　分类汇总

分类汇总的操作如下：

先以“商品名称”作为关键字对原表进行排序，再选中工作表数据区中的任意单元格，单击“数据”选项卡功能区“分级显示”选项组中的“分类汇总”命令，将弹出如图 4-34（右）所示的“分类汇总”窗口，在该窗口中选择“商品名称”为分类字段，选定“求和”为汇总方式，并将“销售量”、“销售金额”勾选为汇总项，单击“确定”即可完成分类汇总。从图 4-35 的汇总结果中可以清楚地看到各类商品销售的数量和金额。

4.2.5　数据透视

1）数据透视表

数据透视能对数据进行全面的分析和统计，有“透过现象看本质”之意。以图4-34的表为例，数据透视前不需要对表排序，具体操作为：

（1）单击“插入”选项卡功能区“表格”选项组中的“数据透视表”命令，将弹出如图4-36所示的窗口，选择被分析数据的存放位置和透视结果存放位置。

	A	B	C	D	E
1	商品名称	品牌	单价	销售量	销售金额
2	**总计**			212	645028
3	**电冰箱 汇总**			63	150857
4	电冰箱	西门子	2238	34	76092
5	电冰箱	澳柯玛	2435	24	58440
6	电冰箱	海尔	3265	5	16325
7	**电视机 汇总**			40	154260
8	电视机	TCL	3800	22	83600
9	电视机	康佳	1782	4	7128
10	电视机	长虹	4538	14	63532
11	**空调 汇总**			59	156419
12	空调	长虹	2235	25	55875
13	空调	美的	2775	32	88800
14	空调	伊莱克斯	5872	2	11744
15	**洗衣机 汇总**			50	183492
16	洗衣机	小天鹅	3850	8	30800
17	洗衣机	西门子	3570	2	7140
18	洗衣机	松下	3427	16	54832
19	洗衣机	荣事达	3780	24	90720

图4-35　分类汇总结果

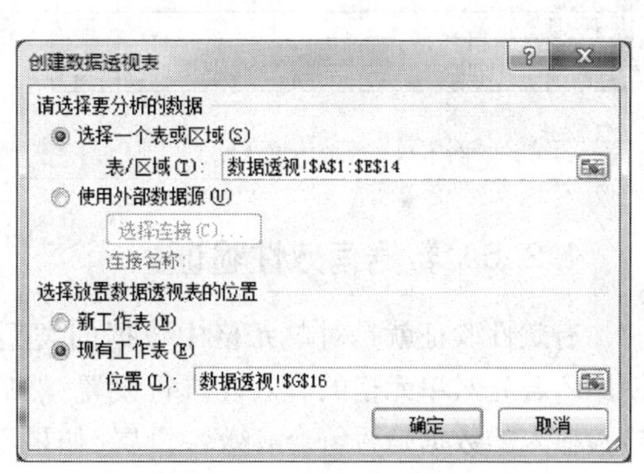

图4-36　创建数据透视表

（2）单击确定后，出现如图4-37所示的选择字段列表对话框，其作用就是定义分类字段和汇总项。将“品牌”字段拖入下面“行标签”栏，将“商品名称”字段拖入“列标签”栏（在行上以“品牌”为分类字段，在列上以“商品名称”为分类字段），并将“销售量”字段拖入“数值”栏（以“销售量”作为汇总项）。得到如图4-38所示的透视结果。该透视表既统计了各类商品的销售量（最后一行），又统计了不同品牌的销售量（最后一列），这是分类汇总功能不能实现的；

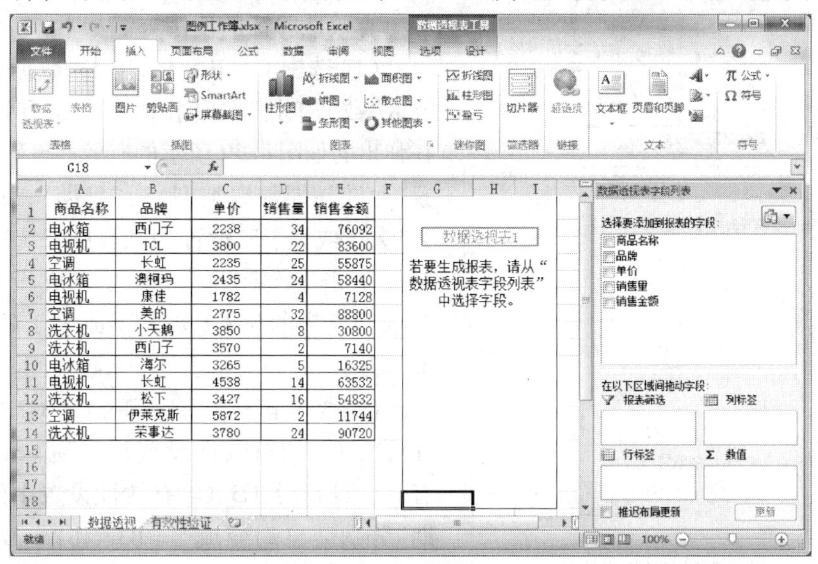

图4-37　数据透视的字段列表

2)数据透视图

数据透视图与数据透视表的功能和操作几乎完全一样,只是数据透视图会增加一个图表来显示统计结果,如图4-39所示。

求和项:销售量	列标签				
行标签	电冰箱	电视机	空调	洗衣机	总计
TCL		22			22
澳柯玛	24				24
海尔	5				5
康佳		4			4
美的			32		32
荣事达				24	24
松下				16	16
西门子	34			2	36
小天鹅				8	8
伊莱克斯			2		2
长虹		14	25		39
总计	63	40	59	50	212

图4-38 数据透视结果

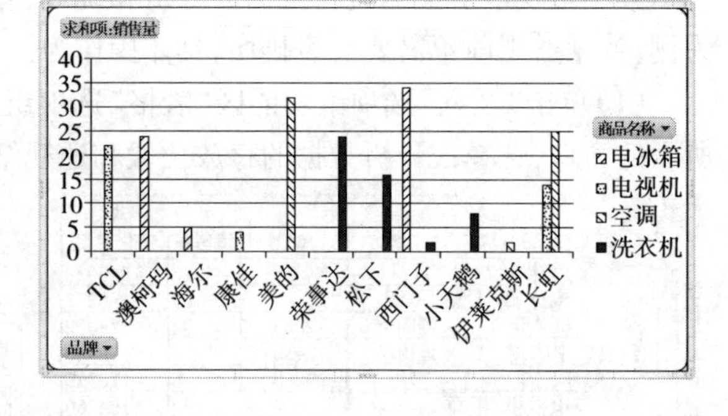

图4-39 数据透视图

4.2.6 数据有效性验证

有效性验证就是对单元格中数据的类型和取值范围进行检验,防止输入错误的数据。使用者若先对单元格的有效性进行设置,然后再向这些单元格中输入数据,Excel就会自动检验输入的数据是否符合有效性设置,如果不符合,系统将会弹出错误提示,并拒绝接受无效数据。有效性设置主要包含两个方面:

(1)定义允许输入数据的类型。如整数、小数、日期型、文本等等。

(2)定义数据的取值范围。如整数必须介于1~10之间、文本长度不超过8等等。

如图4-40的例子中,有几个字段适合于进行有效性设置:离校时间应该设置为日期型,且必须大于或等于入校时间;全部课程平均成绩应该设置为整数或小数,且必须介于0~100之间(假设是百分制)。

	A	B	C	D
1	姓名	入校时间	离校时间	全部课程平均成绩
2	张晓岚	2004/9/1	2009/7/15	
3	刘文欣	2005/9/1		
4	王继刚	2003/3/1		

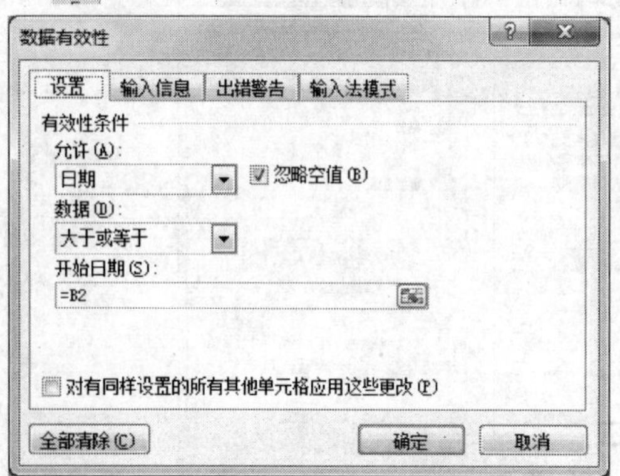

图4-40 数据有效性设置

有效性验证的使用方法如下:

(1)选中C2单元格,单击"数据"选项卡功能区"数据工具"选项组中的"数据有效性"命令,在弹出的如图4.39所示的有效性设置窗口中,设置"允许"(即数据类型)为"日期",设置"数据"为"大于或等于",设置"开始日期"为"=B2",然后再单击"确定"按钮即可完成设置。注意:"=B2"所指的是C2要大于或等于的单元格是B2,即离校时间大于或等于入校时间。

(2)按住鼠标左键向下拖动C2的填充柄,即可将C2的有效性设置复制到C3、C4。复制有效性设置后,C3、C4有效性设置中的"开始日期"分别会自动变成"=B3"和"=B4"。D2~D4单元格的有效性设置与上述操作基本相同

(见图4-41左)。注意,在设置窗口选择不同的“允许”(数据类型),窗口内容会有所变化。

有效性设置完成后,在单元格中输入数据,若输入的数据不符合有效性设置,系统将会弹出错误提示窗口,要求重新输入或取消输入(见图4-41右)。

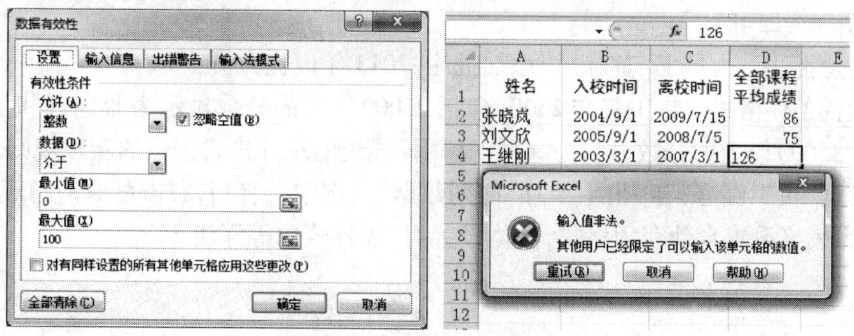

图4-41　数据有效性验证

4.3　实验内容与提示

说明:

(1)本章所有需提交的实验内容集中做成一个Excel文档,文件名为学号后3位+姓名+excel实验,如135李明excel实验。

(2)每个实验内容相关操作步骤请详细阅读前面“4.1 实验预备知识”的内容和查阅相关资料。

实验一　创建工作表

实验内容

创建如图4-42所示的“职工登记表”。

	A	B	C	D	E	F	G	H
1	职工登记表							
2	序号	部门	员工编号	姓名	性别	出生年月	工龄	工资
3	1	开发部	09018681	张伟雄	男	71/5/9	22	3000
4	2	测试部	09018780	黄晓娟	女	70/11/28	23	4000
5	3	测试部	09018781	李妮娜	女	70/3/19	19	4000
6	4	市场部	09018850	王强	男	72/1/10	12	2800
7	5	市场部	09018851	赵秀春	女	74/12/7	14	2500
8	6	开发部	09018682	罗亮	男	70/5/4	22	4000
9	7	文档部	09018980	王蓓蓓	女	75/3/10	13	2200
10	8	开发部	09018683	沈海涛	男	78/8/22	14	1800
11	9	市场部	09018852	樊烨	男	76/2/5	12	2000
12	10	文档部	09018981	钟新萍	女	78/6/14	14	1800

图4-42　职工登记表

操作步骤

(1)设置标题格式。将标题行设置为字号20,隶书,加粗,行高40,跨列居中。

(2)设置表头格式。将表头设置为字号12,楷体,加粗;字体颜色红色,底纹填充淡蓝色。

(3)设置行高列宽。将“工资”这列数据的列宽设置为“自动调整列宽”,其余各列列宽为8,除标题行外的数据行的行高设置为16(注:用单元格组的格式按钮)。

(4)设置对齐方式。将“工资”这列数据设置为“货币格式”,其他所有数据居中对齐。

(5)设置表格边框线。表格外框(不包括标题)加上蓝色粗框线,其他框线为黑色细实线。

(6)将“工龄”这列数据移到“出生年月”这列数据前面(选中数据列,按住 shift 键拖动数据列的左列线即可)。

(7)设置批注。为员工“黄晓娟”添加批注“2013 年度优秀员工”。

(8)设置条件格式。将工资在2500(包括2500)以下的分数显示为蓝色,同时将工资在3500(包括3500)以上的分数显示为绿色。(用样式组的条件格式按钮的新建规则)

(9)隐藏“员工编号”和“出生年月”两列数据。(选中所有列,右击可取消隐藏)

(10)为表格设置自动套用格式,具体设置为“表样式中等深浅 24”。

实验二　统计计算

实验内容

创建如图 4-43 所示的“学生成绩表”,并完成数据计算。

	A	B	C	D	E	F	G	H	I	J	K	L	M
1	学生成绩表												
2	序号	姓名	性别	籍贯	基础课	专业课1	专业课2	综合分	名次	奖学金等级	奖学金金额	特别奖	二等奖女生姓名
3	1	李向斌	男	北京	80	65	79						
4	2	刘晓丽	女	上海	78	86	80						
5	3	龚文文	女	江西	79	88	75						
6	4	刘伟	男	北京	58	75	53						
7	5	司琴	女	山东	80	80	67						
8	6	席梦娟	女	江西	56	79	67						
9	7	徐斌	男	天津	88	90	95						
10	8	黄国辉	男	广东	85	93	67						
11	9	张卫国	男	北京	78	74	45						
12	10	王玉娟	女	天津	86	89	82						
13													
14	男生人数												
15	姓“刘”的“综合分”之和												

图 4-43　学生成绩表

操作步骤

(1)综合分保留一位小数,综合分计算公式为:综合分 = 基础课 × 40% + 专业课 1 × 30% + 专业课 2 × 30%。

(2)根据“综合分”对学生成绩进行排名(运用 RANK. AVG 函数来做)。

(3)根据综合分计算奖学金等级:综合分在 90 分以上(含 90 分)的为“一等奖”,综合分在 90 分以下、80 分(含 80 分)以上的为“二等奖”,综合分在 80 分以下、70 分(含 70 分)以上的为“三等奖”,70 分以下的为“无”(运用条件函数 IF 嵌套来做)。

(4)根据奖学金等级计算奖金金额,一等奖奖学金 1 万元,二等奖奖学金 8 千元,三等奖奖学金 5 千元(运用条件函数 IF 嵌套来做)。

(5)计算特别奖:“综合分”最高分者将获得特别奖,特别奖 1 万元(运用条件函数 IF 和求最大值函数 MAX 来做)。

(6)在 M 列运用函数显示获得二等奖的女生姓名(运用条件函数 IF 来做)。

(7)在 F14 单元格中,运用函数计算男生人数(运用条件计数函数 COUNTIF 来做)。

(8)在 F15 单元格中,运用函数计算姓“刘”学生的“综合分”之和(运用条件求和函数 SUMIF 来做)。

(9)将“综合分”用绿色渐变填充的数据条来显示(在样式组的条件格式按钮中)。

实验三　数据处理

实验内容

创建如图4-44所示的“某公司上半年销售统计表”，并完成数据处理。

操作步骤

(1)数据排序，按“分部门”降序排序，结果保存在工作表“排序1”中。

(2)数据排序，以“分部门”为主关键字，分别以“性别”、“籍贯”为第2、第3关键字以递增方式排序，结果保存在工作表“排序2”中。

(3)数据筛选，筛选出“张”姓职工且1月销售大于70万元的记录，结果保存在工作表“筛选”中。

某公司上半年销售统计　　单位：万元

序号	姓名	性别	籍贯	分部门	1月	2月	3月	4月	5月	6月	上半年销售合计
1	欧丽琴	女	北京	产品一部	80	79	82	90	63	75	469
2	李春明	女	上海	产品二部	78	73	72	68	39	66	396
3	何晓思	女	江西	产品一部	67	70	71	71	73	56	408
4	蔡致良	男	北京	产品二部	94	95	93	96	83	82	543
5	张志朋	男	山东	产品二部	76	77	73	45	49	38	358
6	李荣华	男	江西	产品三部	84	85	81	78	102	82	512
7	胡荔红	女	天津	产品一部	70	73	69	87	73	56	428
8	黄国辉	男	广东	产品三部	81	88	84	37	86	75	451
9	张卫国	男	北京	产品一部	45	61	57	95	69	93	420
10	许剑清	女	天津	产品一部	74	77	80	37	56	68	392
11	张华敏	女	山东	产品二部	86	83	82	68	40	75	434
12	吴天枫	男	浙江	产品二部	85	90	81	81	84	81	502
13	刘天东	男	上海	产品三部	83	88	81	85	48	95	480
14	汪东林	男	江苏	产品三部	90	92	93	84	83	88	530
15	李敏惠	女	江西	产品一部	55	65	71	75	51	79	396

图4-44　某公司上半年销售统计表

(4)数据筛选，筛选出1月销售大于85万元且“2月”销售大于80万元，或者筛选出女生且1月销售大于85万元的记录，将筛选结果保存在工作表“高级筛选”中(and条件写在同一行上，OR条件写在不同行)。

(5)分类汇总，以“性别”为分类字段，将“1月”、“3月”、“5月”销售金额进行求平均值分类汇总，结果保存在工作表“分类汇总”中。

(6)数据透视表，以“分部门”为分页，以“姓名”为行字段，以“性别”为列字段，以“1月”销售为计数项，建立数据透视表，结果保存在工作表“数据透视表”中(用插入选项卡中表格组的数据透视按钮)。

(7)根据下图所示数据，绘制嵌入式簇状柱形图。如图4-45所示。

(8)移动数据系列的位置，将“李荣华”移到“刘天东”和“张卫国”之间。(右击图例选择数据中通过上下按钮改变图例项的顺序)

(9)在图表中增加数据系列“胡荔红”。

(10)删除图表中的数据系列“张卫国”。

(11)在图表中显示数据系列“李荣华”的值。(单击该职工系列后，右击选择添加数据标签)

(12)将图表标题格式设为黑体、16号。(图表工具布局选项卡标签组的图表标题按钮)

(13)为图标增加分类Z轴标题“月份”，数值轴标题“销售额”(单位：万元)。

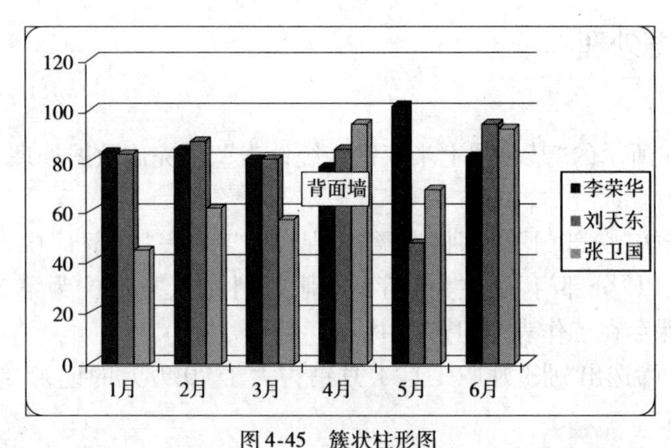

图 4-45 簇状柱形图

注：右击图例选择数据中通过编辑可修改图例项的名称为 3 位职工的姓名。

(14)将图表区的图案填充效果设为“蓝白”双色，且由中心辐射。

(15)将绘制的嵌入式图表转换为独立式图表。

(16)绘制所有员工 4 月份销售额的饼图。

第5章　演示文稿制作软件 PowerPoint 2010 应用

5.1　实　验　目　的

(1)掌握演示文稿视图的使用、幻灯片的制作、插入和删除方法。

(2)掌握修改表格格式化的方法,文字编排、图片和图表插入及模板的选用。

(3)掌握简单动画的设置。

(4)掌握幻灯片的放映方式。

(5)掌握实现多媒体对象的插入方式。

(6)掌握建立超链接的方法。

(7)掌握演示文稿的打包和打印方法。

5.2　实验预备知识

5.2.1　PowerPoint 的基本操作

PowerPoint(简称 PPT)是 Microsoft Office 2010 办公套装软件中的一个组件,专门用于设计、制作信息展示等领域(如演讲、作报告、各种会议、产品演示、商业演示等)的各种电子演示文稿。

PowerPoint 的基本操作包括 PPT 的建立,各种图形、图片的插入;各种视图的切换以及各视图模式下调整幻灯片的顺序、删除和复制幻灯片等操作。PowerPoint 和第 3 章介绍的 Word、第 4 章介绍的 Excel 的启动和退出操作基本相同。

PPT 的操作对象是演示文稿,其中包含若干张幻灯片。每张幻灯片由若干个文本、表格对象、图片对象、组织结构对象及多媒体对象等多种对象组合而成。

1)窗口操作

(1)PowerPoint 的窗口组成

PowerPoint 的主界面窗口中包含标题栏、菜单栏、工具栏、状态栏以及演示文稿的窗口。演示文稿窗口位于 PowerPoint 主界面之内,刚打开时处于最大百分比状态,几乎占满整个 PowerPoint 窗口。如图 5-1 所示。

(2)幻灯片的各种视图

为了便于演示文稿的编排,PowerPoint 根据不同需要提供不同的视图模式,如普通视图、幻灯片浏览视图、备注页视图和阅读视图等。可以从这些视图中选择一种视图作为 PowerPoint 的默认视图。普通视图、幻灯片浏览视图,这两种视图用于对幻灯片的前景对象进行编排;对幻灯片的背景颜色、图案、默认的文本字符格式以及幻灯片显示或打印时的页眉、页脚信息,则可用母版视图实现;阅读视图用于对幻灯片进行放映观看。

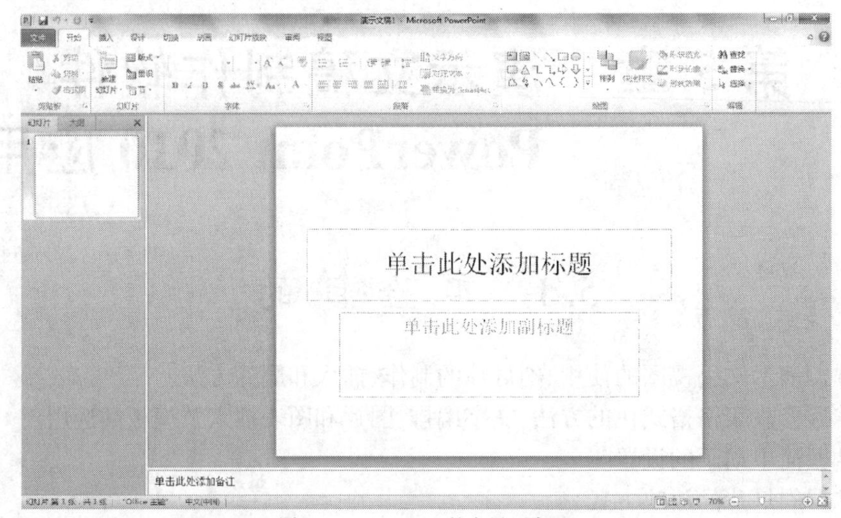

图 5-1　PowerPoint 的主界面窗口

在幻灯片浏览视图中,可以在屏幕上同时看到演示文稿中的所有幻灯片,这些幻灯片是以缩略图形式显示的,它们整齐地排列在幻灯片浏览窗口中。在幻灯片浏览视图中,可以进行以下的操作:

①选定幻灯片。鼠标单击某一张幻灯片,即可选一张幻灯片;按下 Ctrl 键再单击要选择的幻灯片,即可选择多张幻灯片;按 Ctrl +"A"键即可选中所有幻灯片。

②插入幻灯片。将指针插入某张幻灯片后,单击【开始】菜单【新建幻灯片】命令,即在鼠标位置插入新建的一张空幻灯片,该幻灯片的版式可选,编号顺延。

③删除幻灯片。选定一张幻灯片,按"Delete"键。

④移动幻灯片。拖动鼠标到需要移动的位置,或用【开始】菜单中的【剪切】和【粘贴】功能。

⑤复制幻灯片副本。先选中一张幻灯片,按 Ctrl +"D"键或用【开始】菜单中【复制】和【粘贴】功能,这张幻灯片就被复制了一份。

打开演示文稿,选菜单"视图"→"阅读视图"命令,就切换到幻灯片放映视图。也可以用菜单中【幻灯片放映】,选择放映的位置,设置幻灯片放映效果,同时自定义幻灯片放映。

2)文本的处理和段落格式的设置

演示文稿是由一系列组织在一起的幻灯片组成,每张幻灯片可以有独立的标题、说明文字、图片、声音、图像、表格、艺术字和组织结构图等元素。用"设计模板和主题"创建的演示文稿中只有一些提示性文字,在输入文本或插入图形和图表后才能创建出完整的演示文稿。

处理文本的基本方法主要包括添加文本、文本编辑、设置文本格式。

(1)添加文本

①在占位符中添加文本

使用自动版式创建的新幻灯片中,有一些虚线方框,它们是各种对象(如幻灯片标题、文本、图表、表格、组织结构图和剪贴画)的占位符,其中幻灯片标题和文本的占位符内,可添加文字内容。在占位符中添加文本,只需用鼠标单击占位符,即可进行文本的添加。

②使用文本框添加文本

如果希望自己设置幻灯片的布局，在创建新幻灯片时可选择空白幻灯片，或者要在幻灯片的占位符之外添加文本，可以利用【开始】工具栏中的【绘图】按钮，选择【文本框】或【垂直文本框】进行添加。

③自选图形中添加文本

使用【绘图】按钮可以绘制和插入图形。根据需要选择绘制线条、矩形、基本形状、箭头、公式形状、流程图、星与旗帜以及标注等不同类型的图形工具。

(2)编辑文本

文字处理的最基本编辑技术是删除、复制和移动等操作，在进行这些操作之前，必须选择所要编辑的文本。有关文本的复制与删除及移动、查找与替换、撤销与重做等内容，在介绍文字处理软件、表格处理软件中均有介绍，在此不再重复。在建立幻灯片的过程中，要熟练掌握，灵活使用。

(3)设置文本格式

在 PowerPoint 中，可以给文本设置各种属性，如字体、字号、字形、颜色和阴影等，或者设置项目符号，使文本看起来更有条理、更整齐。给段落设置对齐方式、段落行距和间距使文本看起来更错落有致。还可以给文本框设置不同效果，在【开始】工具栏中找到【绘图】，选中需要设置的文本框，根据形状填充、形状轮廓和形状效果对选中的文本框进行修改。

在演示文稿中，除了可以设置字符的格式外，还可以设置段落的格式、段落的对齐方式、段落缩进和行距调整等。

3)幻灯片中对象的插入与编辑

幻灯片中的对象包含很多内容，如图片、图示、剪贴画、表格、图表、自选图形、声音、影片等。而其中的绝大部分对象都有相应的版式对应。我们只需要选择相应的版式，然后按提示操作就可以了。

4)修饰演示文稿

PowerPoint 可以制作带有个性的幻灯片，比如：设置幻灯片背景、设置幻灯片的页眉页脚、对插入的图片进行优化编辑等。

(1)设计背景格式

通过更改幻灯片的颜色、阴影、图案或者纹理，改变幻灯片的背景格式。当然我们也可以通过使用图片作为幻灯片的背景，不过在幻灯片或者母版上只能使用一种背景类型。

(2)幻灯片页眉页脚的设置

页眉是指幻灯片文本内容上方的信息，页脚是指在幻灯片文本内容下方的信息，可以利用页眉和页脚来为每张幻灯片添加日期、时间、编号和页码等。

(3)对图片进行优化编辑

可以直接使用图片的编辑、美化功能，更加方便、快捷地制作出个性演示文稿。

①屏幕图片截取、裁剪

利用 PowerPoint 的屏幕截图功能，即可轻松截取、导入桌面图片。

②去除图片背景

如果我们插入幻灯片中的图片背景和幻灯片的整体风格不统一，就会影响幻灯片播放的效果,这时可以对图片进行调整,去除掉图片上的背景。

③添加艺术特效,让图片更个性

如果添加到幻灯片中的图片,按照统一尺寸摆放在文档中总是让人感觉中庸不显个性,也不会引起他人的注意。在 PowerPoint 中增加了很多艺术样式和版式,这样就可以非常方便地打造一张张有个性的图片。

5)演示文稿中超级链接的使用

用 PowerPoint 制作的演示文稿在播放时,默认情况下是按幻灯片的先后顺序放映,但也可以设置超级链接方式,使得单击某对象时能够跳转到预先设定的任意一张幻灯片、其他演示文稿、Word 文档、其他文件或 web 页。

创建超级链接时,起点可以是幻灯片中的任何对象(文本或图形),激活超级链接的动作可以是【单击鼠标】或【鼠标移过】,还可以把两个不同的动作指定给同一个对象,例如,使用单击激活一个链接,使用鼠标移动激活另一个链接。

如果文本在图形之中,可分别为文本和图形设置超级链接,代表超级链接的文本会添加下划线,并显示配色方案指定的颜色,从超级链接跳转到其他位置后,颜色就会改变,这样就可以通过颜色来分辨访问过的链接。

添加超级链接有两种方式:设置动作按钮和通过将某个对象作为超级链接点。

6)设置动画效果

在 PowerPoint 中,可以利用【动画】添加任意动画效果,并且可以自定义动画效果。动画效果是 PowerPoint 中最吸引人的地方,有以下 4 种不同类型的动画效果:

(1)“进入”效果。可以使对象逐渐淡入焦点、从边缘飞入幻灯片或者跳入视图中。

(2)“退出”效果。包括使对象飞出幻灯片、从视图中消失或者从幻灯片旋出。

(3)“强调”效果。包括使对象缩小或放大、更改颜色或沿着其中心旋转。

(4)动作路径。可以使对象上下移动、左右移动或者沿着星形或圆形图案移动。

7)幻灯片切换

幻灯片的切换是指从一张幻灯片变换到另一张幻灯片的过程,是向幻灯片添加视觉效果的另一种方式,也称为换页。如果没有设置幻灯片切换效果,则放映时单击鼠标切换到下一张,而幻灯片切换效果是在演示期间从一张幻灯片移到下一张幻灯片时在幻灯片放映时出现的动画效果,可以控制切换效果的速度,添加声音,甚至还可以对切换效果的属性进行自定义。

8)幻灯片中添加音频和视频

在 PowerPoint 中可以嵌入视频或链接到视频。嵌入视频时,不必担心在拷贝演示文稿到其他位置时会丢失文件,因为所有文件都各自存放。您还可以限制演示文稿的大小,可以链接到本地硬盘的视频文件或者网站上的视频文件。

5.2.2 PowerPoint 高级操作

1)PowerPoint 播放技巧

旁白是指演讲者对演示文稿的解释,在播放幻灯片的过程中可以同时播放的声音,要想录制和收听旁白,要求计算机要有声卡、扬声器和麦克风。

如果对幻灯片的整体放映时间难以把握,或者是有旁白幻灯片的放映,或者是每隔多长时间进行自动切换的幻灯片,这时采用排练计时功能来设置演示文稿的自动放映时间就非常有用。

2)母版的制作与编辑

幻灯片母版是存储关于模板信息的设计模板的一个元素,这些模板信息包括字形、占位符大小、位置、背景设计和配色方案。PowerPoint 演示文稿中的每一个关键组件都拥有一个母版,如:幻灯片、备注和讲义。母版是一类特殊的幻灯片,幻灯片母版控制了某些文本特征如字体、字号、字型和文本的颜色;还控制了背景色和某些特殊效果如阴影和项目符号样式;包含在母版中的图形及文字将会出现在每一张幻灯片及备注中。所以,如果在一个演示文稿中使用幻灯片母版的功能,就可以做到整个演示文稿格式统一,减少工作量,提高工作效率。使用母版功能可以更改以下几方面的设置:

(1)标题、正文和页脚文本的字形;

(2)文本和对象的占位符位置;

(3)项目符号样式;

(4)背景设计和配色方案。

幻灯片母版的目的是对幻灯片进行全局更改(如替换字形),并使该更改应用到演示文稿中的所有幻灯片。可以像更改任何幻灯片一样更改幻灯片母版,幻灯片母版中各占位符的功能如下:

(5)自动版式的标题区

用于设置演示文稿中所有幻灯片的标题文字格式、位置和大小。

(6)自动版式的对象区

用于设置幻灯片的所有对象的格式,以及各级文本的文字格式、位置和大小及项目符号的格式。

(7)日期区

用于给演示文稿中的每一张幻灯片自动添加日期,并决定日期的位置、日期文本的格式。

(8)页脚区

用于给演示文稿中的每一张幻灯片添加页脚,并决定页脚文字的格式。

(9)数字区

用于给演示文稿中的每一张幻灯片自动添加序号,并决定序号的位置、序号文字的格式。

3)演示文稿文件类型的修改

如果要把幻灯片拿到其他计算机上运行或者把作品刻录成 CD 保存起来,或希望自己的 PPT 以 PDF 格式保存,这时可以使用 PowerPoint 的【文件类型】功能。

5.3 实验内容与操作步骤

5.3.1 基本操作练习

1)利用【样本模板】创建名为“绿色环保.pptx”的演示文稿

(1)启动 PowerPoint,选菜单【文件】→【新建】,将出现图 5-2 所示的【可用的模板和主题】窗格。

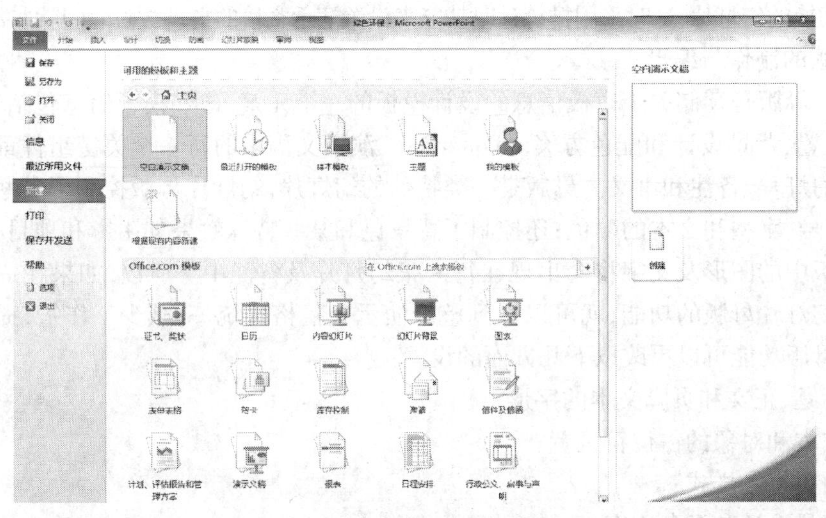

图 5-2　新建演示文稿

(2)在【主页】栏中,找到【样本模板】并用鼠标左键单击,出现图 5-3 所示的界面,从中选取你需要并喜欢的模板,如“现代型相册”。

(3)选好现代型相册模板后,在右侧会出现如图 5-2 所示的界面,点击【创建】,则生成以现代型相册为模板的演示文稿,如图 5-3 所示。

图 5-3　利用【样本模板】创建演示文稿

选择了“现代型相册”,在该模板下每一页都有一些文字内容提示,如果不知道如何操作,还可以点击提示,操作位置会根据提示显示为黄色高亮。通过这个案例不难发现,PowerPoint 使用起来非常简便快捷,样本模板资源丰富。

2)利用【设计】创建演示文稿

(1)启动 PowerPoint ,选菜单【设计】,工具栏中显示出不同主题,鼠标移动到每个主题并停留 2 秒,显示该主题界面,根据需求单击选中任意主题,如“暗香扑面”,见图 5-4。

(2)在新创建的幻灯片中有两个虚线框,这些框在 PowerPoint 中被称为【占位符】。在

【单击此处添加标题】占位符中输入题目，如“为了我们赖以生存的家”，在“单击此处添加副标题”占位符中，根据需要输入副标题“绿色环保主题宣讲”和主讲人姓名“主讲人：张三”，如图5-5所示。

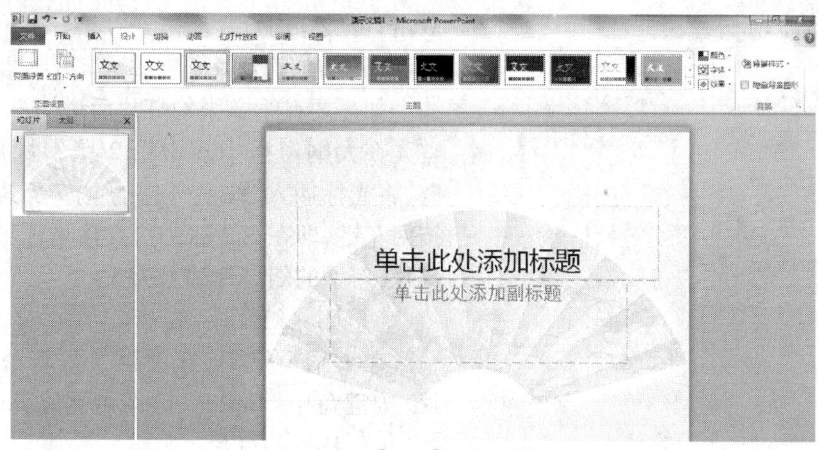

图5-4　从【设计】中选取主题

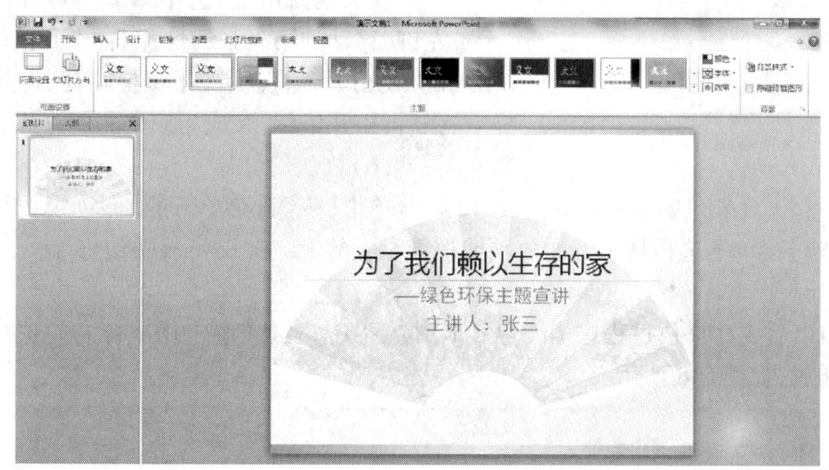

图5-5　添加主标题和副标题

（3）单击【开始】菜单中【新建幻灯片】命令旁边的下拉小三角，选择需要的幻灯片形式，如选择【图片与标题】，新建一张幻灯片，效果如图5-6所示。

（4）新创建的“标题和内容”幻灯片上有3个占位符：在标题占位符中输入“绿色环保的logo及其含义”；在文本占位符中输入对绿色环保logo的解释（可以从书籍和网络中查找）；在图片占位符中单击图标添加需要的图片，选择合适的图片后点击“插入”即可。最后在幻灯片中调整图片大小及位置。效果如图5-7所示。

（5）用【文件】菜单【另存为】命令将该演示文稿保存在“D：\ppt案例”文件夹中，文件名为“绿色环保.pptx”。这样就建立了有两张幻灯片的演示文稿。

3）在普通视图下对“绿色环保.pptx”进行常用操作并放映

（1）调整窗格尺寸

鼠标指向窗格分界线，当鼠标指针变双向箭头时，拖动窗格分界线可调整窗格大小。

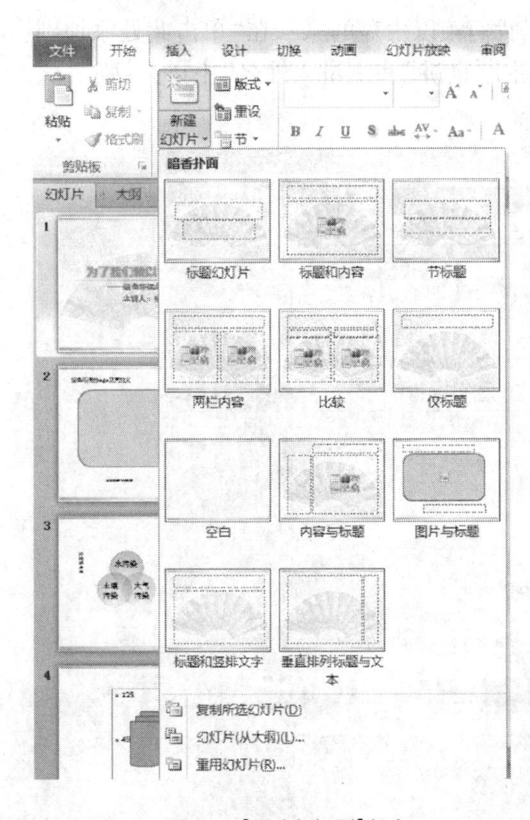

图 5-6 【图片与标题】版式

(2)折叠和展开幻灯片

在大纲窗格中,鼠标指针指向幻灯片页标志前面的页号,双击鼠标左键,可折叠幻灯片,再次双击,可展开幻灯片。

(3)增加幻灯片

如需要在第 2 张幻灯片后增加 1 张幻灯片,首先在大纲窗格中双击第 2 张幻灯片,使其折叠,将光标插入“绿色环保的 logo 及其含义”后,按回车键,即在第 2 张幻灯片后增加了一张空幻灯片,新增的幻灯片编号为 3。

(4)删除幻灯片

在大纲窗格中,选中第 3 张新增加的幻灯片,按键盘中“Delete”键即可删除该幻灯片。

(5)移动幻灯片

在大纲窗格中,选中第 2 幻灯片,按下鼠标左键,移动到第 1 张幻灯片前,松开鼠标,成为第 1 张幻灯片。同样,按下鼠标左键,将其移至第 2 张后,松开鼠标,又成为第 2 张幻灯片。

(6)放映幻灯片

单击【视图】菜单下的【阅读视图】命令或在【幻灯片放映】菜单下选择从头开始放映或按键盘上的 F5 键,即可放映幻灯片。

(7)退出

放映结束后或在播放过程中需要停止时,按下“Esc”键或单击用鼠标右键选择“结束放映”,退出播放,如图 5-8 所示。

图 5-7 添加内容后的效果

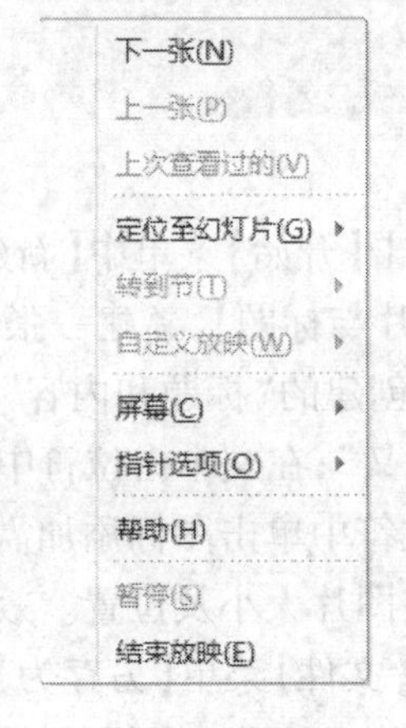

图 5-8 结束放映

4)在“绿色环保 . pptx”中插入文本框

(1)选择第 2 张幻灯片为当前幻灯片,插入一张新幻灯片,版式为【空白幻灯片】。

(2)在空白幻灯片的适当位置利用【开始】工具栏【绘图】中的插入文本框,根据需要添加横排或竖排文本框,插入文字"环境污染"。

(3)选定这个文本框,在【绘图】中找到形状轮廓,将所选中的文本框其边框改为2.25磅、圆点虚线、紫色;选中形状效果,将边缘选择"发光变体":蓝-灰,11pt发光,强调文字颜色5;同时改变该文字字号:28,字体:黑体。

(4)添加一个类型为【右箭头】的自选图形。

单击【开始】工具栏,找到【绘图】按钮"右箭头"选中,如图5-9所示。在空白幻灯片的适当位置插入该图形,并调整其大小,用形状填充将其颜色改为黄色、无轮廓。效果如图5-10所示。

(5)在【右箭头】中插入文本。

选定自选图形【右箭头】,单击鼠标右键,在弹出的快捷菜单中,鼠标左键单击【编辑文字】选项,自选图形内出现插入点光标,键入文字内容,如"分类",自选图形变成图形文本框。效果如图5-11所示。

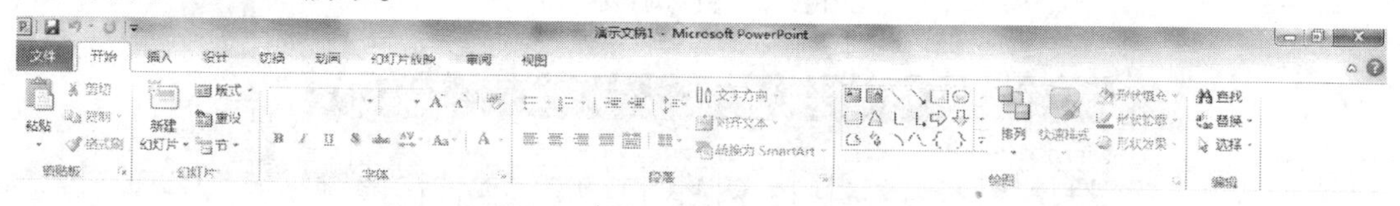

图5-9　选择流程图:右箭头

图5-10　添加右箭头后的幻灯片效果

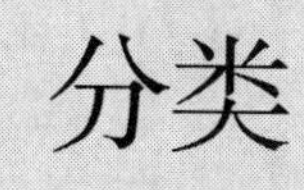

图5-11　右箭头中添加文字内容

5)设置"绿色环保.pptx"中文字和段落的格式

(1)设置演示文稿中第1张幻灯片的文字格式为:主标题"为了我们赖以生存的家"字体:微软雅黑;字号:48;文字加粗;带阴影;颜色为绿色。

上述这些要求可以通过【开始】工具栏中的【字体】完成全部设置。按上述方式将副标题设置为:字体:黑体;字号:32;带阴影;颜色黑色,淡色50%。

(2)设置演示文稿中第2张幻灯片中的文字部分设置为:文本区的段落左对齐;行距1.5行;段前间距1磅。

在打开的演示文稿中,选中第2张幻灯片文本框中的内容,通过【开始】工具栏中的【段落】,更改对齐方式为:左对齐;单击【段落】右下角小三角,打开如图5-12所示的对话框,就可以对行距进行设置,此外还可以设置段前间距和段后间距。在行距中选择1.5,段前间距1磅,单击【确定】按钮。

(3)设置演示文稿中第3张幻灯片的项目符号。

选中第3张幻灯片添加文本框,内容为"大气污染、水污染、固体废物污染、噪声污染",添好后修改为:字号:28;字体:宋体;行距:双倍行距。用鼠标单击右键,在弹出的快捷菜单中选中【项目符号和编号】命令，或利用【开始】工具栏【段落】中找到该项命令，在给出的8个样式中选择需要的符号，如图5-13所示；如果没有需要的符号，可以单击【自定义按钮】，在弹出的窗口中任意选择需要的图形，单击【确定】，如图5-14所示 。

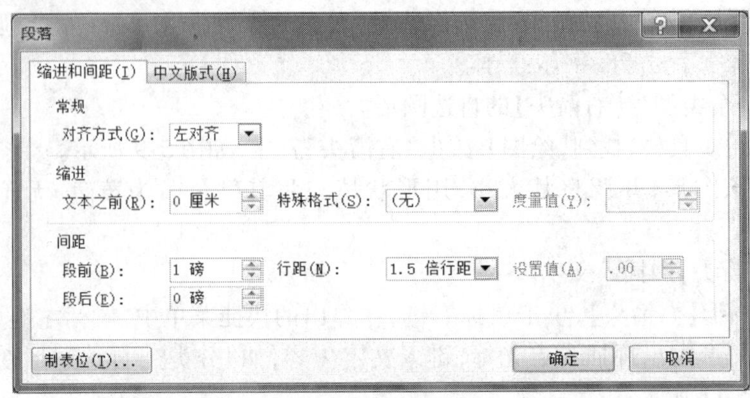

图5-12　段落对话框

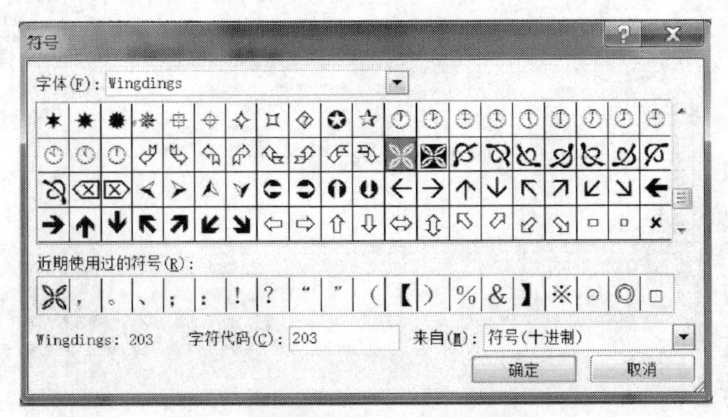

图5-13　【项目符号和编号】对话框

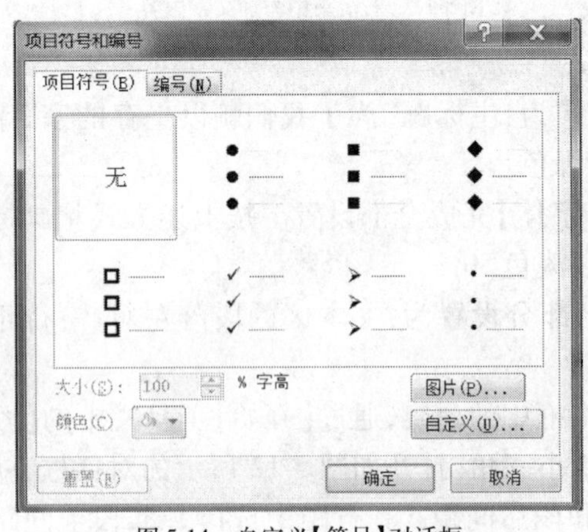

图5-14　自定义【符号】对话框

(4)将文本框中的内容“转换为 SmartArt 图形”。

仍然选中第3张幻灯片文本框，利用【开始】工具栏【段落】菜单，在右下方找到该项命令“转换为 SmartArt 图形”，单击该项命令后出现操作对话框，如图5-15所示；根据需要选择图形，如选中“垂直图片重点列表”，根据提示修改其颜色和效果为：彩色-强调文字颜色、细微效果。这时会看见每一项中有一个图标，点击图标可以添加合适的图片，效果如图5-16所示。

(5)保存所作的操作。

6)在“绿色环保 . pptx”中插入图片和图表

(1)定位到第1张幻灯片后面，插入一张新幻灯片，版式为【标题和内容】。在标题区域内输入：绿色的地球，我们的家；在下方区域插入一幅地球全景图，并把图片置于底层。

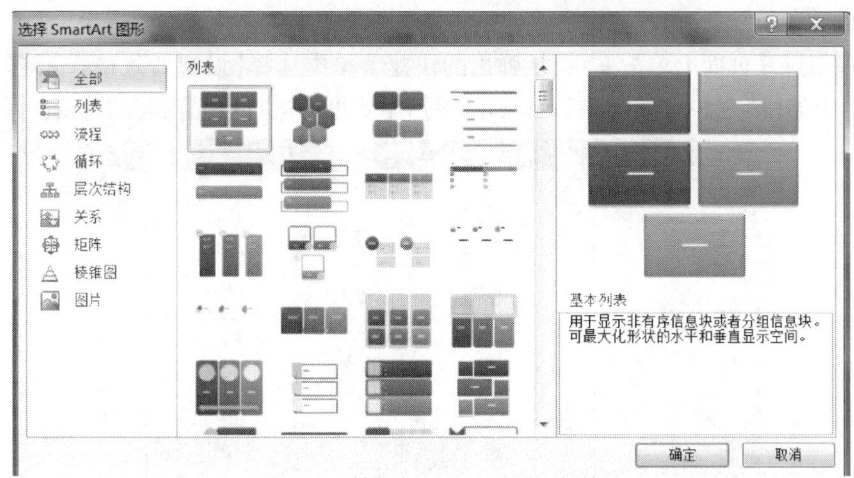

图 5-15 “转换为 SmartArt 图形”对话框

操作方法:版式的选定与内容的输入操作不再重复,具体讲一下图片的插入。利用【插入】菜单中的【图片】或者将鼠标放在内容区域,直接点击内容区域中的图标。打开插入图片对话框,选择图片插入,这时图片便插入到我们当前的幻灯片中。调节相应的控制点将幻灯片调整到合适的高度,这时如果图片遮盖文字内容,可以在该图片上单击右键,在弹出的快捷菜单中选择【叠放次序】中的【置于底层】。效果如图 5-17 和图 5-18 所示。

图 5-16 垂直图片重点列表添加图片效果

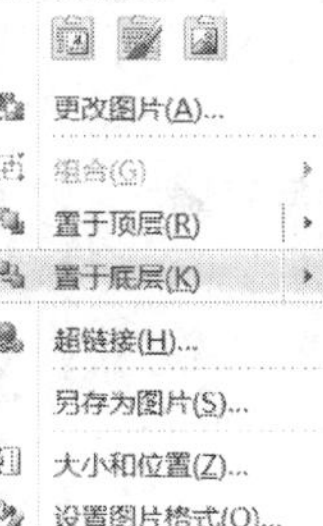

图 5-17 【叠放次序】

图 5-18 在幻灯片中插入图片

(2)在第 6 张幻灯片后插入一张新的幻灯片,版式选择【标题和内容】。在标题区域输入“渤海污染物平均含量年变化”;利用【插入】菜单中的【图表】或者将鼠标放在内容区域,直接点击内容区域中的图标。打开插入图表对话框,如图 5-19 所示,选择合适的图表类型,如“簇状柱形图”,单击确定。插入该图表的同时 Powerpoint2010 的界面右侧会产生一个 Excel 表格,根据需要输入横轴和纵轴的类别以及相应的数值后,关闭 Excel 表格即可。效果如图 5-20 所示。

(3)整理之前的几张幻灯片。如需要插入新的图片或图表时,方法同(1)和(2)。

(4)保存所作的操作。

7)在“绿色环保 . pptx”中进行背景格式的重新设置

需要说明的是,在设置幻灯片的背景色时,由于一般都选择了相应的模板,设置的背景色可能会被模板的颜色遮盖,这时就需要在【设置背景格式】设置对话框【填充】中将【隐藏背景图形】复选项选中。

(1)在幻灯片页面上单击右键,从弹出的快捷菜单中选择【设置背景格式】,打开该对话框,选择其中的【填充】项,如图5-21所示。根据需要可以进行填充内容的改变。

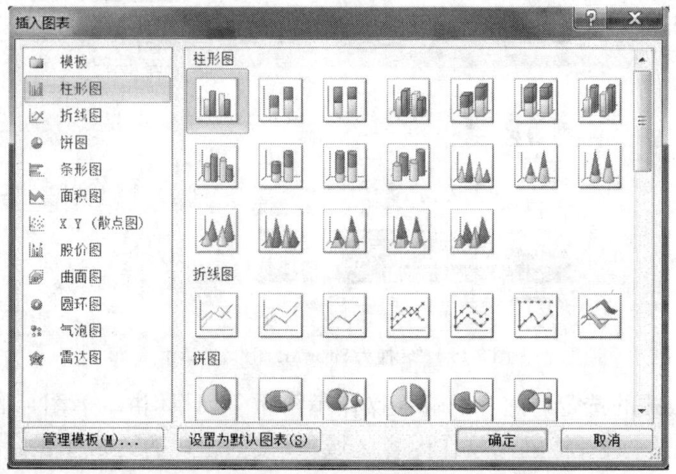

图5-19　插入簇状柱形图

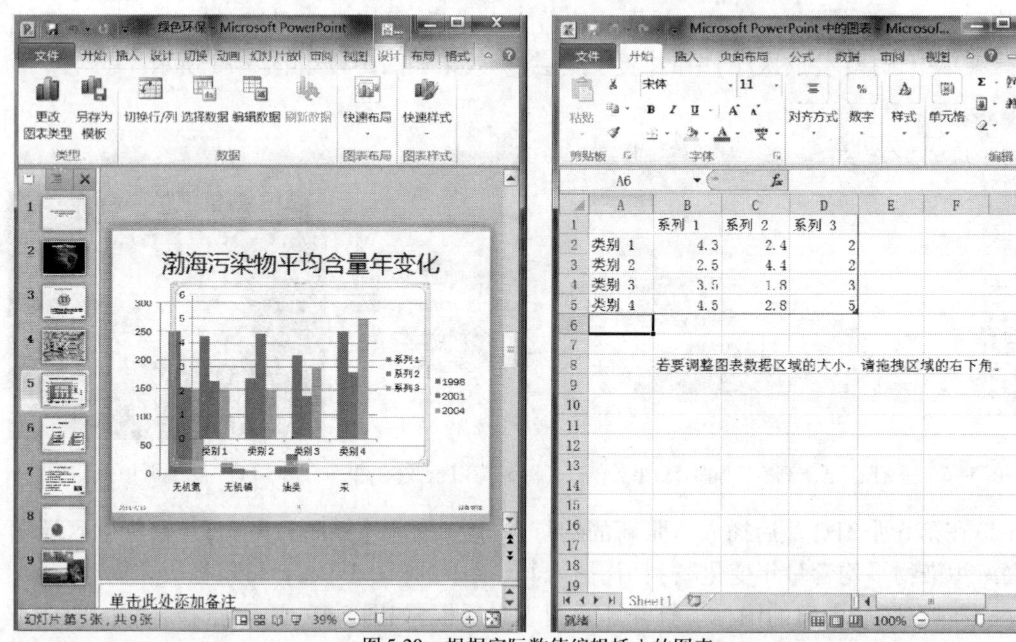

图5-20　根据实际数值编辑插入的图表

(2)在【填充】对话框下可以看到【隐藏背景图形】选项,选中该选项则可以忽略所选背景的母版图形。

(3)上述操作也可以在工具栏中选择【设计】,在设计菜单中选择右侧的【背景】,此时可以更改背景样式,同时可以设置背景格式,如图5-22所示。

8)在"绿色环保.pptx"中添加页眉和页脚

设定演示文稿的页眉和页脚,要求幻灯片显示固定日期,在除首页外的幻灯片上显示幻灯片的编号;页脚要求显示"绿色环保"字样,并应用于所有幻灯片。

在“绿色环保 . pptx”中定位到任意一张幻灯片，选择【插入】菜单下的【页眉和页脚】选项，在页眉和页脚对话框中，若希望幻灯片用于不同时间，则选中【日期和时间】复选框，并选择自动更新时间；如果想给每张幻灯片添加编号，则选中【幻灯片编号】复选框，这样就可以在幻灯片上添加编号，选中【标题幻灯片中不显示】，这样第一张标题幻灯片不显示编号；选中【页脚】复选框，在页脚文本框中输入“绿色环保”字样，这样每页都显示页脚“绿色环保”，效果如图 5-23 所示；如果希望每页都显示日期、文本、编号，单击【全部应用】按钮，应用于该演示文稿中的所有幻灯片，设置后的效果如图 5-24 所示。

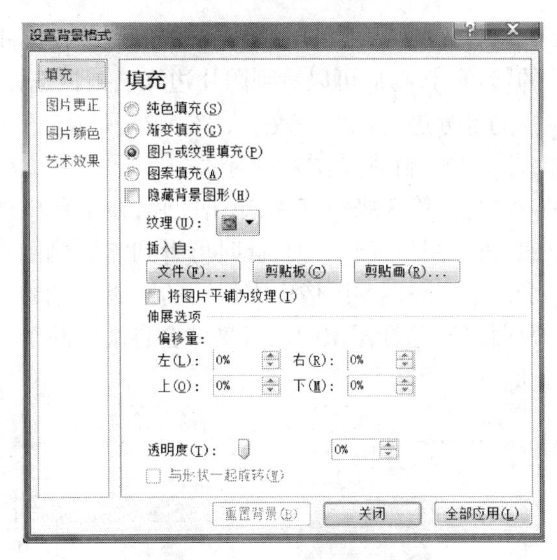

图 5-21　在快捷菜单中选择【背景】选项

图 5-22　【填充效果】对话框

图 5-23　【页眉和页脚】对话框

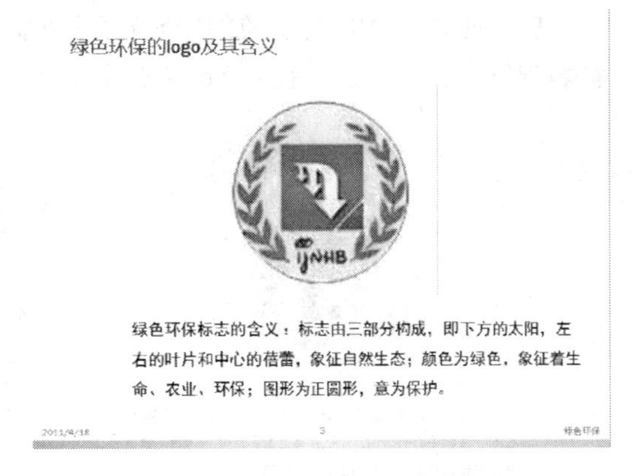

图 5-24　添加【页眉和页脚】效果图

9）在“绿色环保 . pptx”中对已插入图片进行优化

（1）完成图片的截取和裁剪

操作时，首先在 PowerPoint 中打开需要插入图片的演示文稿并单击工具栏中的【插入】，选择【屏幕截图】按钮，会弹出一个下拉菜单，就可以看到屏幕上所有已开启的窗口缩略图。

单击其中某个窗口缩略图，即可将该窗口进行截图并自动插入文档中。如果你想截取桌面某一部分图片，就可以单击下拉菜单中的【屏幕剪辑】按钮，随后 PowerPoint 文档窗口会自动最小化，此时鼠标变成一个“ + ”字，在屏幕上拖动鼠标就可以进行手动截图了。

截图后虽然可以直接在演示文档中使用，但是如果为了最后的效果，要把图片的一部分裁剪掉。此时，就可以在 PowerPoint 中快速将图片多余的地方进行裁剪，单击【图片工具】中的【裁剪】，随后可以看到图片边缘已被框选，使用鼠标拖动任意边框，这样即可将图片不需要的部分进行裁剪。效果如图 5-25 所示。

(2) 去除所选图片的背景

选择第 3 张幻灯片，单击图片，在工具栏中选择【图片工具】，进入后单击【删除背景】按钮，进入图像编辑界面，此时可看到需要删除背景的图像中多出了一个矩形框，通过移动这个矩形框来调整图像中需保留的区域，效果如图 5-26 所示。保留区域选择后，单击“保留更改”按钮，这样图像中的背景就会自动删除了。

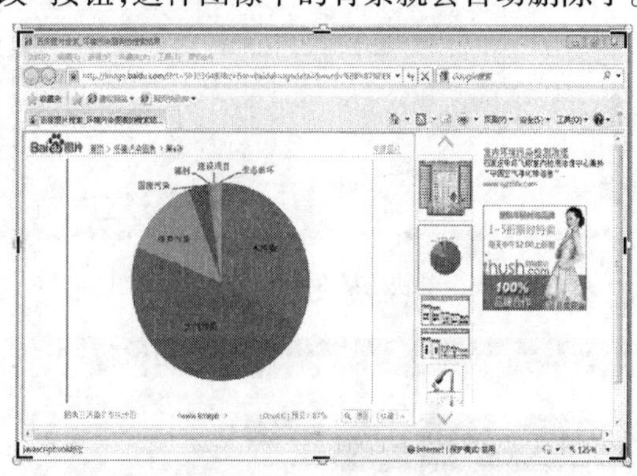

图 5-25 【裁剪】工具对图片的操作效果

图 5-26 【删除背景】操作过程

提示：

PowerPoint 2010 提供的【删除背景】功能只是一个傻瓜式的背景删除功能，没有颜色编辑和调节功能，因此太复杂的图片背景无法一次性去除。

图 5-27 背景删除并添加矩形投影

(3) 为插入的图片添加艺术效果

首先单击图片，工具栏中出现【图片工具】项，选择【艺术效果】下拉列表，在打开的多个艺术效果列表中我们可以对图片应用不同的艺术效果，使其看起来更像素描、线条图形、粉笔素描、绘图或绘画作品。随后单击【图片样式】，在该样式列表中选择一种类型，如“矩形投影”，如图 5-27 所示是背景删除并添加矩形投影的效果图。

此外，还可以根据需要对照片进行颜色、图片边框、图片版式等项目设置。

(4) 保存所作的操作。

10) 在“绿色环保 . pptx”中进行超链接和动作按钮的设置

在播放演示文稿“绿色环保 . pptx”时，单击第 2 张幻灯片“绿色的地球，我们的家”时，就能直接转换到第 9 张幻灯片“可怕的家园”；当希望从跳转到的幻灯片返回时，能直接返回到第 2 张幻灯片。

操作步骤：

(1) 在“绿色环保 . pptx”中，选择第 2 张幻灯片，在图片上单击右键，选快捷菜单的【超链接…】,弹出【插入超链接】对话框,我们要链接的是本演示文稿中的第 9 张幻灯片,在【链接到】下面选择【本文档中的位置】,单击【屏幕提示…】按钮,可以输入屏幕提示;在【请选择文档中的位置】下选择“9. 可怕的家园”,单击【确定】就设置了超链接(如图 5-28 所示)。用同样的方法可以设置其他超链接。

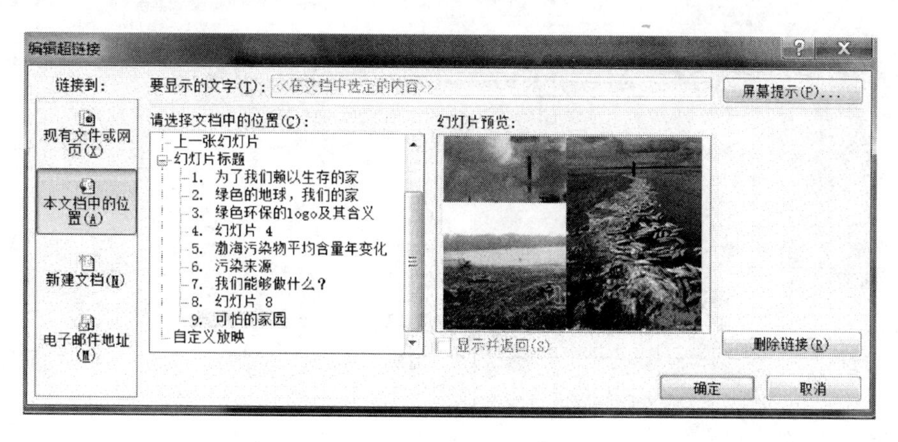

图 5-28 【插入超链接】对话框

(2)在第 8 张幻灯片上插入一个“植物”小图片,在【插入】工具栏中选择【链接】中的【动作】,如图 5-29 所示;弹出的【动作设置】对话框如图 5-30 所示,选择【单击鼠标】选项卡,在【单击鼠标时的动作】下面选择【超链接】到单选按钮,在其下拉列表中选择位置;选择【运行程序】单选框,可以通过单击【浏览】按钮找到某个程序的存放位置,使超级链接到指定的程序;选择【无动作】单选按钮,可以取消动作设置;选择【播放声音】复选框,单击【播放声音】下拉列表可以为动作选择某一声音,在执行动作的同时播放声音。

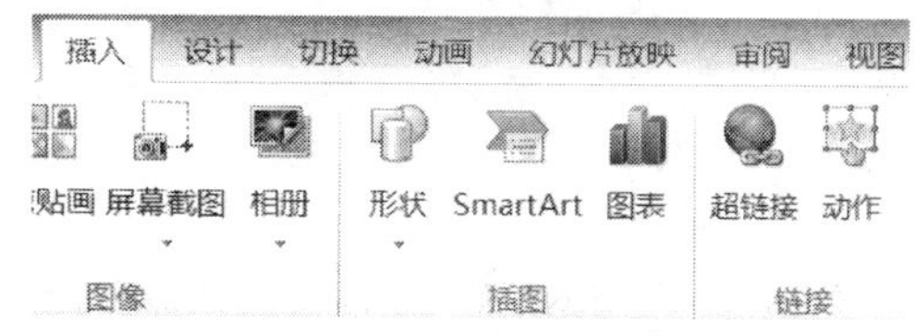

图 5-29　选择【动作】选项

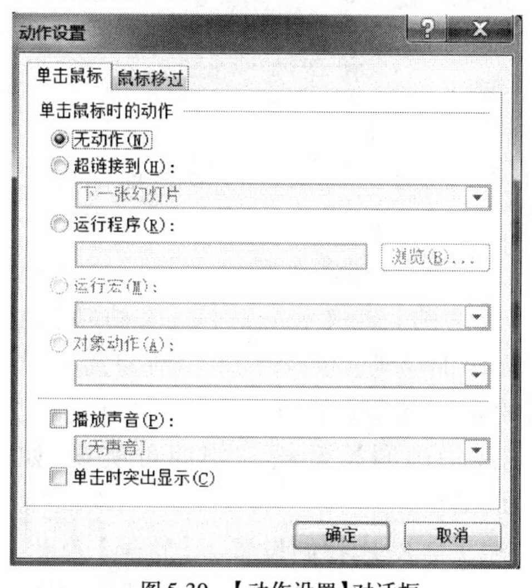

图 5-30 【动作设置】对话框

11)设置“绿色环保 . pptx”中第 8 张幻灯片中 3 张图片的动画效果

(1)选择第 8 张幻灯片,单击工具栏中的【动画】,用鼠标选择需要添加动画的图片,在动画中选择【出现】,然后可以预览该效果。

(2)对第 2 幅图片,我们再次添加动画效果。此时,如果在列出的效果中没有合适的,可以单击【动画】右下角处的下拉箭头,选择更多的进入效果(如图 5-31 所示)。在此我们选择【轮子】效果,选择了进入效果后,单击右侧的向下箭头,则弹出对话框,如图 5-32 所示,可以设置轮子的效果;也可以点击右下脚下拉图标,出现如图 5-33 所示的对话框,可以用于设置轮子的效果。

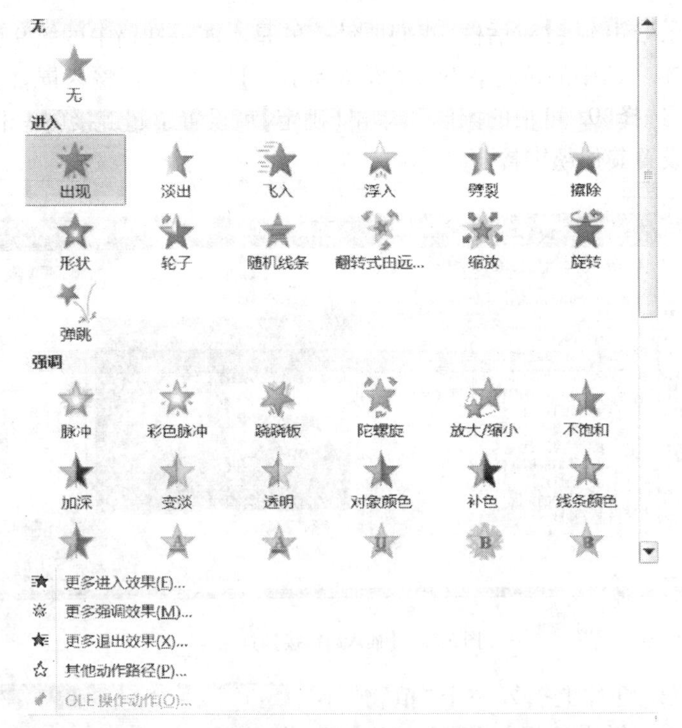

图 5-31 【动画】效果

图 5-32 选择【效果选项】

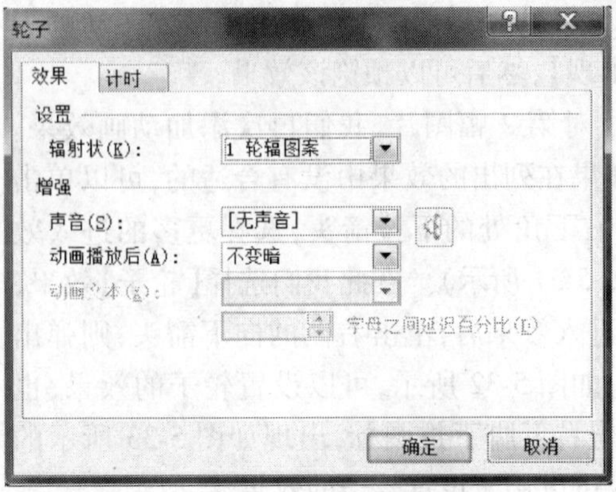

轮子
效果 计时
设置
辐射状(K): 1 轮辐图案
增强
声音(S): [无声音]
动画播放后(A): 不变暗
动画文本(X):
字母之间延迟百分比(L)
确定 取消

图 5-33 设置【轮子】的效果

用同样的方法可以进行第 3 幅图片的设置。

(3)选择要添加多个动画效果的文本或对象。在【动画】选项卡上的【高级动画】组中,单击【添加动画】,如果有多个对象需要设置相同的动画效果,在 PowerPoint 2010 中就可以使用【动画刷】,轻松一刷即可实现,如图 5-34所示。

(4)第 1 张图片我们设置了【轮子】效果,同时还可以进行【计时】的设置,打开如图 5-35

所示的对话框,即可设置触发的状态、延迟时间等内容。

图5-34 高级动画及动画刷

12)"绿色环保.pptx"中设置第2张幻灯片图片出现的效果为设为"百叶窗,风铃声,持续时间2.00"

(1)选择第2张幻灯片,单击工具栏中的【切换】选项,单击切换右下角处得下拉三角,显示如图5-36所示的对话框。切换效果分为细微型、华丽型和动态内容。

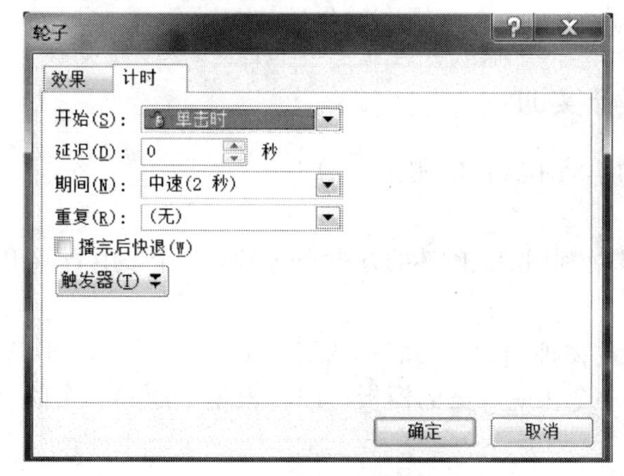

图5-35 【轮子】计时效果

图5-36 【切换】效果对话框

(2)在【华丽型】中选择百叶窗,并在【计时】处设置声音效果为"风铃,时间02.00"。

(3)保存所做的修改。

13)在"绿色环保.pptx",在第4张幻灯片中插入视频文件

(1)打开工具栏中【插入】选项卡中的【媒体】,单击【视频】,如图5-37所示。

(2)在【视频】功能下可以选择来源于文件中的视频还是网站的视频。如果是来源于网站的视频复制嵌入代码。

(3)保存修改后的演示文稿,此时在文档播放到插入视频位置时,可以看到相关的视频。

图 5-37 【插入】视频

5. 3. 2　基本操作实训

1）实训 5. 1——简单演示文稿的制作（一）

（1）实训目标

通过实训训练，能熟练利用前面阐述的方法，快速建立一个采用 PowerPoint 设计的演示文稿。

（2）实训要求

①建立以“拯救濒危物种 . pptx”为名称的演示文稿，并保存到“D：\ppt 案例”文件夹里。

②配合主题，选择一个相应风格的模板。同时根据主题起一个闪亮的题目，如“拿什么拯救你——我们的朋友”。

③设置第 2 张幻灯片为“标题和内容”版式，在此可以做一些文字内容的描述，比如濒危物种的定义是什么以及分类，内容靠近主题并引出下文即可。

④设置第 3 张幻灯片的版式为【图片与标题】，在此可以放入贴近主题的图片，以更好的深入主题，如放入朱鹮的图片，并进行描述。

⑤插入两张空白幻灯片，版式可任选。

⑥交换第 4 张和第 5 张幻灯片的位置。

⑦将新插入的最后两张新幻灯片删除。

⑧保存所作的操作，如图 5-38 所示，以便后续使用。

⑨放映该演示文稿。

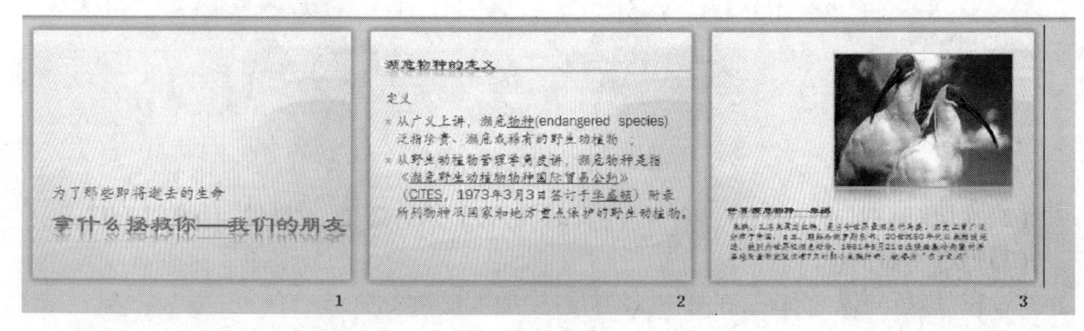

图 5-38　实训 5. 1

提示：

在审阅幻灯片时，如果想从某一页开始阅读，可以在【幻灯片放映】状态下选择【从当前幻灯片开始】，或者选择想要阅读的幻灯片，直接按 Shift + F5 即可。

2)实训5.2——简单演示文稿的制作(二)

(1)实训目标

通过实训,能运用Powerpoint进行文字和段落的编排。

(2)实训要求

打开实训5.1中制作的“拯救濒危物种”演示文稿,进行如下操作:

①设置第1张幻灯片的大标题文字格式为:隶书、54号字、红色;副标题为隶书、40号字。

②设置第2张幻灯片的内容区域的段落格式为:左对齐;段前、段后分别为1磅和2磅;项目符号为➤。效果如图5-39所示。

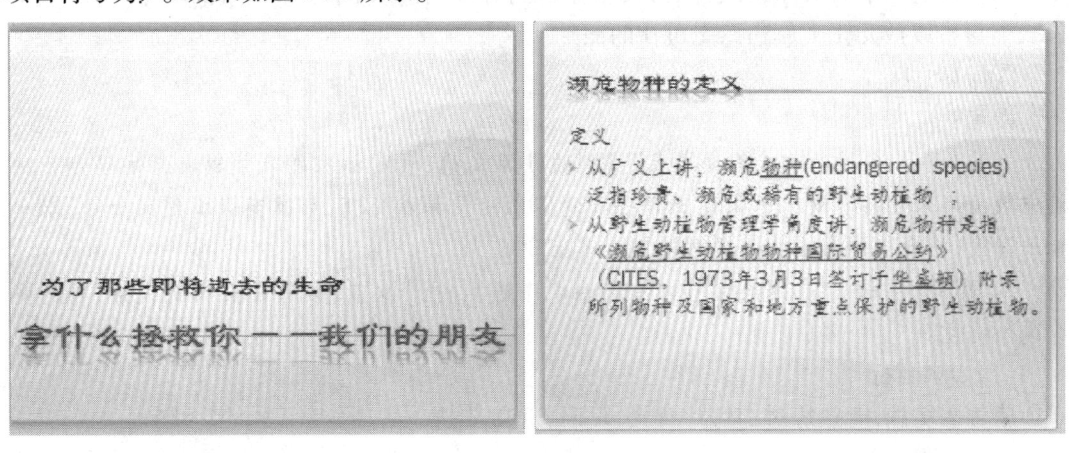

图5-39　实训5.2(1)

③对第2张幻灯片再次运用“转换为SmartArt图形”命令,将其效果设为:垂直图片重点列表、彩色填充-强调文字效果1、白色轮廓。效果如图5-40所示。

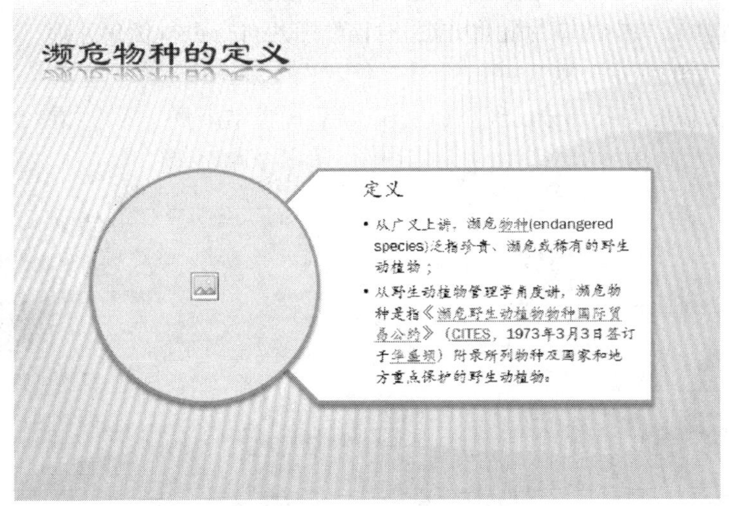

图5-40　实训5.2(2)

提示:

“转换为SmartArt图形”是PowerPoint 2010中特有的功能,将文本转换为Smart图形使文字内容更加直观,同时可以插入相应的图片产生视觉上的影响。但不是任何文字都有必要进行转换，因此在转换前应根据整体文稿的需求而定。

3）实训5.3——在“拯救濒危物种.pptx”演示文稿中进行版式的设置及对象的编辑

（1）实训目标

通过本实训，能熟练应用幻灯片的各种版式，如在幻灯片中插入图片及对图片的各种操作。

（2）实训要求

打开“拯救濒危物种.pptx”为名称的幻灯片，进行如下操作：

①在第2张幻灯片后面插入一张幻灯片，幻灯片的版式为“只有标题”。

②在标题栏中输入标题内容后，根据标题内容插入有关图片。如标题设为“拯救大熊猫”，然后可以放几张大熊猫憨态可掬的照片。

③保存文稿。

提示：

有些如“销售业绩”或“年度报表”类型的演示文稿，利用插入图表能够巧妙地使演示文稿中数据部分变得直观。如果能够将插入的图表背景加以处理，如改变数据线的大小、颜色和平滑度，将会使图表看上去更加美观并具有说服力。

4）实训5.4——在“拯救濒危物种.pptx”中进行背景设置、页眉和页脚的设置，并对图片进行优化。

（1）实训目标

通过本实训，能熟练对幻灯片背景、页眉、页脚设置。

（2）实训要求

①设置演示文稿的页眉和页脚，要求幻灯片显示幻灯片的放映日期，在除首页外的幻灯片上显示幻灯片的编号；页脚要求显示“拯救濒危物种”字样，并应用于所有幻灯片。

②设置第5张幻灯片的背景为一张“金丝猴.jpg”图片。

③按照操作步骤9中的图片优化方法，对该幅图片自行进行优化处理。

④保存修改后的演示文稿。

至此，演示文稿的内容部分已经添加完成，最后加上结束页。效果如图5-41所示。

图5-41　实训5.4

提示：

不仅幻灯片可以添加页眉和页脚，备注和讲义同样也可以。页眉和页脚的添加可以使打印出的幻灯片顺序更加清晰。

5)实训5.5——对演示文稿进行超链接设置。

(1)实训目标

通过本实训，能运用Powerpoint进行插入超链接练习。

(2)实训要求

打开实训5.1中制作的“拯救濒危物种”演示文稿，进行如下操作：

①在第3张幻灯片中选择一张大熊猫的图片，动作设置为单击鼠标时超链接到下一页幻灯片。

②在超链接的同时播放声音。

③保存修改后的演示文稿。

提示：

(1)插入超链接的方法

利用常用工具栏上的【插入超级链接】按钮。

在要插入超链接的对象上单击右键，在弹出的快捷菜单中选择【超链接】。

选择【插入】菜单下的【超链接…】选项。

(2)超链接的编辑和删除

在超链接的文本或对象上单击右键，从弹出的菜单中【选择编辑超链接】，可以对超链接进行编辑，编辑超链接与【插入超链接】的对话框相同。

在超链接的文本或对象上单击右键，从弹出的快捷菜单中选择【删除超链接】命令。

6)实训5.6——打开“拯救濒危物种.pptx”，将第4张幻灯片中“朱鹮”的图片添加动画“跷跷板”。

提示：

对于幻灯片的动画方案设置，主要是利用【动画】工具栏中的【动画】和【高级动画】进行设计。具体操作过程就是，选定要设置动画效果的幻灯片，在任务窗格中选择【动画】，从众多的方案中选择一种，选好后可以通过预览看一下效果如何。

7)实训5.7——打开“拯救濒危物种.pptx”，设置第5张幻灯片的切换效果，切换方式为溶解、切换方式为鼠标单击、切换时的声音为微风。

提示：

幻灯片切换技巧的熟练掌握，能够加强幻灯片放映的生动性。这里需要注意设置切换效果后务必放映一遍，以捕捉效果是否符合主题需要，比如在严肃场合中切换效果过于花哨反而使观者不悦；此外还要注意声音的配合，有些声音过于响亮，并不适合所有场合。

8)实训5.8——打开“拯救濒危物种.pptx”，在第3张幻灯片中插入大熊猫的视频文件。

提示：

在演示文稿中嵌入视频时需要注意：

如果安装了QuickTime和Adobe Flash播放器，则PowerPoint将支持QuickTime(.mov、

.mp4)和 Adobe Flash (.swf) 文件。

在 PowerPoint 2010 中使用 Flash 存在一些限制,包括不能使用特殊效果(例如阴影、反射、发光效果、柔化边缘、棱台和三维旋转)、淡出和剪裁功能以及压缩这些文件以更加轻松地进行共享和分发的功能。

PowerPoint 2010 不支持 64 位版本的 QuickTime 或 Flash。

5.3.3 高级操作练习

1)“绿色环保.pptx”的旁白和排练计时

实验内容

(1)给第 6 张幻灯片录制旁白,并保存录制旁白的时间。

(2)前 5 张幻灯片进行排练计时,记录排练计时的时间。

(3)在幻灯片的切换中,使用每隔排练计时的时间作为幻灯片的切换时间间隔。

操作步骤

(1)在普通视图下,选择第 6 张幻灯片,然后选择【幻灯片放映】菜单下的【录制幻灯片演示】选项,此时需选择“从当前幻灯片开始录制”,出现对话框如图 5-42 所示。选择好想要录制的内容后,单击【开始录制】按钮,则进入幻灯片放映方式,此时可以开始录制旁白。

录制幻灯片演示
开始录制之前选择想要录制的内容。
幻灯片和动画计时(T)
旁白和激光笔(N)
开始录制(R) 取消

图 5-42 【录制旁白】对话框

(2)在录制旁白的过程中,可以通过单击鼠标右键,在弹出的快捷菜单中选择【暂停录制】或【结束放映】,可以暂停或退出录制状态,如图 5-43 所示。

(3)退出后视图状态变化为幻灯片视图。

(4)排练计时前,先在【幻灯片放映】菜单下选择【设置幻灯片放映】,如图 5-44 所示,选择要放映类型同时设置放映内容。根据要求从第 1 张幻灯片开始进行排练,第 5 张幻灯片排练结束时结束幻灯片的放映,则放映幻灯片选择从 1 到 5,然后确定。

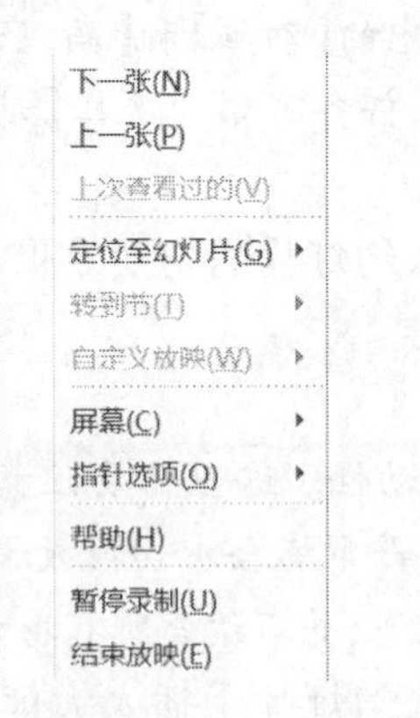

图 5-43 【暂停录制】和【结束放映】控制

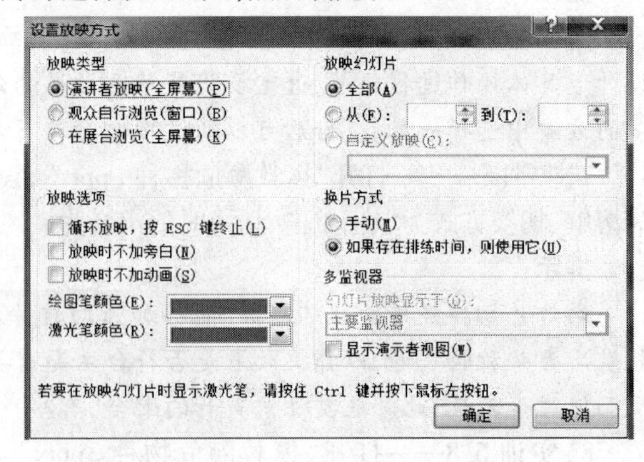

图 5-44 【设置放映方式】对话框

(5)选择【幻灯片放映】菜单下的【排练计时】选项,进入幻灯片播放并计时状态,计时窗口如图 5-45 所示。到第 5 张幻灯片播放结束后,根据之前的设置,此时结束放映,并出现如图 5-46 所示的对话框。

图 5-45　排练计时状态

图 5-46　结束放映后是否保存计时时间

设置了计时的幻灯片在幻灯片浏览视图下的效果如图 5-47 所示。

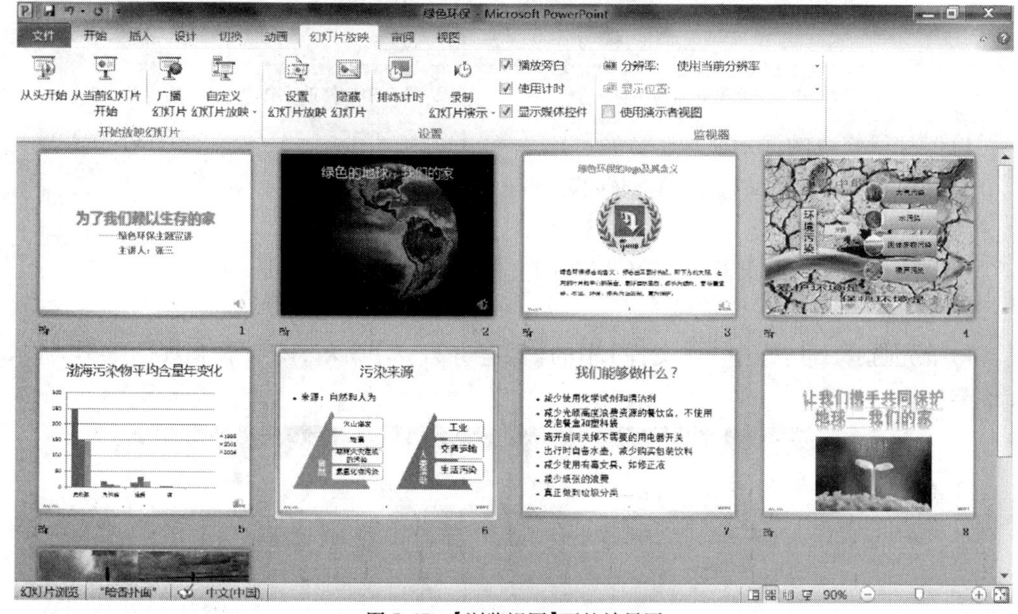

图 5-47　【浏览视图】下的效果图

2)“绿色环保 . pptx”母版标题的字体

实验内容

在“绿色环保 . pptx”,设置版式【图片与标题】的母版标题部分字体为隶书、加粗、32 号字；文字部分的字体为宋体、深蓝、20 号字。设置版式为【标题和内容】页添加绿色环保的图标。

操作步骤

(1)打开“绿色环保 . pptx”,选择【视图】,在【母版视图】中选择【幻灯片母版】切换到幻灯片母版视图,如图 5-48 所示。此时会发现所有版式都出现在幻灯片窗口中,根据需要修改。

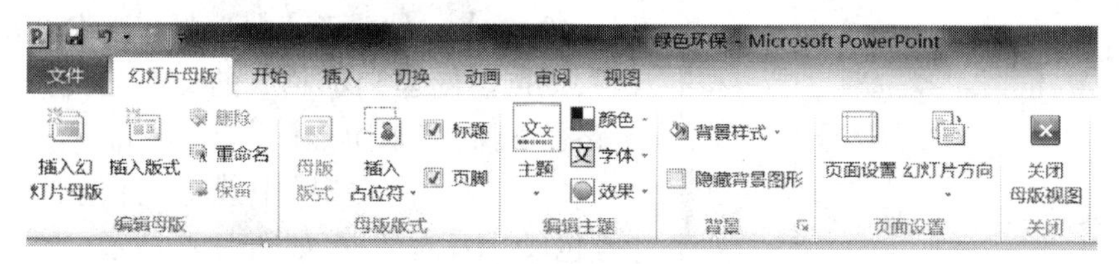

图 5-48　【幻灯片母版】视图

(2)选择版式为【标题和内容】的母版,在上面插入“绿色环保”图标,效果如图 5-49 所示。

(3)在【幻灯片母版】中找到版式为【图片与标题】的母版,右键单击出现图 5-50 所示对话框,根据要求依次修改字体、字号和颜色即可。

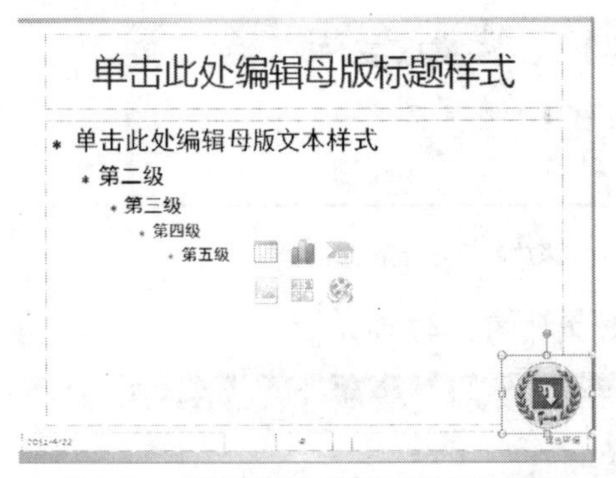

图 5-49　在【标题和内容】版式下插入图标

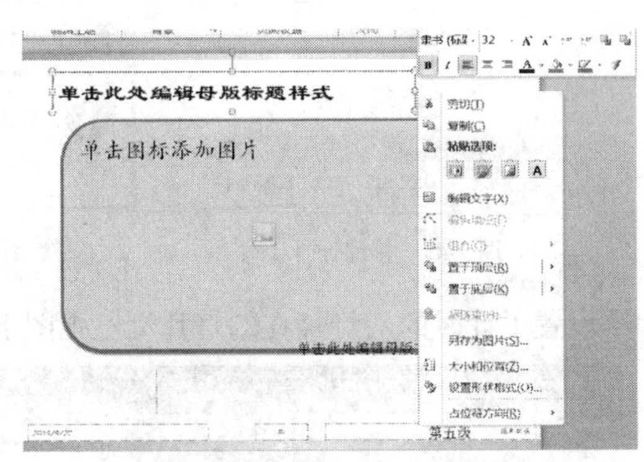

图 5-50　修改字体、字号和颜色对话框

(4)保存所修改的演示文稿。

3)“绿色环保.pptx”的文件类型转换

实验内容

将“绿色环保.pptx”转换为 PDF 格式的文档,并将其打包成 CD。

操作步骤

(1)首先选择工具栏中的【文件】中的【保存并发送】菜单,即可看到如图 5-51 所示的【文件类型】。

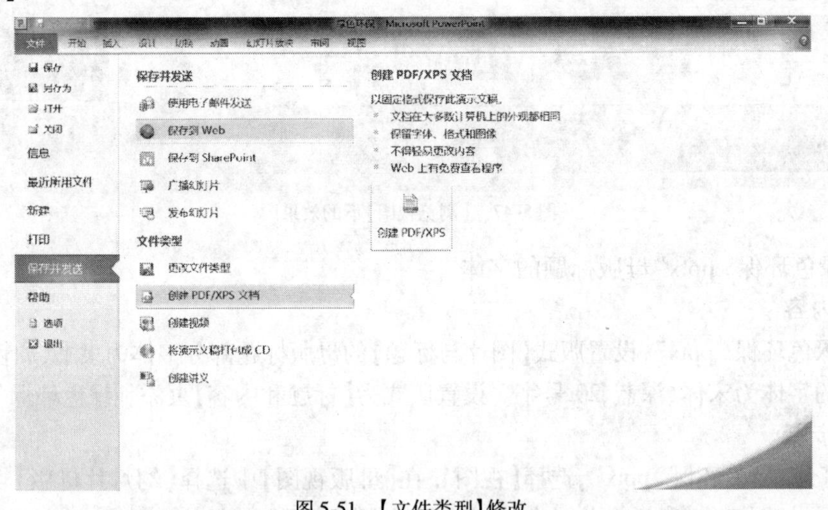

图 5-51　【文件类型】修改

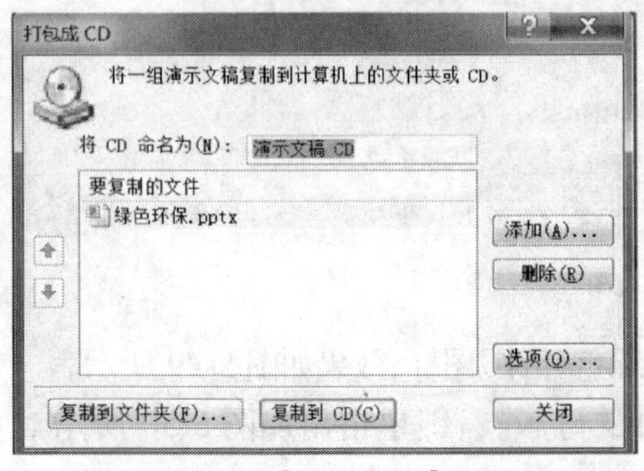

图 5-52　【打包成 CD】对话框

(2)在【文件类型】中选择“创建 PDF/XPS 文档”,则可以创建 PDF 格式的文件,创建结束后在指定路径下保存图标。

(3)在【文件类型】中选择“打包成 CD”,弹出【打包成 CD】对话框,如图 5-52 所示。

此时可以给 CD 重新命名,同时可以设置要复制的文件,单击【添加…】命令按钮,打开【添加文件】对话框,从中选择要一起包含进 CD 的幻灯片文件,如图 5-53 所示。

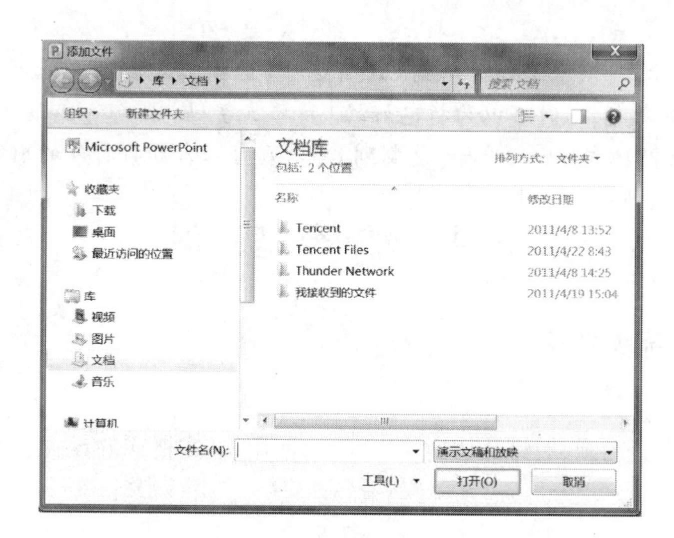

图 5-53　【添加文件】对话框

(4)选择好需要打包成 CD 的内容后，单击【打包成 CD】对话框中的【复制到文件夹】按钮，在弹出的【复制到文件夹】对话框中设定文件夹的名称为“我的 PPT”、保存位置为“我的文档”，单击【确定】按钮，如图 5-54 所示，PowerPoint 2010 就会将文件保存到相应的文件夹中。

图 5-54　【复制到文件夹】对话框

5.3.4　高级操作实训

1)实训 5.9——打开“拯救濒危物种 . pptx”，进行如下的操作：

(1)给第 4 张幻灯片“朱鹮”录制旁白，并保存录制旁白的时间。

(2)对整个演示文稿进行排练计时，记录排练计时的时间。

(3)在幻灯片的切换中，使用每隔排练计时的时间设置幻灯片切换时间间隔。

提示：

删除旁白的具体操作步骤为：在普通视图中，选择幻灯片右下角的图标。按键盘上的 Delete 键即可删除该幻灯片对应的旁白。如果希望运行没有旁白的演示文稿而又不想删除旁白，在图 5.44【设置放映方式】中选择【放映时不加旁白】复选框。

2)实训 5.10——设置“拯救濒危物种 . pptx”一级文本、二级文本的格式

设置第 2 张幻灯片文本中一级文本的字体为紫色、微软雅黑、加粗、32 号；二级文本的格式为蓝色、楷书、30 号。

提示：

母版上的文本只用于样式，实际的文本(如标题和列表)应在普通视图的幻灯片上输入，而页眉和页脚应在【页眉和页脚】对话框中输入。

使用 PowerPoint2010 幻灯片母版视图可以轻松处理背景图案。

3)实训 5.11——把“拯救濒危物种 . pptx”打包成 CD，并保存到“D:\ ppt”文件夹中。

提示：

如图 5.52 所示，将演示文稿打包成 CD 时选择【选项】按钮，可以选择将与演示文稿相关的链接内容一起打包，同时可以为打包好的 CD 添加密码。

在 PowerPoint 2010 中，如果选择【复制到 CD】，则可以自动将打包的内容刻录在空盘中。

5.4 综合实训

5.4.1 综合实训 1

1）实训目的

综合运用自定义动画、幻灯片切换、文本框的使用、文本格式的设置、用图片作为背景来制作演示文稿。

2）实训要求

（1）以“秋天的介绍”为主题，用下面的文字作为其中一页幻灯片的文本：

秋声黄花深巷，红叶低窗，凄凉一片秋声。

雨中黄叶树，灯下白头人。

月有微黄禽无影，挂牵牛数朵青花小，秋太淡，添红枣。

（2）按照文字的意境，自己用适当的图片作为背景。

（3）在演示文稿播放过程中要求有相应的背景音乐。

（4）每一张幻灯片上的文本出现时要设置不同的进入、退出、强调及动作路径效果。

（5）设置不同的幻灯片切换效果，幻灯片方式设置为每隔多长时间。

（6）文件名为“秋声赋.pptx”，保存到“D:\综合实训”文件夹中。

在幻灯片浏览效果下，演示文稿的最终效果如图 5-55 所示。

图 5-55 综合实训 1【幻灯片浏览】下的效果图

5.4.2 综合实训 2

1）实训目的

综合运用超链接、母版、自选图形图表、自定义动画等知识，制作幻灯片。

2)实训要求

(1)以对"中国动漫产业分析"为主题,利用母版效果在除首页幻灯片外,其他每张幻灯片上都出现相同的文本"动漫"。

(2)对每一页幻灯片设置不同的切换效果。

(3)在对"动漫产业链"分析中添加自选图形,并采用不同动画效果。

(4)在对"消费者问卷分析"页中添加图表。

(5)当单击第5页幻灯片中"个案分析"文本时能跳转到"个案分析"的幻灯片页。

(6)文件名为"中国动漫产业分析.pptx",保存到"D:\综合实训"文件夹中。

在幻灯片浏览效果下,演示文稿的最终效果如图5-56所示。

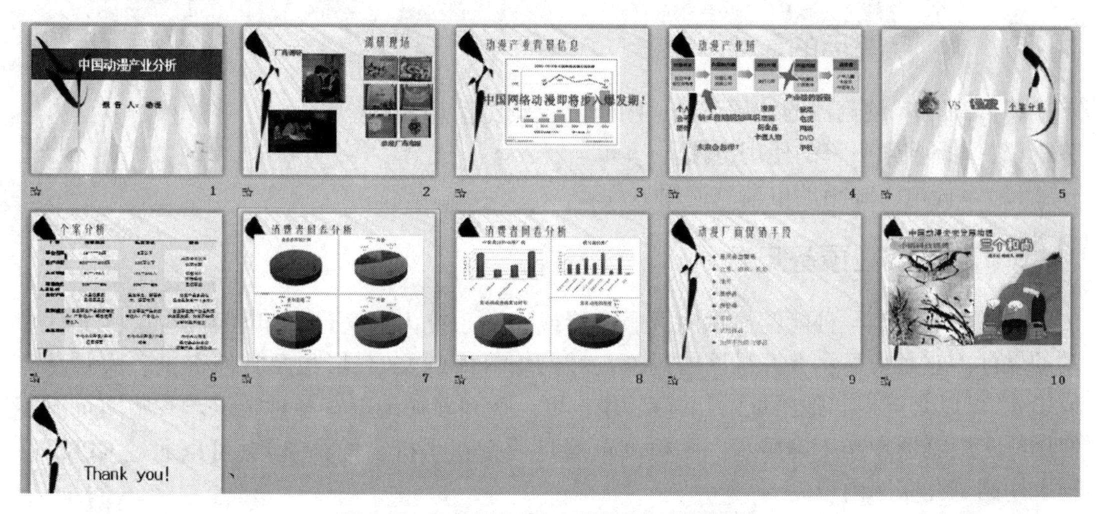

图5-56　综合实训2【幻灯片浏览】下的效果图

第6章　计算机网络应用

6.1　Internet 应用

6.1.1　实验目的

(1)掌握 IE 浏览器的使用方法(主页设置、浏览信息、收藏夹)。

(2)掌握搜索引擎的使用方法。

(3)掌握电子邮箱的申请与使用方法。

6.1.2　实验预备知识

网页浏览器是一种能够显示网页服务器或档案系统内的文件,并让用户与这些文件互动的软件。它用来显示在万维网或局部局域网络等内的文字、影像及其他资讯。这些文字或影像,可以是连接其他网址的超链接,用户可迅速和轻松地浏览各种资讯。有些网页需要使用特定浏览器才能正确显示。手机浏览器是运行在手机上的浏览器,可以通过 GPRS 进行上网浏览互联网内容。

网页浏览器主要通过 HTTP 协议与网页服务器交互并获取网页,这些网页由 URL 指定,文件格式通常为 HTML,并由 MIME 在 HTTP 协议中指明。一个网页中可以包括多个文档,每个文档都是分别从服务器获取的。

个人电脑上常见的网页浏览器包括微软的 InternetExplorer、Mozilla 的 Firefox、Apple 的 Safari,Opera、Google Chrome、360 安全浏览器、360 极速浏览器、搜狗高速浏览器、天天浏览器、腾讯 TT、傲游浏览器、百度浏览器、腾讯 QQ 浏览器等,浏览器是最经常使用到的客户端程序。

人们对浏览器有误解,很多所谓的"浏览器"只是一个浏览器插件而已,把真正的浏览器 IE 卸掉,那些挂着浏览器名号的浏览器插件就会出错。

Internet 常用的信息浏览与检索服务、电子邮件、文件传输等操作都要依赖浏览器展现的网页来实现,所以掌握浏览器软件的基本操作是熟练使用网络的前提。

6.1.3　实验内容与操作步骤

1)IE 浏览器的使用方法

(1)启动 IE 浏览器

单击【开始】→【Internet Explorer】。

(2)浏览网页信息

为了浏览某个网站的网页,可以在浏览器的地址栏中输入该网站的网站名或域名地址,然后按回车键，即可访问该网站。如要访问人民日报社的“人民网”，可在浏览器的地址栏中输入“人民网”或域名“http://www.people.com.cn/”，然后按回车键，均可访问到“人民网”，如图6-1所示。如果知道网站的IP地址，也可以在地址栏中输入IP地址后回车访问指定的网站。如果已经连续访问过多个网页，还可以利用“后退”按钮、“前进”按钮，在访问过的网页页面之间进行切换。

图6-1　人民网首页

(3)保存网页信息

①保存当前网页

打开“人民网”网站，选菜单【文件】→【另存为】，打开“保存网页”对话框，输入保存位置、保存文件名，选择“保存类型”和“编码”标准，单击“保存”按钮，便可以把当前网页保存到计算机硬盘上。

②单独保存网页中的图片

网页中的图片可以单独保存为一个图形格式的文件。如要保存“人民网”上的某个图片，首先打开相应的网页，用鼠标右键单击要保存的图片，选快捷菜单的【图片另存为】，则弹出“保存图片”对话框，输入保存位置、保存类型、图片名称，单击“保存”按钮即可。

③把网页上的文字保存为文本

在保存网页时，如果保存类型选择为“文本文件(.txt)”，则可以把网页上的文字保存为文本。例如浏览“人民网”的某个网页，选菜单【文件】→【另存为】，打开“保存网页”对话框，输入保存位置、保存文件名，并选择“保存类型”为“文本文件(.txt)”，单击“保存”按钮，即可把当前网页上的文字保存为文本。

(4)设置浏览器主页

用户可以为浏览器设置主页。选菜单【工具】→【Internet 选项】，打开“Internet 选项”对话框，如图6-2所示。在“常规”选项卡的“主页”编辑框中输入具体的网络地址，例如“http://www.people.com.cn/”，单击“确定”按钮。

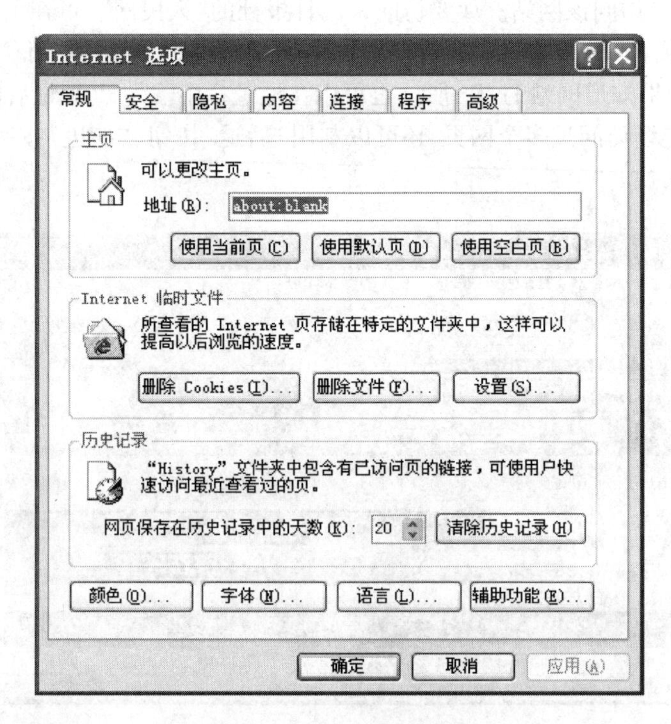

图 6-2 “Internet 选项”对话框

在“Internet 选项”对话框的“常规”选项卡的“历史记录”编辑框中,可以设置“网页保存在历史记录中的天数”。也可以单击“清除历史记录”按钮,清除所有的历史记录。

(5)网页地址的收藏与整理

一些经常需要浏览的网页地址可以保存在收藏夹中,需要时直接在收藏夹中选择相应的网页地址,便可以快捷地进入到选定的网页中浏览信息。

①保存当前浏览的网页地址

如果当前正在用 IE 浏览器浏览“新华网”的首页,为了把其网页地址保存到收藏夹中,在浏览窗口中选菜单【收藏】→【添加到收藏夹】,弹出“添加到收藏夹”对话框,如图 6-3 所示,单击“确定”按钮,即可把“新华网”的首页地址保存在收藏夹中,供以后访问该网站选用。

图 6-3 “添加到收藏夹”对话框

②整理收藏夹

选菜单【收藏】→【整理收藏夹】,弹出“整理收藏夹”对话框,如图 6-4 所示,单击“创建文件夹”按钮，可以在收藏夹中创建保存网页地址的浏览文件夹，如图中的新闻、出版社、搜索引擎、汽车、音乐等浏览文件夹。然后选定某网页地址，单击“移至文件夹”按钮，弹出“浏览文件夹”对话框，如图6-5所示，选择相应类别的文件夹，后单击“浏览文件夹”对话框中的“确定”按钮，便可以把该网页地址移到指定的浏览文件夹中。

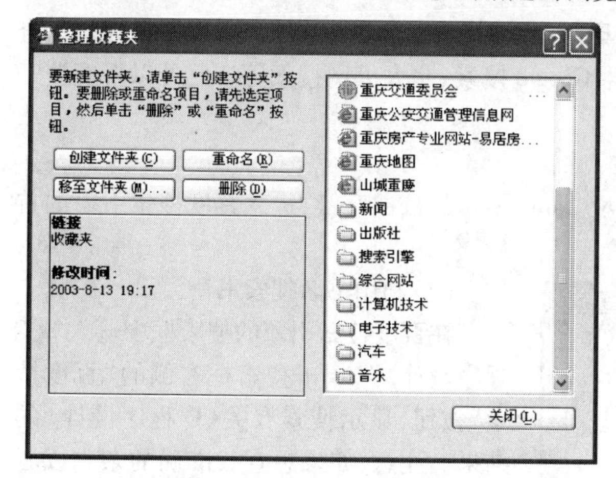

图6-4　“整理收藏夹”对话框

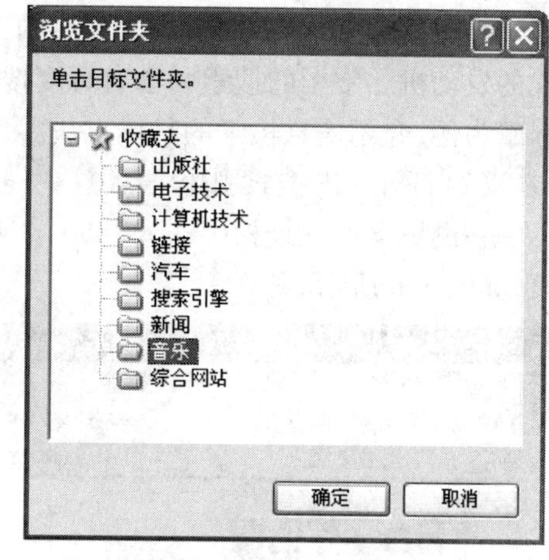

图6-5　“浏览文件夹”对话框

新的网页地址要添加到收藏夹中也可以单击“添加到收藏夹”对话框中的“创建到”按钮，打开“添加到收藏夹”对话框，如图6-6所示，选择浏览文件，把当前浏览的网页地址保存到指定类别的浏览文件夹中。也可以单击“新建文件夹”建立新的浏览文件夹，把当前网页的地址保存到新建的浏览文件夹中。

在“整理收藏夹”对话框中，还可通过“重命名”按钮和“删除”按钮，对保存的网页地址进行重新命名和删除操作。

(6) Cookie 和 Cache

在图6-3中可以看到Internet临时文件一栏，点击“设置”可以看到这些临时文件的存放位置。再点击“查看文件”可看到有众多的各种类型的文件如JavaScript、gif、jpg等等，如图6-7所示。

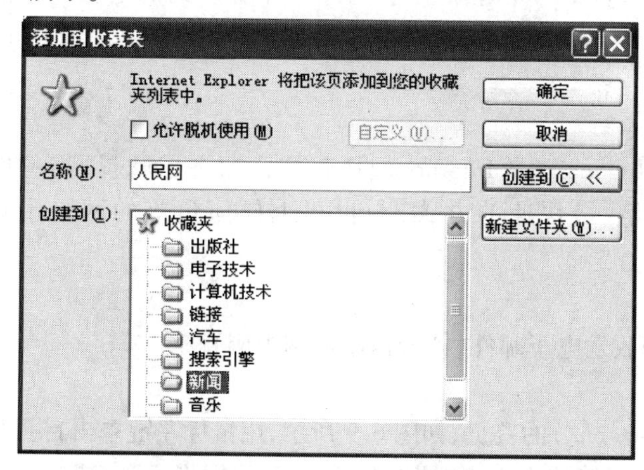

图6-6　“添加到收藏夹”对话框

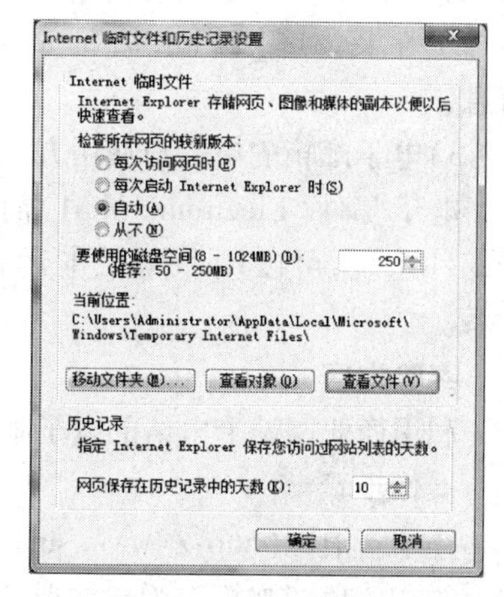

图6-7　IE临时文件设置

当浏览一些网站时，如网页上的这些对象没有过期，则可直接从本地硬盘中取出使用，而不需要从 Internet 获取，从而加快了速度。如果删除了这些文件，你可以感觉到网页的显示速度变慢。

2）搜索引擎的使用方法

搜索引擎是 Internet 上查找信息的工具。搜索引擎英文是“search engine”，意为信息查找的发动机。常用的搜索引擎有百度搜索、Google 搜索、北大天网搜索等。此处以百度搜索引擎为例，介绍信息检索的具体方法。

（1）打开百度搜索引擎

在浏览器的地址栏中输入“http://www.baidu.com”，按回车键，进入百度搜索引擎的首页，如图 6-8 所示。

图 6-8　百度搜索引擎的首页

（2）利用书名搜索书籍

在百度搜索引擎的搜索框中输入“《C 程序设计》”，单击搜索框右侧的“百度搜索”按钮，显示搜索有关《C 程序设计》的结果。注意，如果想查找准确的杂志或者书籍，切记要把书名号作为关键词的一部分。

（3）利用书名和作者搜索书籍

在百度搜索引擎的搜索框中输入“《C 程序设计》谭浩强”，单击搜索框右侧的“百度搜索”按钮，显示搜索有关谭浩强编写的《C 程序设计》的结果。注意，在书名《C 程序设计》和作者谭浩强之间必须有空格。

（4）在指定的网站内进行搜索

在百度搜索引擎的搜索框中输入“谭浩强 site：tsinghua.edu.cn”，单击搜索框右侧的“百度搜索”按钮，显示在 tsinghua.edu.cn（清华大学网站）内搜索到的有关“谭浩强”的结果。这里用了关键字 site（意为站点），实现在指定的站点内查询有关的信息。

3）电子邮箱的申请与使用方法

电子邮件（Electronic Mail，简称 E-mail）是 Internet 应用最广的服务，通过网络的电子邮件系统，可以用非常低廉的价格，最快速的方式，与世界上任何角落的网络用户联系。

实验内容

利用商业网站上申请的电子邮箱收发电子邮件（此处以新浪网为例）。

操作步骤

登录新浪网（http://www.sina.com.cn/）的首页，如图 6-9 所示，用鼠标左键单击首页顶部上的“2G 免费邮箱”，弹出注册免费邮箱的页面，如图 6-10 所示。根据提示，完成邮箱的注册。

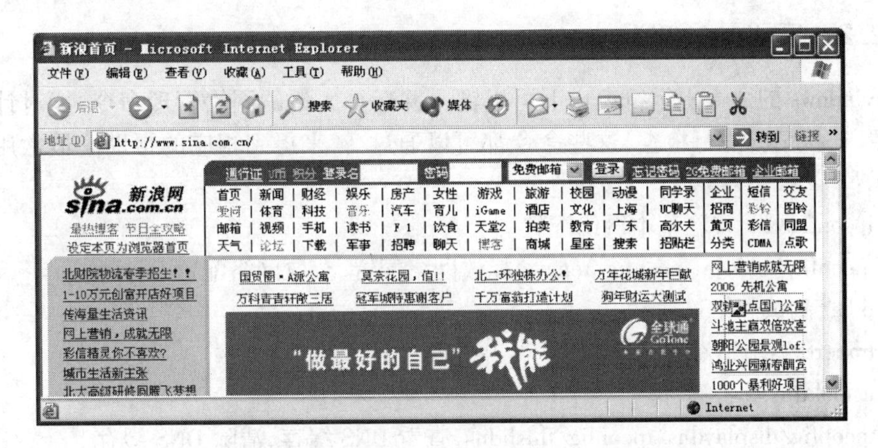

图 6-9　新浪网首页

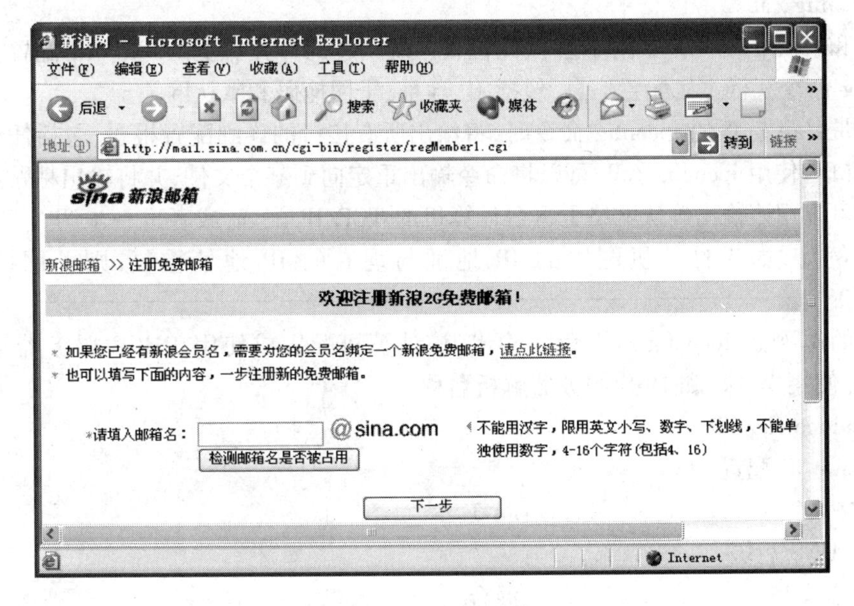

图 6-10　注册免费邮箱

6.1.4　自主练习

(1)上网搜索并浏览有关《大学计算机基础》的信息。

(2)在网易(或其他商业网站)上申请一个免费电子邮箱。

6.2　常用网络管理命令

6.2.1　实验目的

掌握常用网络管理命令的使用,深刻理解网络的原理。

6.2.2 实验预备知识

在 Windows 的命令提示符窗口下可以键入并运行大量的网络管理命令，能对计算机的网络配置、连接情况进行检查；这些命令都可以通过/？来得到相应的帮助。最常用的命令如下所示：

(1) ipconfig/all，查看基本网络配置。

(2) ipconfig/release、ipconfig/renew，释放网络配置、获取网络配置。

(3) ping，测试网络连通性。

(4) tracert，路由追踪。

(5) nslookup，域名解析。

(6) ipconfig/displaydns、ipconfig/flushdns，查看 DNS 缓存、清除 DNS 缓存。

(7) netstat，网络连接状态查看。

1) ipconfig /all

发现和解决 TCP/IP 网络问题时，先检查出现问题的计算机上的 TCP/IP 配置。可以使用 ipconfig 命令获得主机配置信息，包括 IP 地址、子网掩码和默认网关。

使用带 /all 选项的 ipconfig 命令时，将给出所有接口的详细配置报告，包括任何已配置的串行端口。使用 ipconfig /all，可以将命令输出重定向到某个文件，并将输出粘贴到其他文档中。也可以用该输出确认网络上每台计算机的 TCP/IP 配置，或者进一步调查 TCP/IP 网络问题。例如，如果计算机配置的 IP 地址与现有的 IP 地址重复，则子网掩码显示为 0.0.0.0。

下面的范例是 ipconfig /all 命令输出，该计算机配置成使用 DHCP 服务器动态配置 TCP/IP，并使用 WINS 和 DNS 服务器解析名称。

```
C:\>ipconfig/all
Windows IP 配置
    主机名 ..................:hu-3
    主 DNS 后缀 .............:
    节点类型.................:混合
    IP 路由已启用............:否
    WINS 代理已启用..........:否
    DNS 后缀搜索列表.........:domain
以太网适配器本地连接:
   连接特定的 DNS 后缀.......:domain
   描述......................:Realtek RTL8139/810x Family Fast Ethernet NIC
   物理地址..................:00-14-2A-45-9D-59
   DHCP 已启用...............:是
   自动配置已启用............:是
   本地链接 IPv6 地址........:fe80::b4fb:aacf:483f:9a19%7(首选)
   IPv4 地址.................:192.168.1.100(首选)
```

子网掩码 ....:255.255.255.0
获得租约的时间 ....:2009年4月13日3:53:29
租约过期的时间 ....:2009年4月14日3:53:29
默认网关.................:192.168.1.1
DHCP服务器...............:192.168.1.1
DHCPv6IAID...............:184554538
DNS服务器 ....:202.202.240.33
61.128.128.68
TCPIP上的NetBIOS ....:已启用

如果TCP/IP配置没有问题,下一步测试能够连接到TCP/IP网络上的其他主机。

2)ipconfig/release、ipconfig/renew

当前我们的网络环境的网络配置多数是通过DHCP即动态主机配置协议自动获取的。我们可以通过使用ipconfig/release来释放当前的网络配置,通过ipconfig/renew来重新获取网络配置,有时网络出现故障时可以通过这两个命令来进行恢复。

3)Ping

Ping命令有助于验证IP级的连通性。发现和解决问题时,可以使用Ping向目标主机或IP地址发送ICMP回应请求。需要验证主机能否连接到TCP/IP网络和网络资源时,请使用Ping。也可以使用Ping隔离网络硬件问题和不兼容配置。

通常最好先用Ping命令验证本地计算机和网络主机之间的路由是否存在,以及要连接的网络主机的IP地址。Ping目标主机的IP地址看它是否响应,如:ping IP_address,使用Ping时应该执行以下步骤:

(1)ping 127.0.0.1

这个ping命令被送到本地计算机的IP软件,该命令不会离开该计算机。如果没有做到这一点,就表示TCP/IP的安装或运行存在某些最基本的问题。

(2)ping 本机ip

这个命令被送到计算机所配置的ip地址,计算机始终都应该对该ping命令做出应答,如果没有,则表示本地配置或安装存在问题。出现此问题时,局域网用户请断开网络电缆,然后重新发送该命令。如果网线断开后本命令正确,则表示另一台计算机可能配置了相同的ip地址。

(3)ping 局域网内其他ip

这个命令应该离开本计算机,经过网卡及网络电缆到达其他计算机,再返回。收到回送应答表明本地网络中的网卡和载体运行正确。但如果收到0个回送应答,那么表示子网掩码(进行子网分割时,将ip地址的网络部分与主机部分分开的代码)不正确或网卡配置错误或电缆系统有问题。下面就是使用这个命令检查本机与网络连接正常的情况:

C:\>ping 202.202.240.33

正在Ping202.202.240.33具有32字节的数据:

来自202.202.240.33的回复:字节=32 时间<1ms TTL=61

来自 202.202.240.33 的回复：字节 =32 时间 <1ms TTL =61

来自 202.202.240.33 的回复：字节 =32 时间 =1ms TTL =61

来自 202.202.240.33 的回复：字节 =32 时间 <1ms TTL =61

202.202.240.33 的 Ping 统计信息：

数据包：已发送 = 4,已接收 = 4,丢失 = 0 (0% 丢失)

往返行程的估计时间(以 ms 为单位)：

最短 = 0ms,最长 = 1ms,平均 = 0ms

(4) ping 网关 ip

这个命令如果应答正确,表示局域网中的网关路由器正在运行并能够做出应答。

(5) ping 远程 ip

如果收到 4 个应答,表示成功的使用了缺省网关。对于拨号上网用户则表示能够成功的访问 internet(但不排除 isp 的 dns 会有问题)。

(6) ping localhost

localhost 是这个系统的网络保留名,它是 127.0.0.1 的别名,每台计算机都应该能够将该名字转换成该地址。如果没有做到这一点,则表示主机文件(/windows/host)中存在问题。

ping www.yahoo.com

对这个域名执行 ping 命令,你的计算机必须先将域名转换成 IP 地址,通常是通过 DNS 服务器。如果这里出现故障,则表示 DNS 服务器的 IP 地址配置不正确或 DNS 服务器有故障(对于拨号上网用户,某些 ISP 已经不需要设置 DNS 服务器了)。另一方面也可以利用该命令实现域名对 IP 地址的转换功能。

如果上面所列出的所有 ping 命令都能正常运行,那么就表明计算机进行本地和远程通信的功能基本正常。

4) tracert

该命令用以查看本计算机到目的计算机所经过的路径即中间节点,花费的时间等信息,我们称其为路由追踪,以此来初步判断网络连接的一些问题所在,譬如连接在何处断开等。

5) nslookup

域名解析是将我们常说的网址转换为其对应的 IP 地址。该工作通常是自动的、隐蔽的在后台完成。我们也可以通过 nslookup 来显式地进行解析以了解其过程。

6) ipconfig/displaydns、ipconfig/flushdns

这两个命令用以查看当前的 DNS 缓存和清除 DNS 缓存。某域名被解析为 IP 地址后,为防备在其后的一段时间内再次使用而不需再次进行解析以节约时间,该解析结果将会被缓存大约 3600s。

7) netstat

该命令用于查看当前的网络连接状态,即本机与外部计算机有哪些连接,状态如何。我们从中可以看出本机的哪些端口打开了,从而判断是否有不明的网络程序运行。

6.2.3 实验内容与操作步骤

网络管理命令都是在命令提示符窗口下运行的,在进行以下实验操作前,选【开始】→

【所有程序】→【附件】→【命令提示符】，先启动命令提示符窗口，如图6-11所示。以下的操作都是在命令提示符“C:\>”之下完成的。

1）使用ipconfig /all查看配置

（1）用无参数的ipconfig命令查看所用计算机的网络配置基本情况，并作好记录。命令格式是：

C:\>ipconfig↙（“↙”表示按“Enter”键）

命令执行后，将在屏幕上显示连接的主机、IP地址、子掩码、默认网关等网络配置的基本信息，如图6-12所示。

（2）用带参数的ipconfig命令查看所用计算机网络配置的详细情况，并作好记录。命令格式是：

C:\>ipconfig/all↙

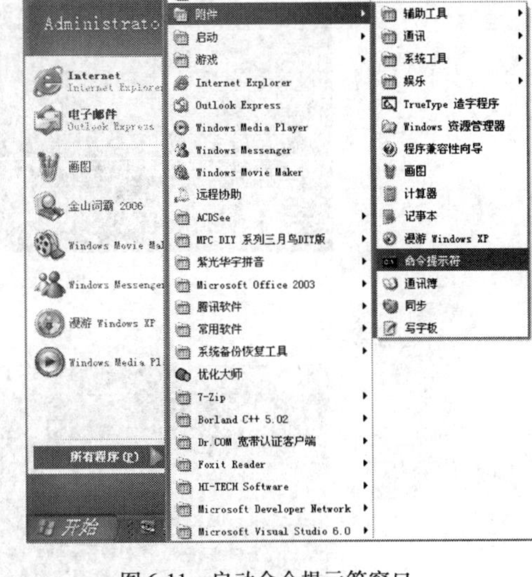

图6-11　启动命令提示符窗口

命令执行后，将在屏幕上显示包括网卡物理地址在内的详细的网络配置情况。

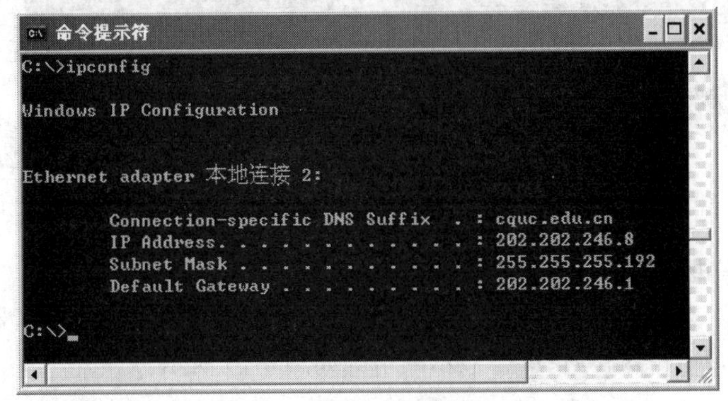

图6-12　命令提示符窗口

2）ipconfig/release、ipconfig/renew命令

分别使用上面的两个命令，将会得到如图6-13和图6-14所示的两个结果。释放网络配置后，任何网络活动都是不可能进行的，除非重新获得。但请注意，该命令只能在网络属性处于自动获取网络配置时生效，否则不能成功。

3）Ping测试连接

使用Ping测试计算机网络的连接情况，执行步骤如下：

```
C:\Users\Administrator>ipconfig/release

Windows IP 配置

以太网适配器 本地连接:

   连接特定的 DNS 后缀 . . . . . . . :
   本地链接 IPv6 地址. . . . . . . . :
   默认网关. . . . . . . . . . . . . :
```

图6-13　释放网络配置

（1）Ping环回地址，验证是否在本地计算机上安装TCP/IP以及配置是否正确。命令格式是：

C:\>ping 127.0.0.1↙，该命令执行后，屏幕显示的情况如图6-15所示。

（2）Ping本地计算机的IP地址，验证是否正确地添加到网络。命令格式是：

```
C:\Users\Administrator>ipconfig/renew

Windows IP 配置

以太网适配器 本地连接:

   连接特定的 DNS 后缀 . . . . . . . : cquc.edu.cn
   本地链接 IPv6 地址. . . . . . . . : fe80::b80f:7660:4042:a8e0%13
   IPv4 地址 . . . . . . . . . . . . : 10.8.60.7
   子网掩码  . . . . . . . . . . . . : 255.255.255.0
   默认网关. . . . . . . . . . . . . : 10.8.60.1
```

图6-14　重新获得网络配置

```
命令提示符

C:\>ping 127.0.0.1

Pinging 127.0.0.1 with 32 bytes of data:

Reply from 127.0.0.1: bytes=32 time<1ms TTL=128
Reply from 127.0.0.1: bytes=32 time<1ms TTL=128
Reply from 127.0.0.1: bytes=32 time<1ms TTL=128
Reply from 127.0.0.1: bytes=32 time<1ms TTL=128

Ping statistics for 127.0.0.1:
    Packets: Sent = 4, Received = 4, Lost = 0 (0% loss),
Approximate round trip times in milli-seconds:
    Minimum = 0ms, Maximum = 0ms, Average = 0ms

C:\>_

微软拼音 半:
```

图6-15　ping 环回地址

C:\ >ping 本机 ip

该命令中的“本机 IP”通过使用 ipconfig 命令查看得到。如果机器的 IP 地址为“10.1.156.11”,该命令执行后,屏幕显示的情况如图 6-16 所示。

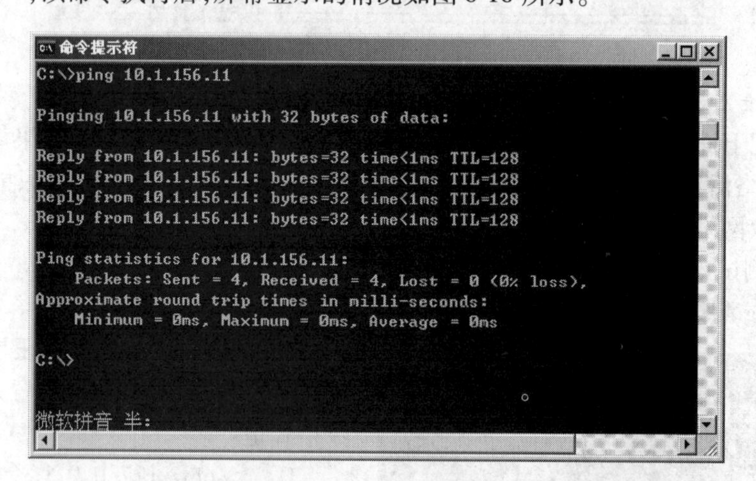

图6-16　ping 本机 IP

(3)ping 局域网内其他计算机的 ip 地址,验证本计算机的网卡配置与电缆系统是否有问题。命令格式是:

C:\>ping　相邻计算机的 IP 地址↙

相邻计算机的 IP 地址用 ipconfig 命令查看。如果当前相邻的计算机有一台 IP 地址为 10.1.152.218，另一台 IP 地址为 10.1.156.12 台，其中 IP 地址为 10.1.152.218 的能够连接，IP 地址为 10.1.156.12 的无法连接，则该命令执行后，屏幕显示的情况如图 6-17 和 6-18 所示。

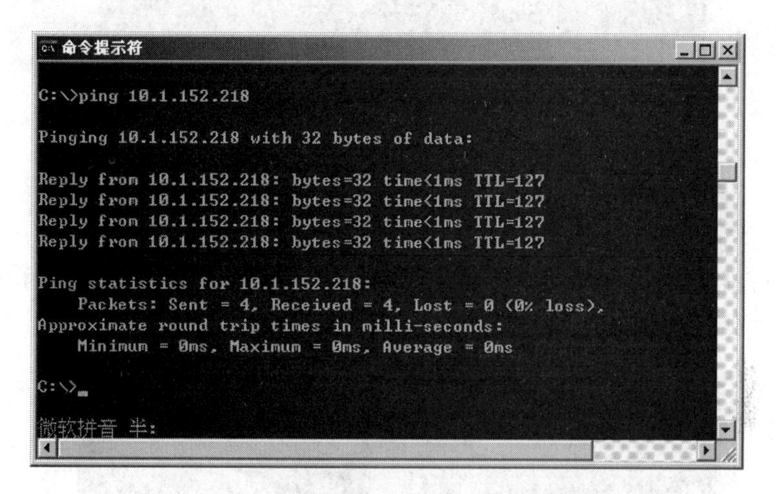

图 6-17　ping 相邻计算机的 IP 地址（能够连接）

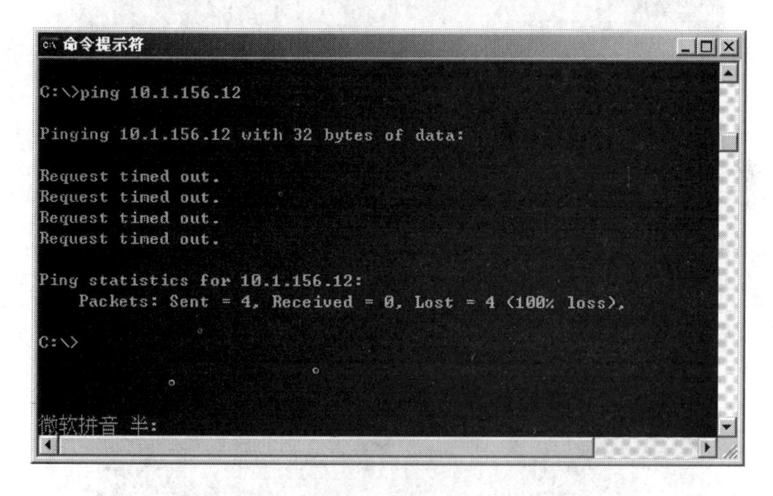

图 6-18　ping 相邻计算机 IP 地址（无法连接）

（4）Ping 默认网关的 IP 地址，验证默认网关是否运行以及能否与本地网络上的本地主机通讯。命令格式是：

C:\>ping　网关 ip

默认网关用 ipconfig 命令查看。如果默认网关的 IP 是“10.1.156.1”，命令该执行后，屏幕显示的情况如图 6-19 所示。

（5）Ping 远程主机的 IP 地址，验证能否通过路由器通讯。命令格式是：

C:\>ping　www.163.com

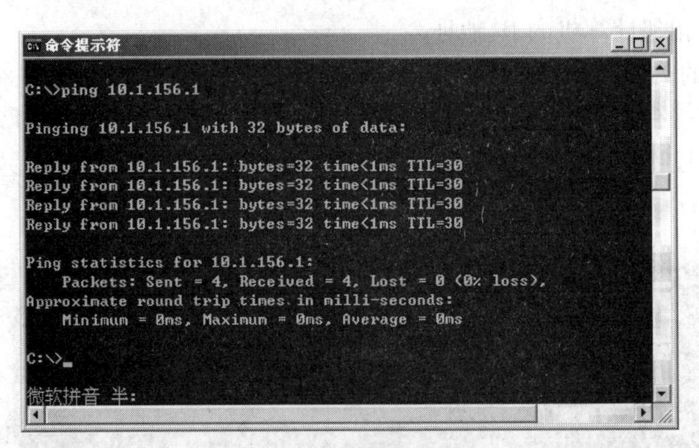

图 6-19　ping 默认网关

该命令执行后,屏幕显示的情况如图 6-20 所示。如果不知道远程主机的 IP 地址,像这里这样直接使用域名地址也可以。

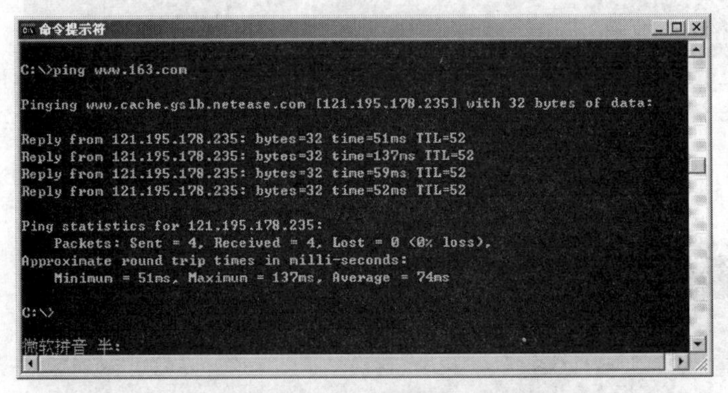

图 6-20　ping 远程主机的 IP 地址

(6) Ping localhost,验证主机文件(/windows/host)是否正确。命令格式是:

C:\>ping　localhost

该命令执行后,屏幕显示的情况如图 6-21 所示。

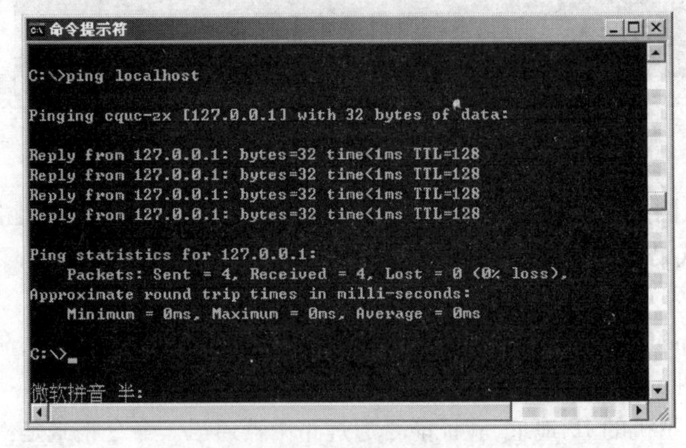

图 6-21　ping localhost

如果上面所有 ping 命令都能正常运行,那么你对你的计算机进行本地和远程通信的功能基本上就可以放心了。

4) tracert

当前本机的 IP 地址是 10. 8. 60. 7,网关是 10. 8. 60. 1,输入 tracert jw. cqjtu. edu. cn 可以得到如图 6-22 所示结果。该图表明,从本机到教务网网站需经过 5 个节点(也叫跳数或跃点),其中第一个就是网关,且到每个站点都追踪了 3 次,由于网络状况的变化,每次的时间也可能不同。

```
C:\Users\Administrator>tracert jw.cqjtu.edu.cn

通过最多 30 个跃点跟踪
到 jw.cqjtu.edu.cn [10.1.90.3] 的路由:

  1     1 ms     1 ms     1 ms     10.8.60.1
  2    <1 毫秒   <1 毫秒   <1 毫秒 172.30.254.105
  3    <1 毫秒   <1 毫秒   <1 毫秒 172.30.254.1
  4     3 ms     3 ms     3 ms     172.17.1.13
  5     5 ms     3 ms     3 ms     172.16.1.78
  6     2 ms     2 ms     2 ms     jw.cquc.edu.cn [10.1.90.3]

跟踪完成。
```

图 6-22　追踪重庆交通大学教务网站

5) nslookup

重庆交通大学的 DNS 服务器是 202. 202. 240. 33,输入 nslookupwww. baidu. com 可以得到如图 6-23 所示结果。可以看出 202. 202. 240. 33 解析出了百度的 IP 地址(有 2 个),另外由于历史原因百度以前叫做 www. a. shifen. com,而不是现在广为普遍的 www. baidu. com。另外,之所以是非权威应答,是因为结果来自 DNS 服务器的缓存为不是来自根 DNS 服务器。

```
C:\Users\Administrator>nslookup www.baidu.com
服务器:  PRIDNS.cquc.edu.cn
Address:  202.202.240.33

非权威应答:
名称:    www.a.shifen.com
Addresses:  119.75.218.70
          119.75.217.109
Aliases:  www.baidu.com
```

图 6-23　解析百度

6) ipconfig/displaydns、ipconfig/flushdns

输入 ipconfig/displaydns 可以查看本机当前的 DNS 记录缓存,用 ipconfig/flushdns 可以清除 DNS 缓存记录,如如图 6-24 所示。

```
C:\Users\Administrator>ipconfig/flushdns

Windows IP 配置

已成功刷新 DNS 解析缓存。
```

图 6-24　查看本机当前 DNS 缓存

7) netstat

输入 netstat – n 可以查看当前的网络连接状况,如图 6-25 所示。我们可以看到,当前本机的众多端口与外部主机的 80 和 443 端口建立了连接。

```
C:\Users\Administrator>netstat -n

活动连接

  协议    本地地址              外部地址                状态
  TCP    10.8.60.7:31586       114.112.36.116:80       ESTABLISHED
  TCP    10.8.60.7:31593       112.90.138.25:80        ESTABLISHED
  TCP    10.8.60.7:31594       222.202.96.21:80        ESTABLISHED
  TCP    10.8.60.7:31607       222.202.96.182:80       ESTABLISHED
  TCP    10.8.60.7:31608       222.202.96.182:80       ESTABLISHED
  TCP    10.8.60.7:31609       222.202.96.182:80       ESTABLISHED
  TCP    10.8.60.7:31610       222.202.96.182:443      ESTABLISHED
  TCP    10.8.60.7:31611       222.202.96.182:443      ESTABLISHED
  TCP    10.8.60.7:31612       222.202.96.182:443      ESTABLISHED
  TCP    10.8.60.7:31613       222.202.96.51:80        ESTABLISHED
```

图 6-25　显示当前网络连接状态

6.2.4　自主练习

(1)使用 ipconfig 查看所用计算机的网络配置基本情况。

(2)使用 Ping 命令测试所用计算机的本地和远程连接情况。

(3)使用 tracert 命令追踪到百度的路由。

(4)使用指定的 DNS 服务器如 61.128.128.68 进行域名解析。

(5)使用 netstat 的更多参数查看更多的网络状态如等待、连接、关闭等。

6.3　网页制作软件 Dreamweaver 应用

6.3.1　实验目的

(1)熟悉 Dreamweaver 的工作窗口及工作窗口中各个组成部件的功能。

(2)掌握站点的管理与网页布局的方法。

(3)掌握网页的设计步骤以及网页设计的基本操作方法。

6.3.2　实验预备知识

Dreamweaver 是美国 Adobe 公司推出的网站开发与设计软件,集可视化界面设计、网页设计和编辑、开发移动应用程序、在 Creative Cloud 上存储文件和站点定义等功能于一体,是目前最受用户青睐的网站开发软件之一。

本节主要以 Adobe Dreamweaver CC 版本为例,介绍 Dreamweaver 软件的工作界面和基本操作。工作界面包括:Dreamweaver 的工作界面组成,各菜单、工具及各组件的功能。基本操作包括:常用的文件菜单操作、编辑菜单制作、图像菜单操作和工具箱中的常用工具的使用等内容。

1)Dreamweaver 的工作界面

(1)Dreamweaver 的启动界面

启动 Dreamweaver 后,将看到如图 6-26 所示的 Dreamweaver 工作界面,如果是需要新建网页进行设计,选择“新建”中的“HTML”;如果是需要对之前的网页进行修改,选择“打开最近的项目”中的“打开”。如果不希望该对话框在下次启动时出现,可勾选对话框左下角的“不再提示”。

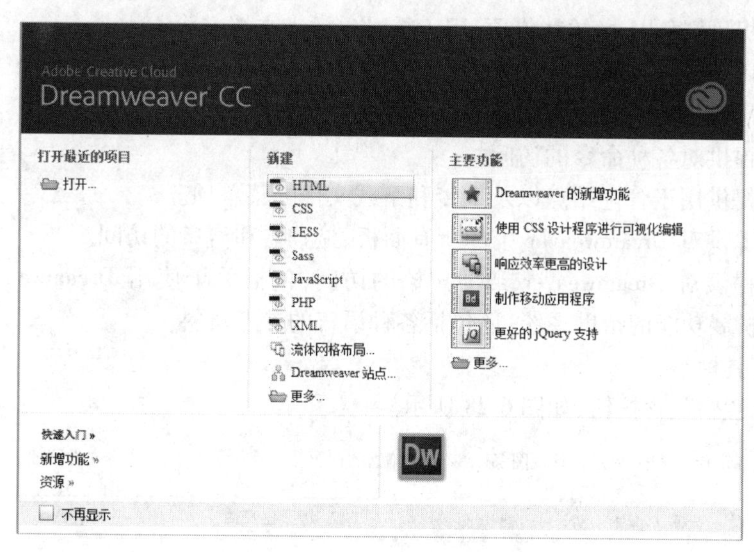

图 6-26　工作区设置对话框

(2) Dreamweaver 的工作窗口

Dreamweaver 提供了将全部元素置于一个窗口中的集成工作区。在集成工作区中,全部窗口和面板集成在一个应用程序窗口中,如图 6-27 所示。

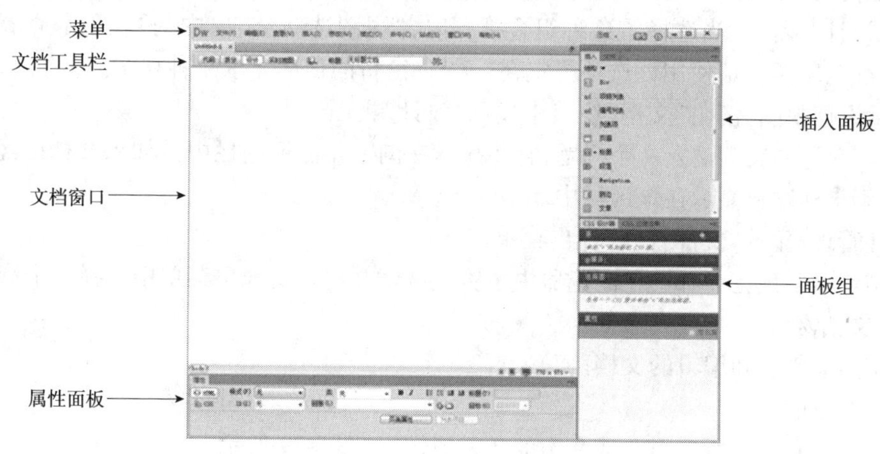

图 6-27　Dreamweaver 的工作窗口

①菜单

Dreamweaver 的菜单包括“文件”、“编辑”、“查看”等 10 个菜单项。用户可通过各个菜单项下的菜单命令完成各种操作。

“文件”:包含“新建”、“打开”、“保存”、“保存全部”,还包含各种其他命令,用于查看当前文档或对当前文档执行操作,例如“在浏览器中预览”和“打印代码”。

“编辑”:包含选择和搜索命令,例如“选择父标签”和“查找和替换”。“编辑”菜单还提供对 Dreamweaver 菜单中“首选参数”的访问。

“查看”:用于在文档的不同视图方式之间进行切换(例如“设计”视图和“代码”视图),并且可以显示和隐藏不同类型的页面元素和 Dreamweaver 工具及工具栏。

“插入”:提供“插入”栏的替代项,用于将对象插入文档。

“修改”:用于设置页面属性等相关信息。

“格式”:用于设置网页中文本的段落格式或对齐方式。

“命令”:提供对各种命令的访问。

“站点”:提供用于管理站点以及上传和下载文件的菜单项。

“窗口”:提供对 Dreamweaver 中的所有面板、检查器和窗口的访问。

“帮助”:提供对 Dreamweaver 帮助文档的访问,包括关于使用 Dreamweaver 以及创建 Dreamweaver 扩展功能的帮助系统,还包括各种语言的参考材料。

②文档工具栏

文档工具栏中包含按钮,如图 6-28 所示。

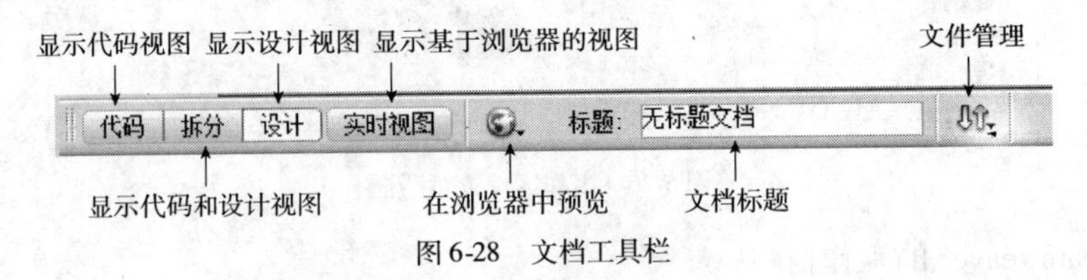

图 6-28 文档工具栏

显示代码视图:仅在“文档”窗口中显示“代码”视图。

显示代码视图和设计视图:在“文档”窗口的一部分中显示“代码”视图,而在另一部分中显示“设计”视图。当选择了这种组合视图时,“视图选项”菜单中的“在顶部查看设计视图”选项变为可用。请使用该选项指定在“文档”窗口的顶部显示哪种视图。

显示设计视图:仅在“文档”窗口中显示“设计”视图。

标题:允许为文档输入一个标题,它将显示在浏览器的标题栏中。如果文档已经有了一个标题,则该标题将显示在该区域中。

文件管理:显示“文件管理”弹出菜单。

在浏览器中预览/调试:在浏览器中预览或调试文档。从弹出菜单中选择一个浏览器。

③“文档窗口”

显示当前创建和编辑的文档。

④“属性面板”

用于查看和更改所选对象或文本的各种属性,如图 6-29 所示。

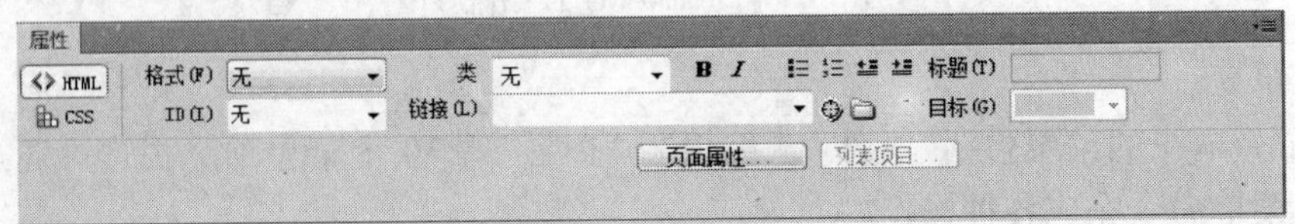

图 6-29 “属性面板”

⑤插入面板

包含用于将各种类型的“对象”(如图像、表格和层)插入到文档中的按钮,如图 6-30 所示。例如在网页设计中常用的表格、水平线和字符等都可以插入。每个对象都是一段 HTML 代码,允许在插入它时设置不同的属性。使用“插入”面板时,首先选择“插入”类别,如可以选择“常用”类别,如图 6-31 所示;类别确定后,在插入面板中出现属于该类别的可插入元素。

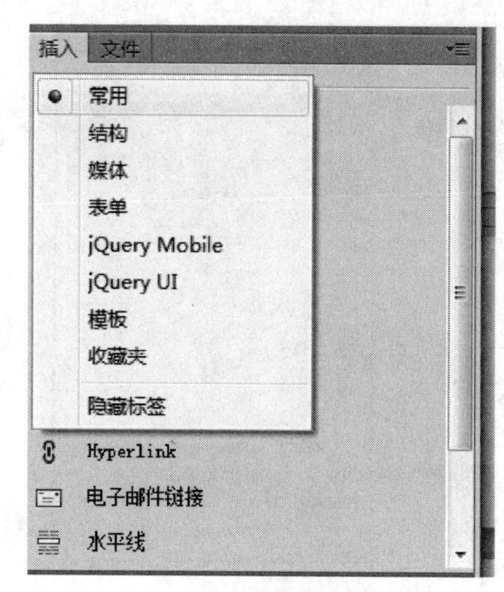

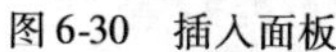
图6-30　插入面板

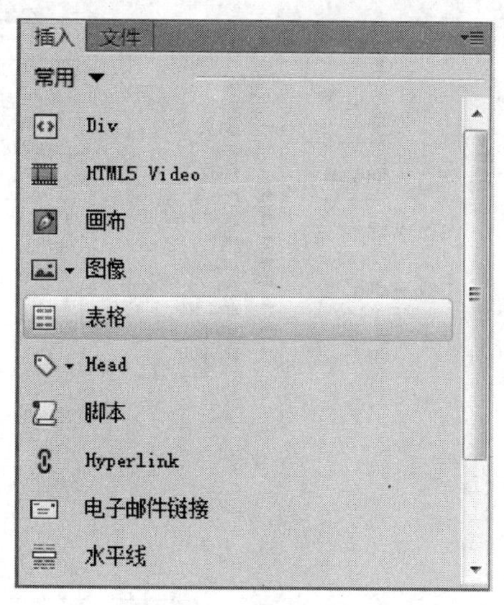

图6-31　常用插入面板

⑥“面板组”

是分组在某个标题下面的相关面板的集合，如图6-32所示。若要展开一个面板组，请单击组名称左侧的展开箭头；若要取消停靠一个面板组，请拖动该组标题条左边的手柄。Dreamweaver 提供了多种其他面板和窗口。若要打开其他面板，请使用“窗口”菜单。

“文件”面板用于管理文件和文件夹，无论它们是 Dreamweaver 站点的一部分还是在远程服务器上。“文件”面板还可以访问本地磁盘上的全部文件，类似于 Windows 资源管理器。

“CSS 设计器”面板：用于设计网页中所使用元素的样式。

2）Dreamweaver 的基本操作

（1）网页设计的基本步骤

①菜单“文件”→“新建”，在如图6-33 新建对话框中选择“空白页”，在“页面类型”中选“HTML”，在“布局”中选“无”，“布局”中的另外两个选项可用于使用软件提供的预设布局方式；

②在文档工具栏内设置网页的标题；

③在文档窗口内编辑网页的正文内容，在属性面板内完成各内容的相关属性设置；

④按 F12 对网页进行预览，根据预览情况进行修改；

将制作完成的网页保存到指定位置。

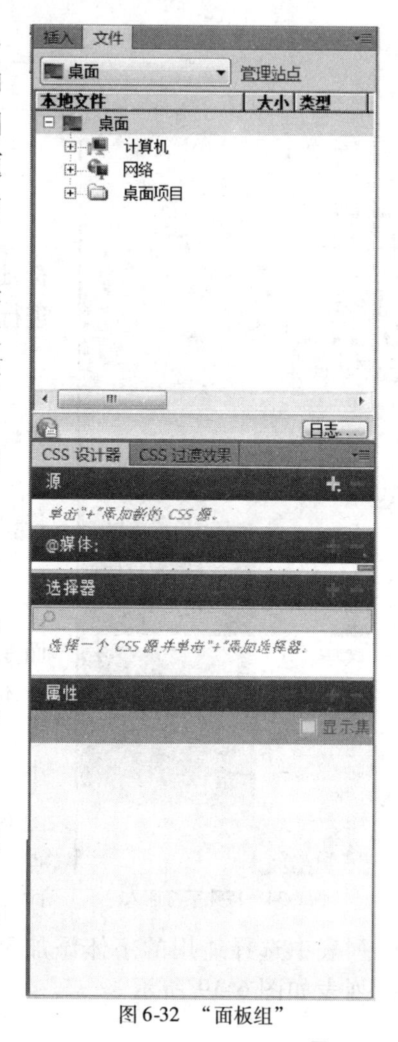

图6-32　“面板组”

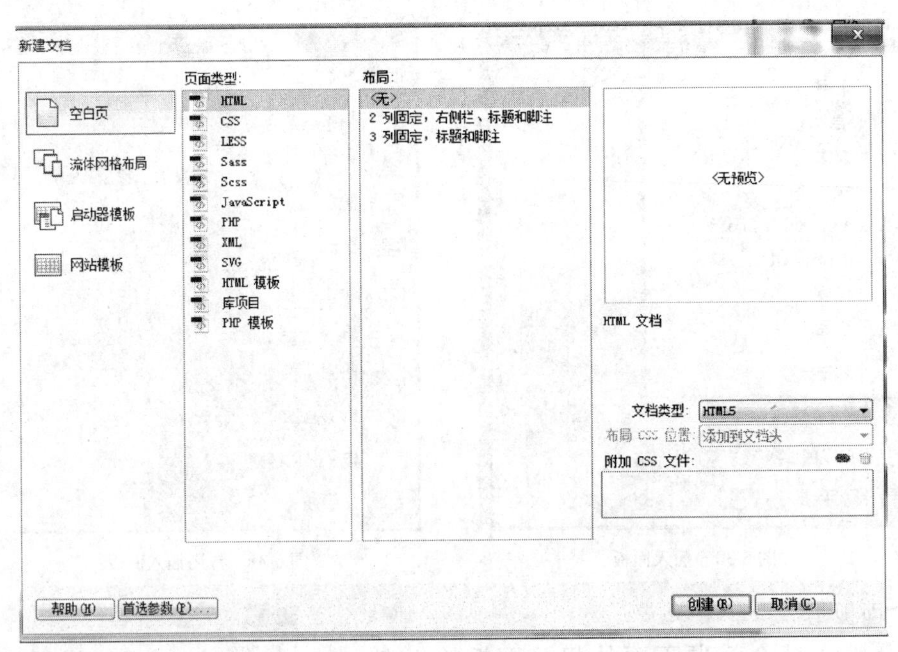

图 6-33 “新建”对话框

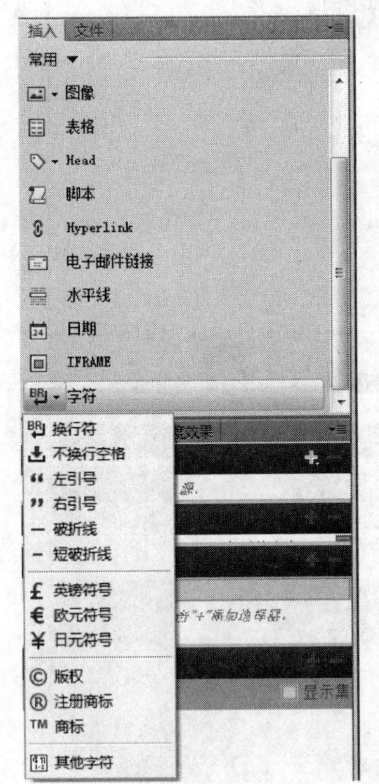

图 6-34 特殊字符插入

(2)添加文本

①添加特殊字符

在网页中经常会用到“©”、“®”或货币符号等特殊字符,这些字符可以通过“插入”面板的“常用”面板中的“字符”进行插入,如图 6-34 所示。

②添加一般文本

在文档窗口内容一般文本内容直接输入即可。如果需要输入空格,可使用“插入”面板的“常用”中的“字符”即可。如果需要换行,直接按回车键即可,如果需要强制换行,按“Shift”键的同时按回车键即可。

③文本的格式

在 Dreamweaver 对无法直接对文本的格式进行编辑,而是通过文档窗口下方的“属性”面板中的“CSS”实现对文本格式的编辑,如图 6-35 所示。对文本格式进行编辑之前,需要对字体进行管理,添加常用的字体。展开面板中“字体”后的下拉列表,选择“管理字体”选项,如图 6-36所示,打开“管理字体”对话框,如图 6-37 所示,点击对话框中的“自定义字体堆栈”选项卡,如图 6-38 所示,点击“在以下列表中添加字体”,在对话框右下方的列表中选择适用的字体添加至字体列表中(一次添加一种字体),添加完成后的下拉列表如图 6-39 所示。

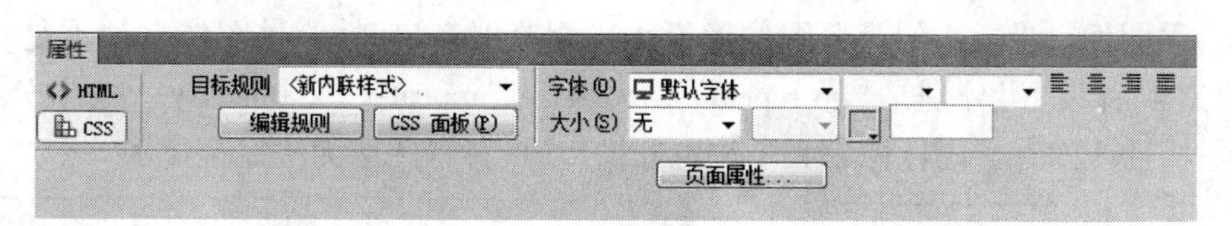

图 6-35 属性面板

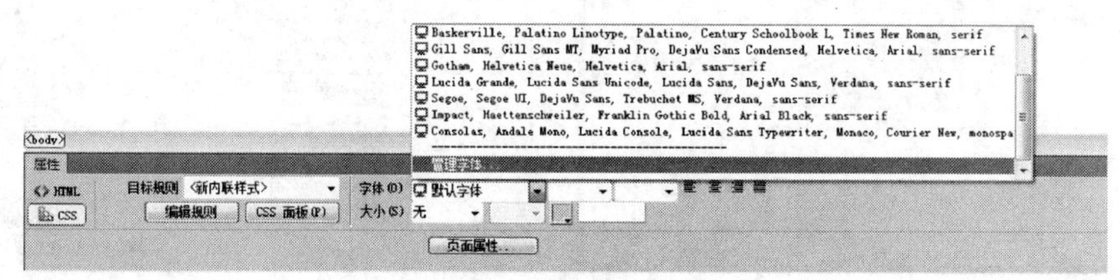

图 6-36 “管理字体”选项

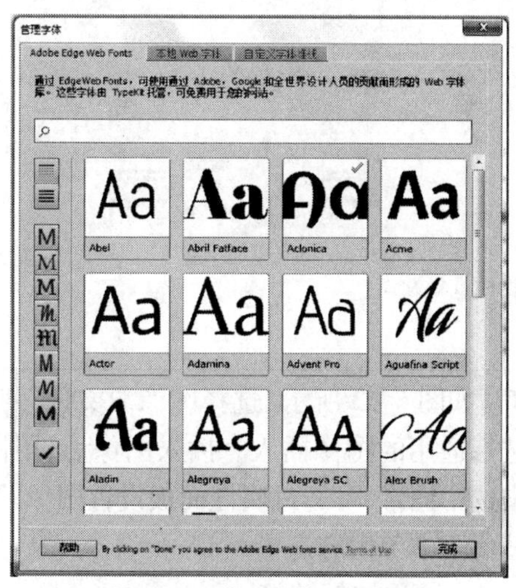

图 6-37 “管理字体”对话框

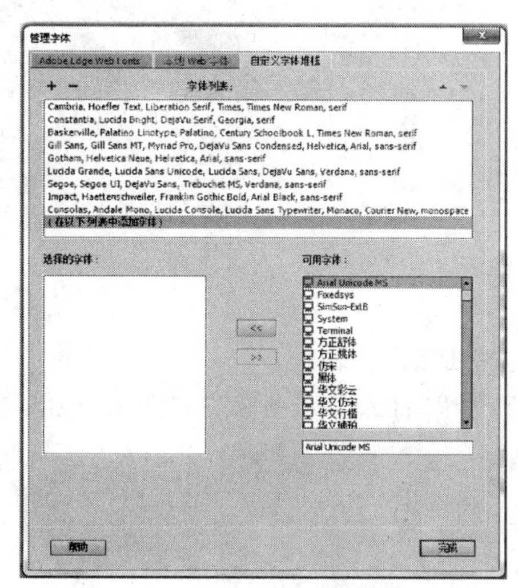

图 6-38 “在以下列表中添加字体”选项

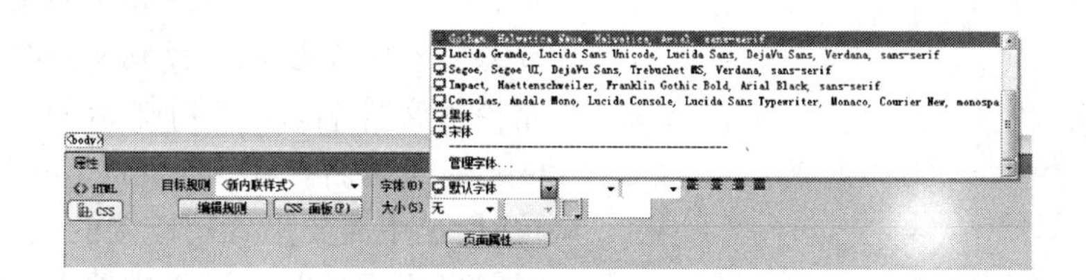

图 6-39 添加字体完成后的“字体”下拉列表

添加完字体后,就可以通过设置“CSS”中的字体、大小、颜色等对文本进行格式设置了。

(3)添加图像

①添加背景图

选菜单“修改”→“页面属性”菜单项,打开“页面属性”对话框,在“外观(CSS)”中找到“背景图像”,如图 6-40 所示,通过“浏览”按钮打开“选择图像源文件”对话框,如图 6-41 所示，选择背景图像。当插入的背景图像像素小于浏览器窗口时，背景图像自动重复，背景图像的重复有 4 种设置，分别是“no-repeat”、“repeat”、“repeat-x”、“repeat-y”，效果分别如图 6-42所示；当插入的背景图像像素大于浏览器窗口时，背景图像无法完全显示。

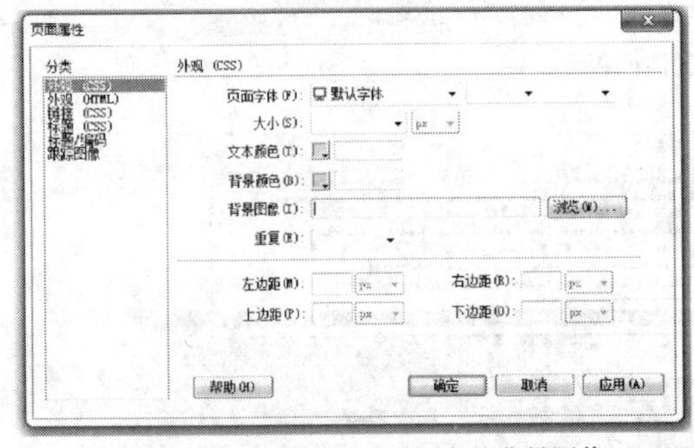

图 6-40　“页面属性”对话框中的背景图像

图 6-41　“选择图像源文件”对话框

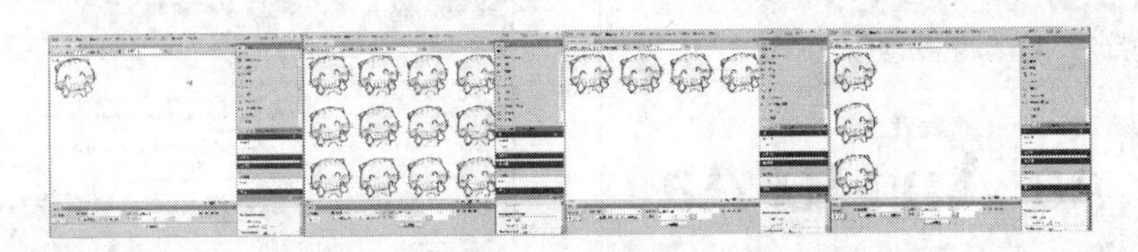

图 6-42　背景图像的重复方式

②添加插图

选菜单“插入”→“图像”→“图像”菜单项，打开如图 6-43 所示“选择图像源文件”对话框，选择适用的图像插入。插入图像后，用鼠标点击选中图像，可通过属性面板设置图像的尺寸、替代文本等内容。

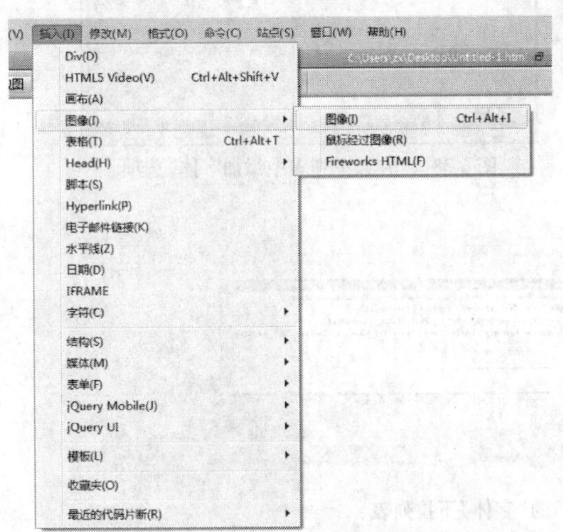

图 6-43　插入图像

(4)添加超链接

在网页中的超链接可以链接到另一个网页、文件、邮箱等。链接到网页的格式为“http://”+域名地址，链接到文件的格式为文件路径+文件名，链接到邮箱的格式为“mailto:”+邮箱名。在 Dreamweaver 中插入超链接时，选中需要设置超链接的文本或图像，在“属性”面板的“链接”框中填入需链接到的内容，如图 6-44 所示。

图 6-44　“属性”面板中的超链接

(5)添加表格

在 Dreamweaver 中,最简单的布局方式就是添加表格,将网页中的内容分别放置在表格的不同单元格中,从而实现对网页内容的布局。因此,实际上网页设计的第一个步骤是绘制网页布局方案,当前网页上需要放置哪些内容,分别放在哪个位置,然后根据这个方案添加表格,调整表格的行列,然后将内容添加到各单元格中完成网页设计。"插入"菜单的"表格"命令,打开"表格"对话框,如图 6-45 所示,填写表格的行列数,并设置表格的边框和单元格边距,即可实现表格的插入。

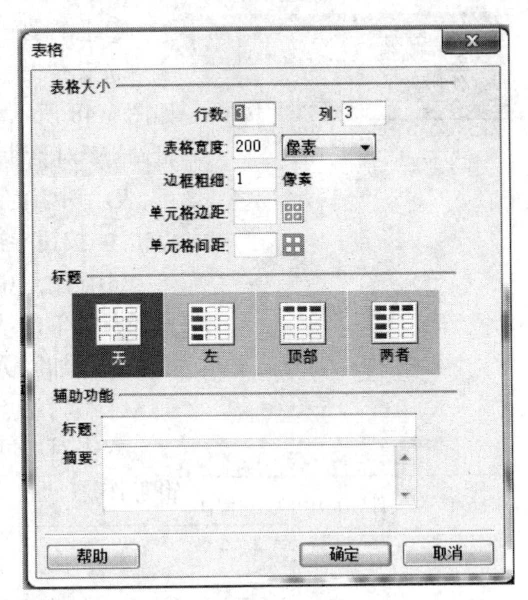

图 6-45 "表格"对话框

(6)站点的创建与管理

Dreamweaver 软件即是网页设计的软件,也是网站创建与管理的软件。在创建一个网站时,当确定了网站的客户群和客户需求之后,就需要收集和创作大量的相关资料和素材,这些资料和素材都和网页一样,是网站的资源,需要统一管理。因此,在一开始,应该在本地磁盘上创建一个包含所有资源的文件夹,作为本地站点,并且,在之后创建或新添加的所有内容均保存到该文件夹中,实现统一管理。

①创建站点

选菜单"站点"→"新建站点"→打开"站点定义"对话框,如图 6-46 所示。在对话框中填写站点名称和设定本地站点文件夹,点击"保存"按钮,即可在"文件"面板中看到所设置的站点信息,如图 6-47 所示。

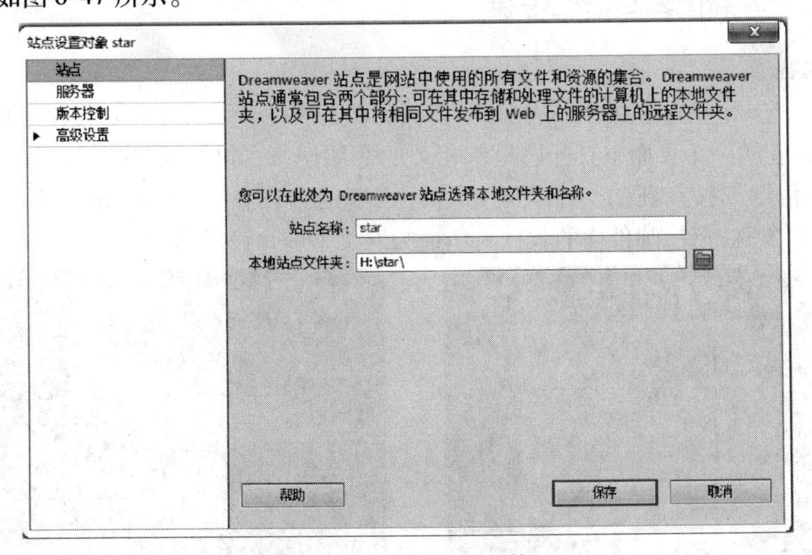

图 6-46 "站点定义"对话框

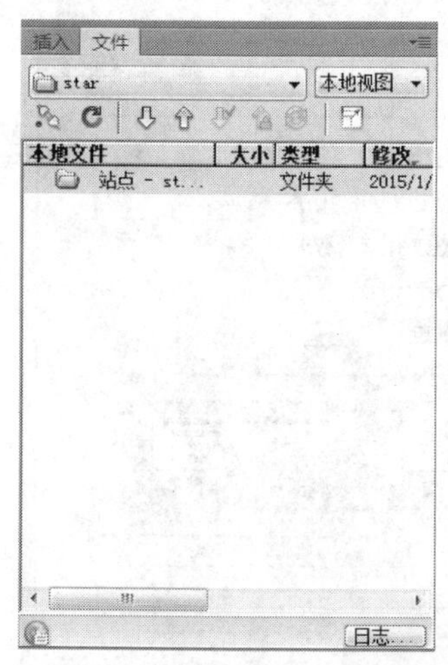

图6-47 “文件”面板中的站点信息

②管理站点

选菜单“站点”→“管理站点”→打开“管理站点”对话框，如图6-48所示。选择“站点”面板的“编辑站点”命令，打开“编辑站点”对话框，再点击 按钮删除站点；点击 按钮编辑站点，表示对当前选中站点进行编辑修改；点击 按钮复制站点；点击 按钮导出站点。

③在站点中添加或删除网页

右键单击站点将弹出快捷菜单，选“新建文件”即为在当前站点中添加网页，点击“删除”即为删除网页。

④编辑站点中的网页

双击对应网页图标，在 Dreamweaver 的文档窗口中完成编辑工作。

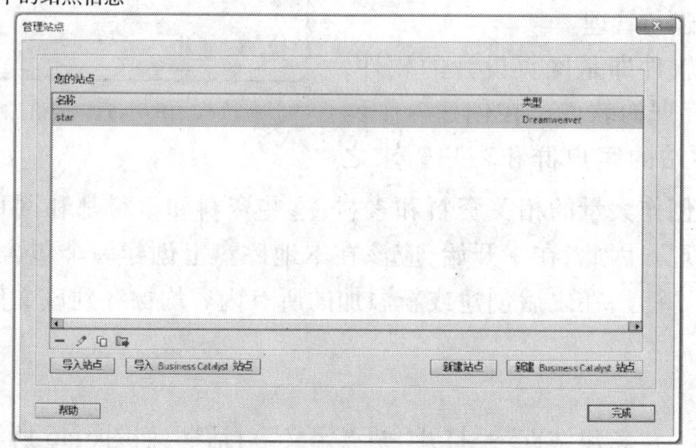

图6-48 “管理站点”对话框

6.3.3 实验内容与操作步骤

实验内容

设计一个介绍12星座的网站，网站的首页如图6-49所示；当用户点击网页中的各个星座图像时，在新的一个页面中打开该星座相关的介绍网页，如图6-50所示；当用户点击“了解更多星座信息”时，在新的一个页面中打开百度网站；当用户点击“联系我们”时，打开 Outlook 软件，发送邮件，邮件内的收件人地址为网页中的预设邮箱地址。

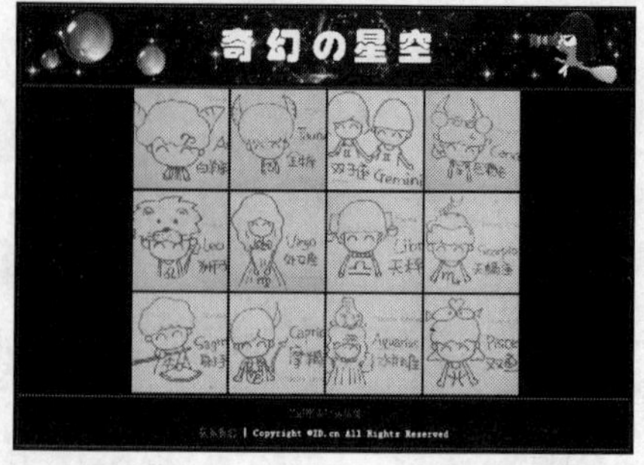

图6-49 网站首页的效果图

图6-50 点击星座图像时打开的网页效果图

操作步骤

(1)收集资料

收集星座介绍的文字资料和一些展示星座的图像资料。

(2)创建站点

在“D:”盘下新建一个名称为“zodiac”文件夹,将第一步中收集到的所有资料保存到该文件夹内。打开“站点”菜单,选择“新建站点”,打开“站点设置对象”对话框,如图6-51所示,在对话框中填写“站点名称”,按钮“D:”盘下的“zodiac”为“本地站点文件夹”。完成后,在窗口右边的“文件”面板中就可看到当前站点内所有的资源信息,如图6-52所示。

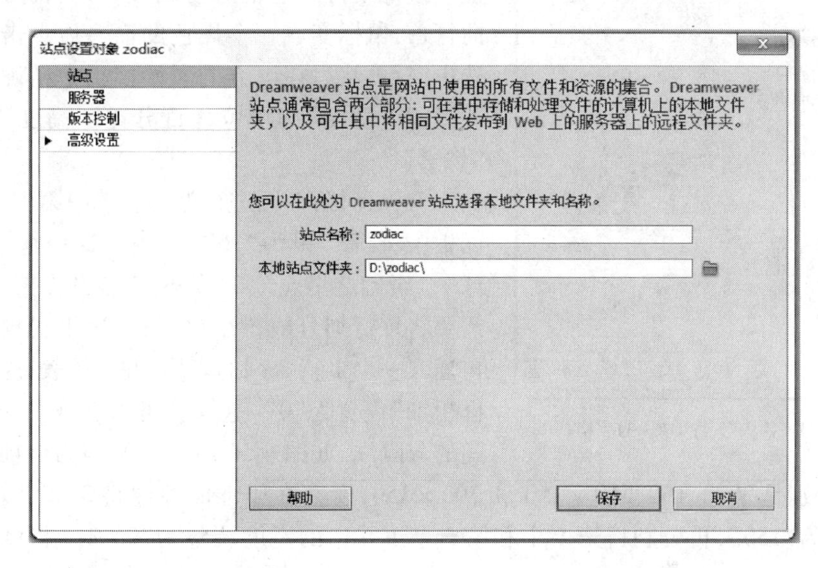

图6-51 “站点设置对象”对话框

(3)布局网页

鼠标右键单击“文件”面板中“站点-zodiac”,在弹出的快捷菜单中选择“新建文件”,Dreamweaver会自动在站点文件夹的最下方新建一个网页文件,如图6-53所示,更新文件名为“page-first-学号.html”,然后双击该文件即可开始对文件的编辑,在文件的编辑过程中,随时在“文件”菜单中“保存”网页。

根据首页效果图可看出,首页主要由3个部分组成:最上方是网页的名称,中间是12星座的图像,最下方是网页的相关信息。因此,在布局网页时,将网页分成上中下3部分分别进行处理。将网页划分为3部分是通过添加一个有3行的表格来实现的,第1行用来放置网页的名称,第2行用来放置网页的主要内容,第3行用来放置网站相关信息。具体的操作为:打开“插入”菜单的“表格”,插入一个3行1列的表格,“表格宽度”位置选择“百分比”的“100”,如图6-54所示。

图6-52 “文件”面板中的资源信息

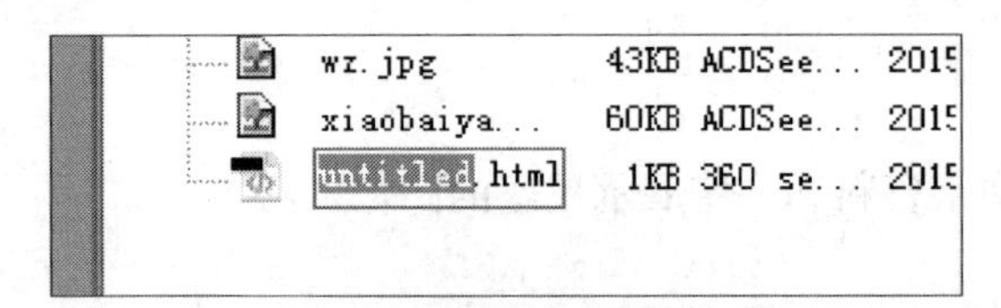

图 6-53 通过快捷菜单新建的文件

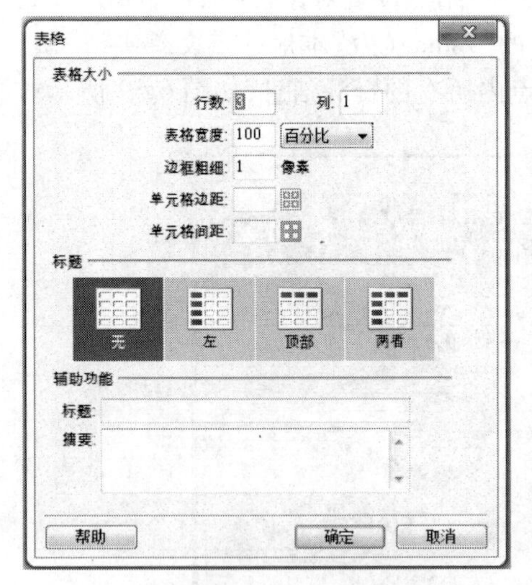

图 6-54 插入“3 行 1 列”的表格

插入表格后,需要根据实际情况调整表格中行的高度,如图 6-55 所示。调整的方法有两种,一种是直接拖动行的边框进行调整,另一种是将鼠标指向行首,鼠标变成一个黑色的箭头后点击鼠标左键选中该行,然后在下方的属性面板中精确设置宽度和高度,“宽度”的单位是百分比,“高度”的单位是“像素”。

首先,对第 1 行进行处理。选中第 1 行,在属性面板中将“高”设为“150”。由于这一行中有“水晶球”、“奇幻之星座”和“女巫”3 幅图需要插入,因此需要将该行划分成 3 个单元格,这里实现的方法是再插入一个 1 行 3 列的表格,并且该表格插入时“边框粗细”设置为“0”,这样就可以隐藏 3 个单元格之间的分隔线,如图 6-56 所示。又因为待插入的 3 幅图的尺寸分别是 303 × 150、610 × 150 和 303 × 150,所有在属性面板内将 3 个单元格的“高度”均设置为“150”,再分别将第 1 个和第 3 个单元格的宽度调整为“25%”,得到如图 6-57 所示的效果。

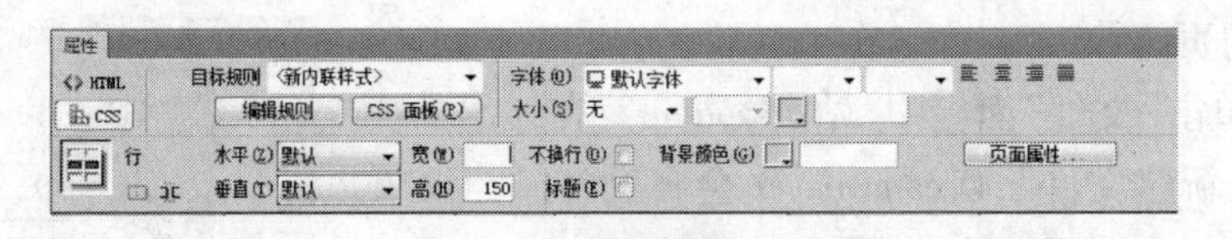

图 6-55 表格的属性面板

第 2 行,预计在第 2 行的中间部分显示星座的图片,因此在第 2 行内插入一个“1 行 3 列”的表格,“边框粗细”为“0”。在属性面板内,将第 1 列和第 3 列的宽度设为“16%”,第 2 列的宽度设为“64%”,高度设为 600。在第 2 列内,再插入一个“3 行 4 列”,“边框粗细”为“0”的表格,用于插入 12 星座图片,并将单元格的高度均设为“200”。如图 6-58 所示。

第 3 行因只显示网站相关版权信息和联系方式,不再插入表格,保持现状。

至此,网站首页的页面布局设计完成。

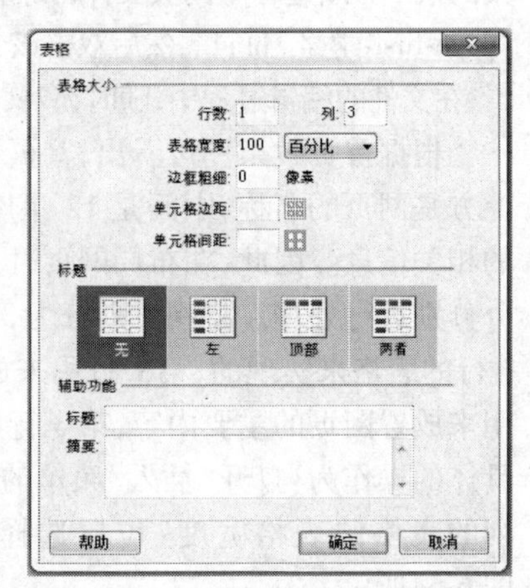

图 6-56 插入“1 行 3 列”的无边框表格

图 6-57　第 1 行的 3 个单元格效果图

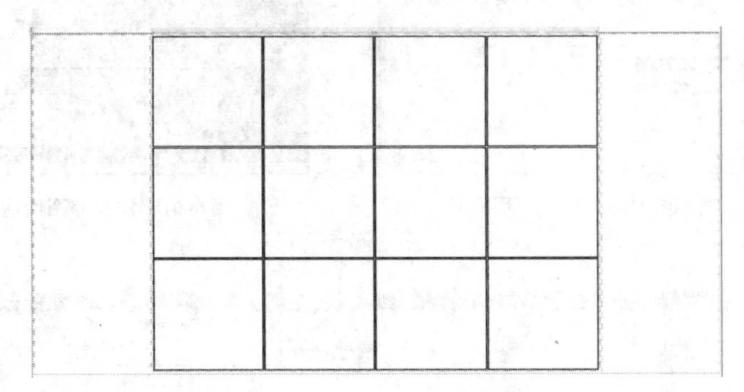

图 6-58　第 2 行表格的效果图

(4)制作网页

①设置背景

为衬托主题效果,将网页的背景色设置为黑色。选择“修改”菜单中的“页面属性”菜单项,打开“页面属性”对话框,将“外观”中的“背景颜色”设置为黑色,如图 6-59 所示。

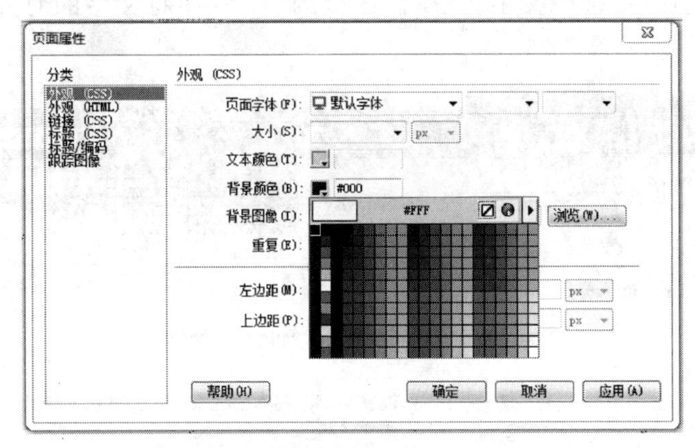

图 6-59　“页面属性”对话框中的“背景颜色”设置

②添加图像

选菜单“插入”→“图像”,打开“选择图像源文件”对话框,选择“水晶球”图片,如图6-60所示,插入第 1 个单元格内,或者也可直接用鼠标将“文件”面板中的图拖到对应的单元格内,然后依次将“奇幻的星座”和“女巫”图像分别插入到第 2 和第 3 个单元格内,将 12 星座的图像分别放入对应的单元格内。在添加图像的过程中,如果图像的尺寸与单元格不一致,可以选中图像,然后拖动图像四周的句柄调节图像大小,添加完图像的效果如图 6-61 所示。添加 12 星座图像时,请在“属性”面板中的“替换”中填入“点击看看该星座的介绍吧!”,如

图 6-62 所示，这样在用户的鼠标指向该图像时，就会显示这些文字，用以引导用户的下一步操作。

图 6-60 “选择图像源文件”对话框

图 6-61 添加完图像后的效果图

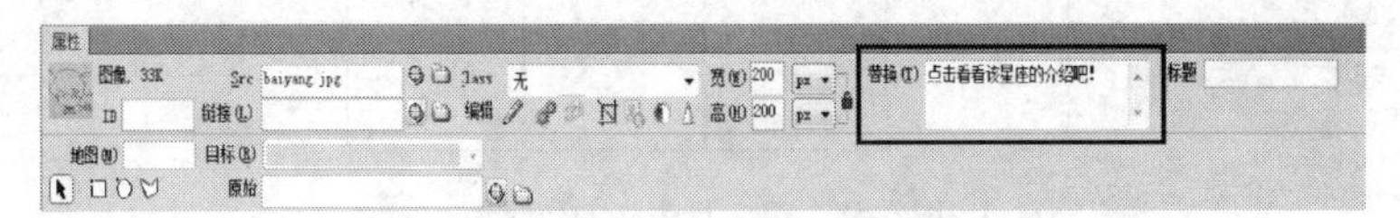

图 6-62 在“属性”面板中添加“替换”文字

③添加文本

首先，在属性面板的“CSS”中将文字的颜色设置为“白色”，如图 6-63 所示。在网页的第 3 行内，输入两行文字：“了解更多星座信息”和“联系我们 | Copyright © ZD. cn All Rights Reserved”。输入完成后，选中文字，在属性面板的“CSS”中将文字的对齐方式设置为“居中”，如图 6-64 所示。

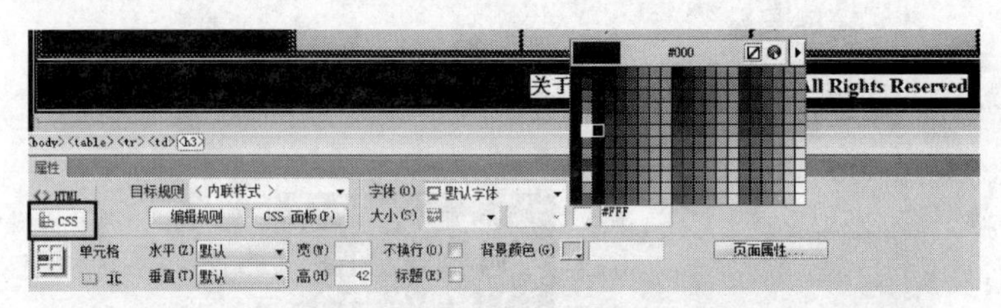

图 6-63 “属性”面板的“CSS”中的字体颜色设置

图 6-64 “属性”面板的“CSS”中的字体对齐方式设置

(5) 创建超链接

①链接到站内网页

在“文件”面板中，再新建一个文件，命名“page-by-学号 . html”，作为白羊星座介绍的页面。在首页中，选中白羊星座的图像，在“属性”面板中设置链接为“page-by-学号 . html”，选择“目标”为“_blank”，如图 6-65、图 6-66 所示。就可以通过白羊星座的图像链接到白羊星座的网页，其他星座图像的超链接也类似完成。

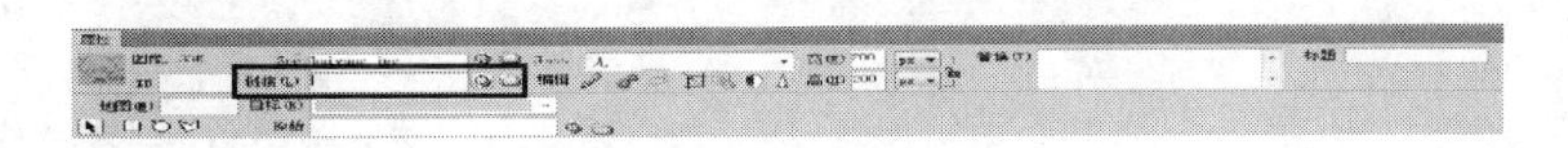

图 6-65　“属性”面板中的链接设置

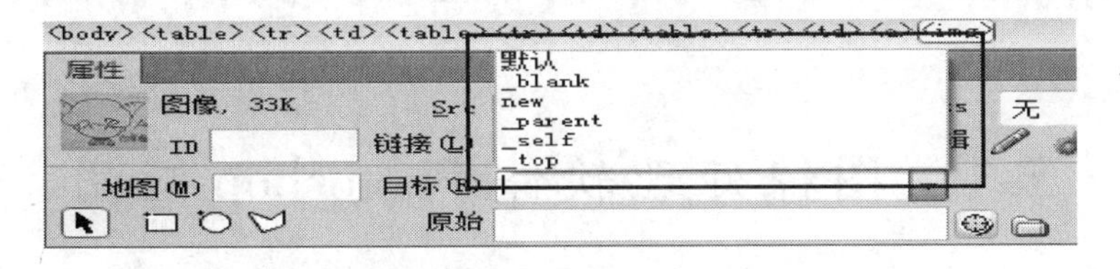

图 6-66　链接的打开方式

②链接到站外网页

选中首页中最下方的“了解更多星座信息”文字，同样在“属性”面板的链接框中填入“http://www.baidu.com”，这样就可以链接到百度网站。

③链接到邮箱

选中首页中最下方的“联系我们”文字，同样在“属性”面板的链接框中填入“mailto:zx528@163.com”。当点击这个超链接时，系统会自动打开 Outlook，将链接的邮箱作为收件人发信。

6.3.4　自主练习

（1）将星座介绍的其他网页制作完成，例如白羊座的介绍网页效果如图 6-67 所示。分别保存为“page-by-学号.html”格式。

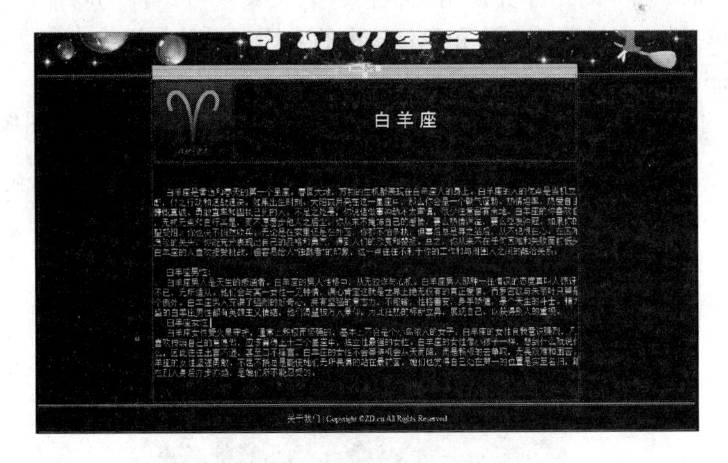

图 6-67　“白羊座”的介绍网页

（2）为某旅游公司制作一个网站，包括主页、景点介绍、客户服务和公司管理等网页。网站的本地文件夹为“travel”，网页分别保存为 page-1-学号.htmt 等。

第7章　多媒体应用软件操作

7.1　图像处理软件 Photoshop 应用

7.1.1　实验目的

(1)了解 Photoshop 的功能,掌握工作界面及其各组件的功能;

(2)掌握在 Photoshop 中图像处理的基本方法;

(3)掌握 Photoshop 中图像的合成方法。

7.1.2　实验预备知识

Photoshop 是美国 Adobe 公司推出的一款图形图像处理软件,集图像设计、扫描、编辑、图像合成以及高品质输出功能于一体,是目前最受用户青睐的图像处理软件之一。使用 Photoshop 可以制作色彩丰富、逼真的位图图像,还可以修复照片等,为图像处理、平面设计以及 Web 设计等构建了一个完美的工作平台,可以制作出适用于各种用途的最佳品质的图像。

本节以 Adobe Photoshop CC 版本为背景,介绍 Photoshop 软件的工作界面和基本操作。工作界面包括:Photoshop 的工作界面组成,各菜单、工具及各组件的功能。基本操作包括:常用的文件菜单操作、编辑菜单制作和工具箱中的常用工具的使用等内容。

1)Photoshop 的工作界面

Photoshop 的工作界面如图 7-1 所示,包括菜单,工具属性栏,工具箱,图像编辑区域和面板组。

图 7-1　Photoshop CS 工作界面

(1)菜单

包括“文件”、“编辑”、“图像”等 10 个菜单项。

①“文件”:对图像文件的管理,包括新建、打开、存储、关闭和打印文件等操作。

②“编辑”:对图像进行编辑(还原、剪切、拷贝、粘贴、填充、描边和自由变换)等操作。

③“图像”:对图像进行设置和调整,包括设置图像模式、调整图像颜色、对比度等、设置图像或画布的大小以及对图像进行裁剪等操作。

④“图层”:对图层进行管理和处理,包括图层的新建、复制、删除、蒙版等的操作。

⑤“类型”:对文字进行调整和编辑,如显示文字和段落面板、文字排列和文字大小等的设置操作。

⑥“选择”:对图像中选中区域的处理,包括对选区的反向、调整和修改等操作。

⑦“滤镜”:对图像设置特殊效果,包括液化、模糊和锐化等操作。

⑧“视图”:对图像的显示大小、打印尺寸等的设置。

⑨“窗口”:管理工具箱和面板显示或隐藏。

⑩“帮助”:提供 Photoshop 的帮助信息。

(2)工具属性栏

用于对当前工具进行参数设置。当用户从工具箱中选择了某种工具后,属性栏内就显示其相应的属性参数。

(3)工具箱

包含了 Photoshop CC 中所有的绘图工具,如图 7-2 所示。部分工具图标的右下角有一个黑色的小三角标记,表示这个工具是一个工具组,单击小三角标记可以在工具组中进行选择。

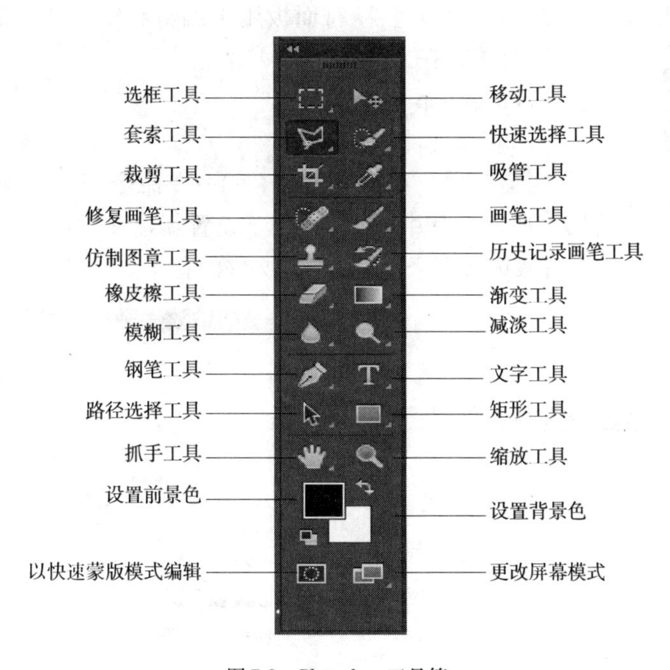

图 7-2　Photoshop 工具箱

(4)图像窗口

Photoshop 中图像文件也作为窗口出现在工作界面中,用于显示、浏览和编辑图像文件。

(5)面板组

这是 Photoshop 界面中非常重要的一个部分,其作用是帮助用户编辑和处理图像。如图 7-3 所示依次是导航器面板组,历史纪录面板组,颜色面板组,调整面板,图层面板组和字体面板。

①导航器面板组:导航器面板用于查看图像显示区域及缩放图像;信息面板用于显示当前图像中鼠标指针的位置、选定区域的大小以及颜色等信息;直方图面板用于监控对图像所做的更改,并在图像调整时动态更新。

②历史纪录面板组:历史纪录面板用于纪录用户对图像做作的编辑和修改操作,并可修复到某一前期操作;动作面板用于纪录一系列的动作,并可以播放动作,让系统自动生成某种效果。

③颜色面板组:颜色面板用于选择和设置前景或背景颜色;色板面板用于通过选取面板中的色样设置绘图颜色。

④调试面板组:调试面板用于创建和编辑调试图层;样式面板用于使用 Photoshop 中预设的多种样式。

⑤图层面板组:图层面板用于对图层进行编辑和管理操作;通道面板用于对通道进行操作;路径面板用于创建和编辑工作路径。

⑥字符面板组:字符面板用于编辑和修改文本的格式;段落面板用于段落的对齐方式等。

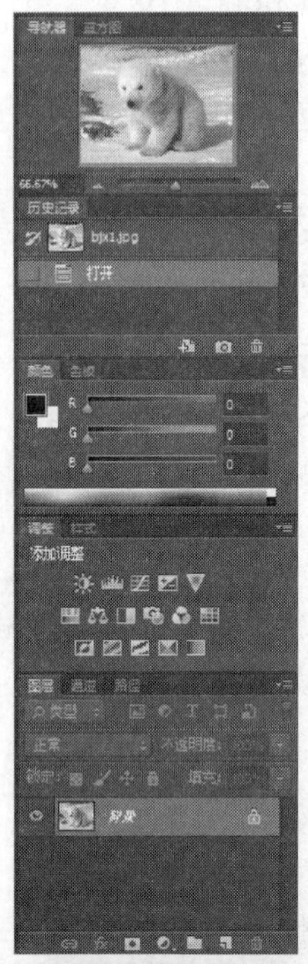

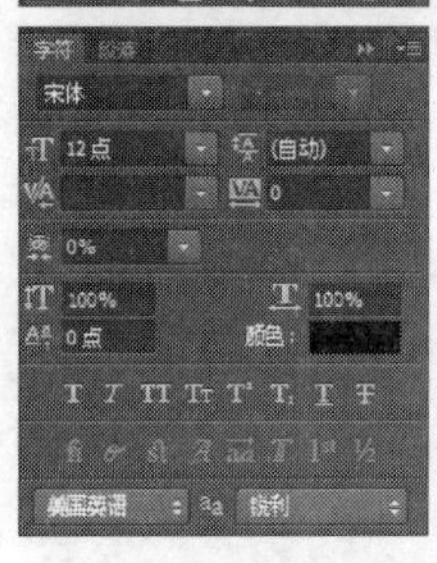

图 7-3 Photoshop 的面板组

2)Photoshop 的基本操作

(1)新建文件

选菜单“文件”→“新建(N)…”命令,打开“新建”对话框,如图 7-4所示。其中,“名称”用于设置新建文件的名称,“预设”确定对话框中其他参数的初值,“背景内容”用于设置新建文件的背景。

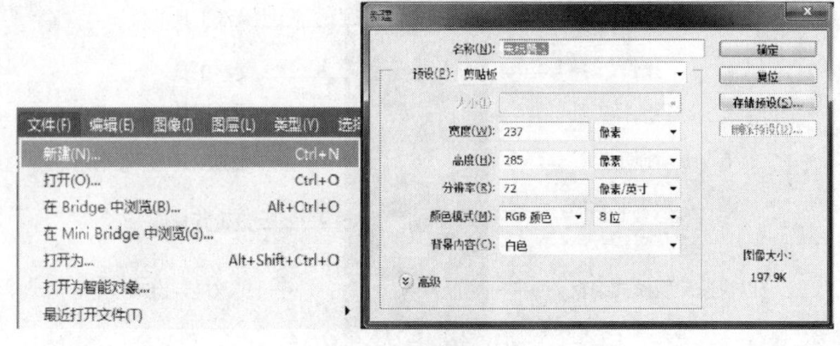

图 7-4 “新建”对话框

(2)打开文件

选菜单“文件”→“打开(O)…”命令,打开“打开”对话框,再选择打开路径用于打开一幅图像。

(3)存储文件

选菜单“文件”→“存储”或“存储为”命令。将在指定位置存储指定名字的文件。

(4)关闭文件

选菜单“关闭”或“关闭全部”两个命令,分别用于关闭当前文件和关闭所有文件。

(5)编辑菜单的常用命令

还原:撤销上一步操作;渐隐:调节图像的“不透明度”和“模式”;填充:用其他内容对当前图像进行填充;描边:将选中区域的边缘添上轮廓线;自由变换:改变选中区域的大小和调整方向。如图7-5所示。

3)Photoshop的基本工具

(1)移动工具

在工具箱中选择了“移动工具”后,移动工具属性栏显示如图7-6所示,移动工具最基本的功能是移动选中内容的位置。

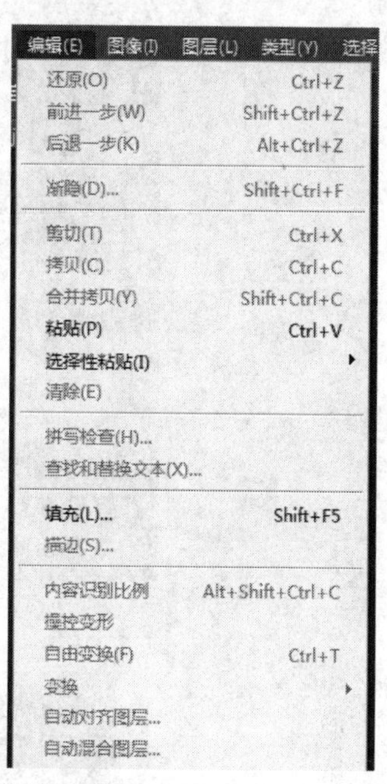

图7-5　编辑菜单

图7-6　“移动工具”属性栏

(2)选取工具

选取工具有2种:选框工具和套索工具,如图7-7所示。当被选择区域的边界是规则情况时,用选框工具进行选取,当被选区域的边界是不规则情况时,用套索工具进行选取。其中,选框工具有4种选择方式,分别是矩形选框工具,椭圆选框工具,单行选框工具和单列选框工具。套索工具有3种选择方式,分别是套索工具,多边形套索工具和磁性套索工具,当被选区域的边界较为圆滑时,用套索工具,当被选区域为多边形时,用多边形套索工具,当被选区域与背景区域色差较大时,用磁性套索工具,磁性套索工具可自动对边界进行识别。

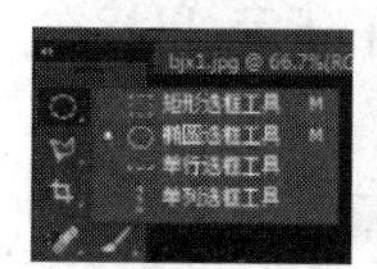
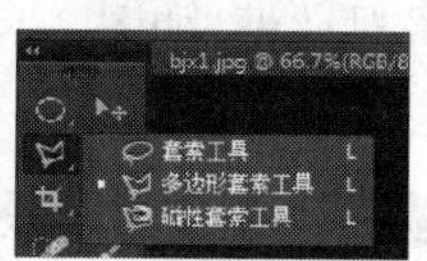

图7-7　选框工具和套索工具

7.1.3　实验内容与操作步骤

实验内容

对原始图像进行人物美化,更换人物背景图,并添加文字和边框,完成操作后的对比图如图7-8所示。

操作步骤

1)选取素材

在Photoshop中打开“bride.jpg”[1]和“background.jpg”。选菜单“文件”→“打开”,在对话框中选择需要的图像文件并打开,标题所在的位置如图7-9中白框处所示,图像之间的切换和关闭等操作在此完成。

图 7-8　操作前后的对比图

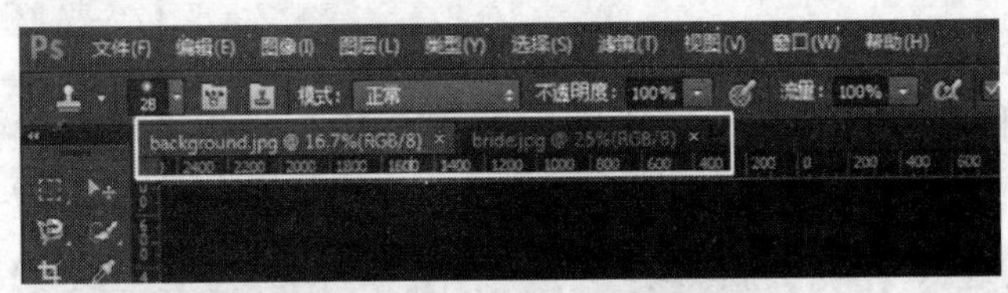

图 7-9　图像打开后标题所在的位置

2)照片美化

选择“bride. jpg”窗口,对人物照片进行美化。对照片进行美化之前,选择当前窗口右边的“导航器”面板,使用面板中的“缩小”或“放大”按钮,如图 7-10 中箭头处所示,将照片大小调整到适于操作的尺寸。在完成操作的过程中,将文件存储为“bride-学号 . psd”。

(1)人物美白

选菜单“图像”→“调整”→“曲线…”命令,打开“曲线”对话框,如图 7-11 所示,鼠标在图中黑框中的黑点处向上拖动,对照片进行美白。

图 7-10　“导航器”面板

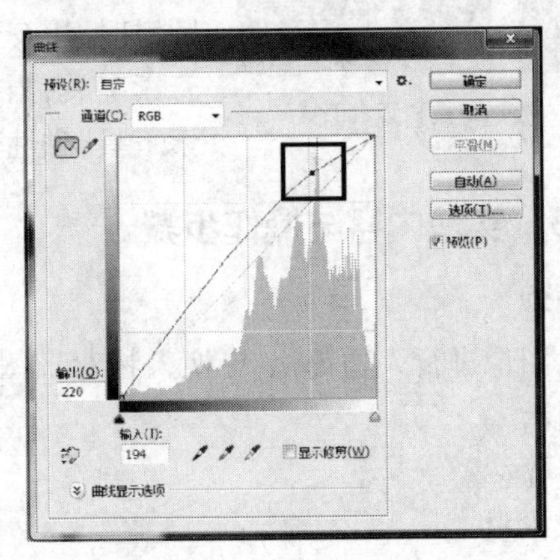

图 7-11　“曲线”对话框

(2)去除照片中的疵点

在“导航器”面板中,将图像调整到“200%”大小。这时可见人物脸上有一些小疵点,如

图7-12所示。要去除这些疵点，首先，复制“背景”图层。在“图层”面板中，用鼠标拖动“背景”图层到面板中的新建按钮上，如图7-13所示。复制完成后，在“图层”面板中出现两个图层，分别是“背景”图层和“背景拷贝”图层，如图7-14所示，之后的操作均在“背景拷贝”图层中完成。

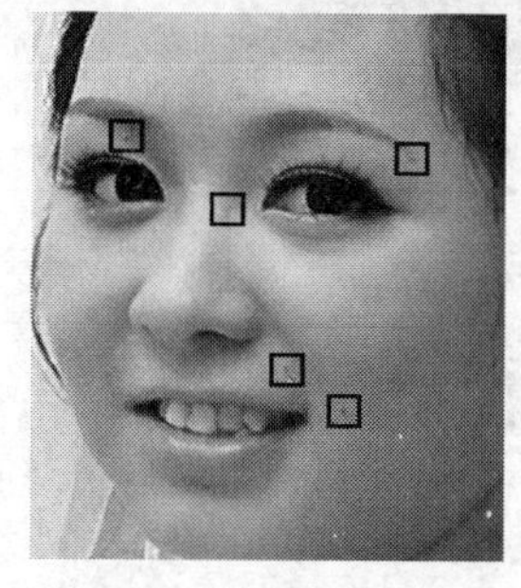

图7-12　人物脸上的小疵点

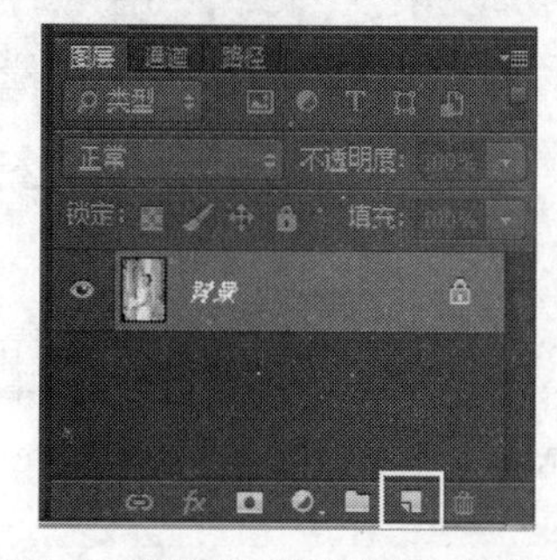

图7-13　“图层”面板中的“新建”按钮

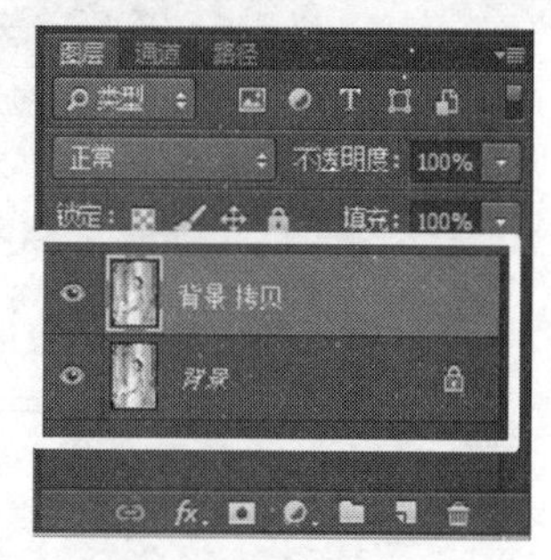

图7-14　复制“背景”图层之后

①选取“工具箱”中的“仿制图章工具”，如图7-15所示。点击菜单栏下方的“仿制图章工具”属性栏中的“画笔预设”选取器，如图7-16所示，在打开的“画笔预设”选择器中（如图7-17所示），将“画笔”的大小设置为“10”像素。

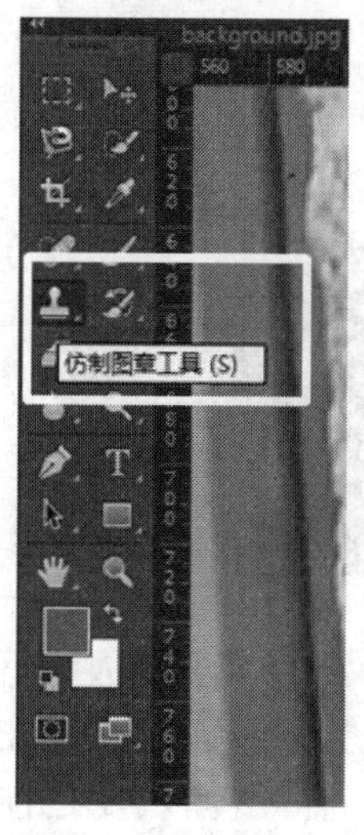

图7-15　“仿制图章工具”

图7-16　“仿制图章工具”的属性栏

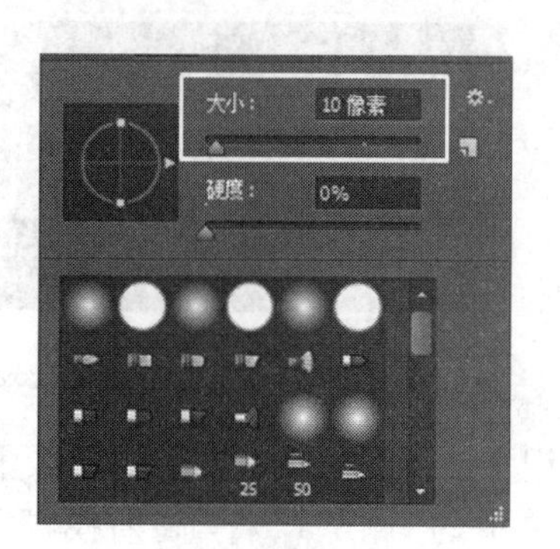

图7-17　“画笔预设”选择器

②设置完成后，鼠标的形状变成一个小圆圈。将鼠标停留在疵点位置的附近，按下键盘“Alt”键的同时按下鼠标左键，选取用于覆盖疵点的颜色，选取完成后，用鼠标点击需要覆盖的疵点，可看到，疵点被覆盖。多次使用该步骤，即可将人物脸上的疵点去除。

（3）去除人物眼睛下部的细小皱纹（磨皮）

①选菜单“滤镜”→“模糊”→“高斯模糊…”，打开“高斯模糊”对话框如图7-18所示，设置“半径”为“3.0”像素，（皮肤好，半径的像素就少，反之，半径的像素就多）。

②上一步骤完成后，可见整个图像都模糊了。这时，选择窗口右边的“历史记录”面板，在面板中的“高斯模糊”上面单击鼠标右键，在快捷菜单中选“新建快照…”命令，如图7-19所示，打开“新建快照”对话框，如图7-20所示，点击“确定”。

图 7-18 “高斯模糊”对话框

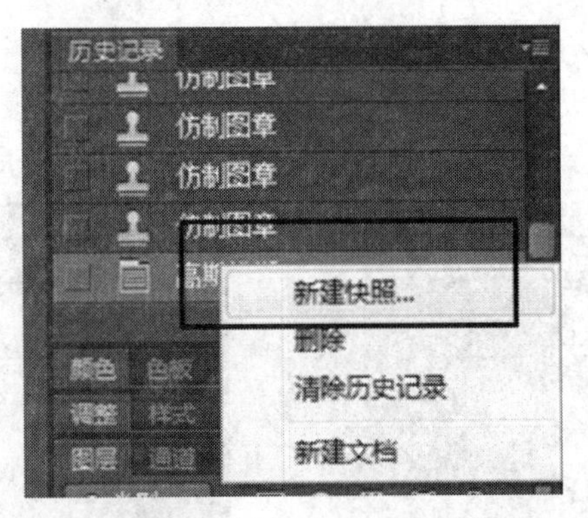

图 7-19 “历史记录”面板的快捷菜单

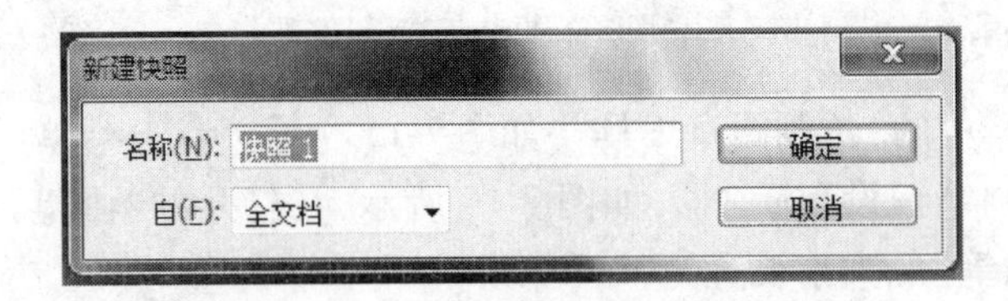

图 7-20 “新建快照”对话框

③将“历史记录”面板的滚动条拖动至最上方,可见“快照 1”,在“快照 1”前方的小方框内,点击鼠标右键,将“快照 1”设置为“历史记录画笔”,设置前后如图 7-21 所示。

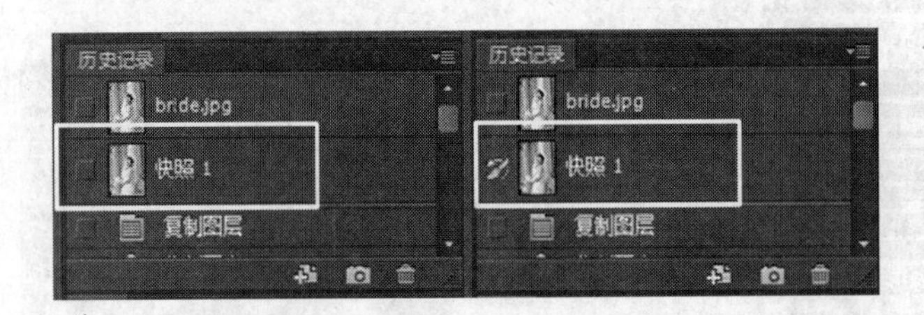

图 7-21 “历史记录画笔”设置前后

④将“历史记录”面板的滚动条拖动至最下方,在最后一步“高斯模糊”上单击鼠标右键,选择快捷菜单中的“删除”,将“高斯模糊”操作删除。完成后,图像恢复之前的清楚状态。

⑤选择工具箱中的“历史记录画笔”工具,如图 7-22 所示,再在“历史画笔记录工具”的属性栏中设置画笔的像素为“10”,如图 7-23 所示。这时,鼠标变为一个小圆圈,在人物皮肤需要美化的地方拖动鼠标,即可去除皮肤的皱纹,如果拖动一次改善效果不理想,可多次拖动进行改善。该操作除了可以去除皱纹之外,同样适用于消除痘印。

图 7-22 “历史记录画笔工具”

图 7-23 “历史记录画笔工具”属性栏

3)照片合成

给文件“bride-学号 . psd”更换一个背景。

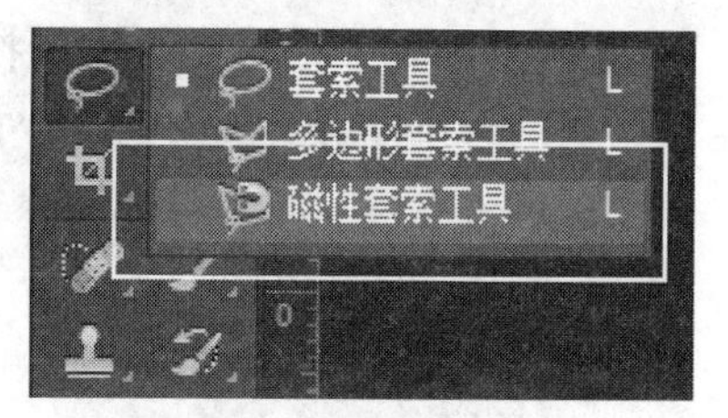

图 7-24　“磁性套索工具”

(1)完成人物美化操作后,选择“套索工具”中的“磁性套索工具”,如图 7-24 所示。选择该工具后,鼠标变成带黑色小箭头的磁性套索,黑色小箭头即为图像选取的小指针。

(2)在人物边界轮廓上按下鼠标左键,沿着人物的边界轮廓缓慢的移动鼠标,即可看到选取的虚线。磁性套索工具的优点是在轮廓边界比较清晰的时候,可以自动识别边界。如果边界不清晰,就需要人工点击鼠标左键,用于确定边界位置。当鼠标沿边界移动一周回到选取的起点时,鼠标下面会出现一个小圆圈,这时代表选区闭合。

(3)在闭合的选取上,单击右键,在快捷菜单中选择“通过拷贝的图层”,如图 7-25 所示。

(4)在“图层”面板中可看到增加了一个“图层 1”,如图 7-26 所示。

图 7-25　选取的快捷菜单

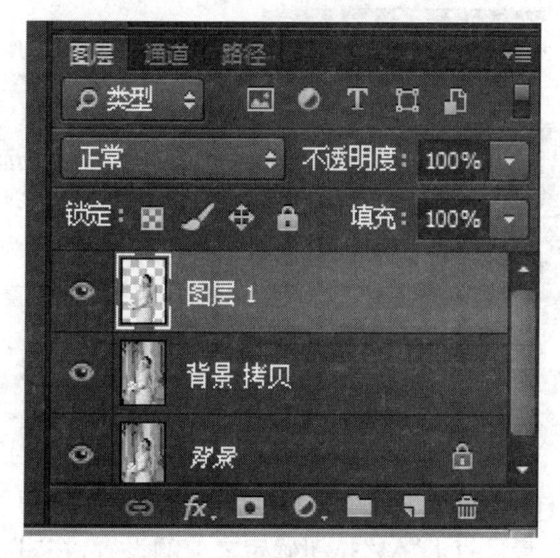

图 7-26　“图层”面板中的图层 1

(5)在“图层 1”上单击鼠标右键,选快捷菜单的“复制图层”,打开“复制图层”对话框,如图 7-27 所示,在对话框中的“文档”处,点击下拉列表,选择“background. jpg”,点击“确定”,即将该图层复制到“background. jpg”图像中。

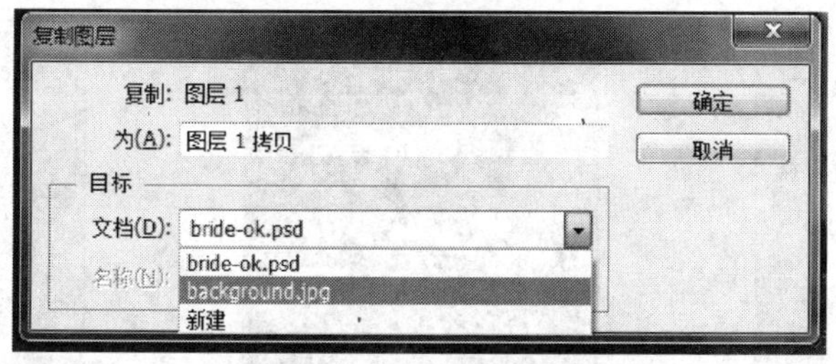

图 7-27　“复制图层”对话框

(6)切换图像窗口到“background. jpg”,可看到,人物图层已经复制到该图像中。选择工具箱中的“移动工具”,用鼠标拖动人物,将人物移动到图像中的合适位置。

选择“编辑”菜单的“自由变换”命令，这时在人物的四周出现了边框，如图 7-28 所示，调整边框的大小即可实现人物大小的调整。在变换大小的过程中，按下键盘“Shift”键的同时拖动鼠标可保持图像的纵横比不失真。调整完毕后，按键盘的“Enter”键确认调整大小。调整前后对比如图 7-29 所示。

图 7-28　“编辑”菜单的“自由变换”命令

图 7-29　图层大小的“自由变换”对比

4）添加文字

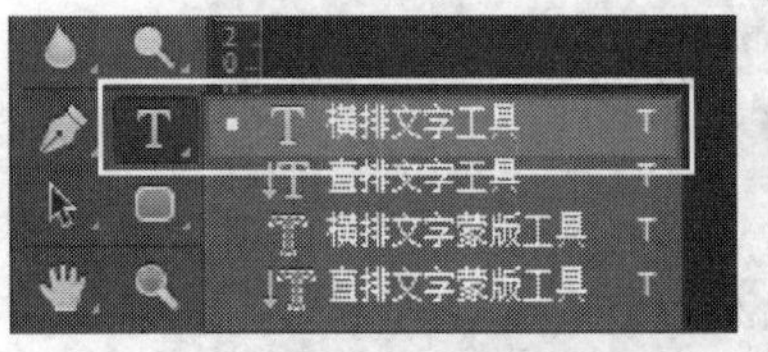

图 7-30　添加“横排文字工具”

在工具箱中选择“横排文字工具”，如图 7-30 所示，鼠标变成插入的“I”形状，在字符属性栏中，依次设置字体为“Eudid Fraktur”，大小为“60 点”，颜色为“白色”，最后点击“√”按钮确定之前的设置，如图 7-31 所示。在图像的左上角单击鼠标确定插入点，输入“Dear girl”，得到如图7-32所示的效果。

图 7-31　字符属性栏

同样插入一个横排文字工具，依次设置字体为“Eudid Fraktur”，大小为“48 点”，颜色为“白色”，最后点击“√”按钮确定之前的设置，在“Dear girl”文字下方单击鼠标确定插入点，输入“You are my destiny my love forever”文字，分别在“are”和“destiny”和“love”后面换行。

选择菜单“窗口”→“字符”，打开“字符”面 板，如图 7-33 所示。用鼠标选中“Dear girl”文字，将文字设为“浑厚”；选中后 4 行文字，设置“行距”为“60 点”，“平滑”。设置完成后，效果如图 7-34 所示。

图 7-32　插入“Dear girl”后的效果

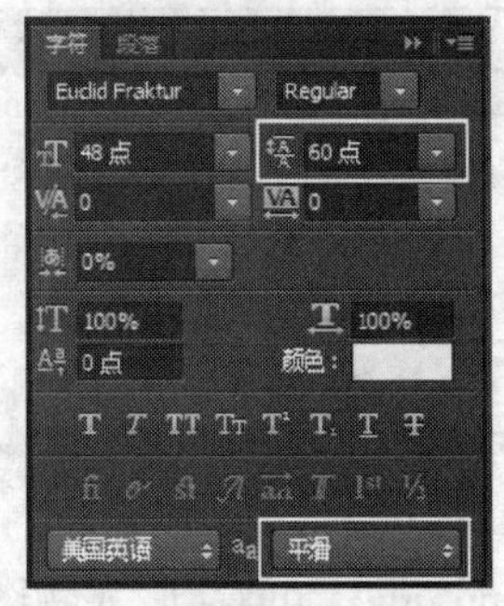

图 7-33　“字符”面板中的行距和“浑厚”“平滑”设置

图 7-34　文字设置完成后效果图

5）给图像添加边框

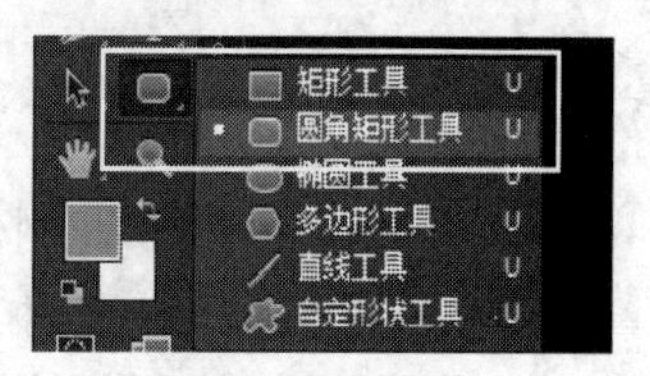

图7-35 工具箱中的“圆角矩形工具”

选择工具箱中的“圆角矩形工具”，如图7-35所示。在形状工具属性栏内，分别设置“填充”为“无”，“描边”为“3点”，“线型”为“直线”，如图7-36所示。设置完成后，在图像的边缘上拖出一个圆角矩形。同理再添加一个圆角矩形，这次设置“线型”为“短横线”，完成后，图像就添上了两层边框，如图7-37所示。

图7-36 形状工具属性栏

6）拼合图层

单击“图层”面板中右上角的菜单按钮，打开“图层”菜单，在菜单中选择“拼合图像”命令，如图7-38所示，将两个图层合成一个图像。选择“文件”菜单的“存储为”命令，在“存储为”对话框中将文件存为“bride-new-学号 . jpg”。至此，所有操作完成。

图7-37 添加两层边框之后的效果图

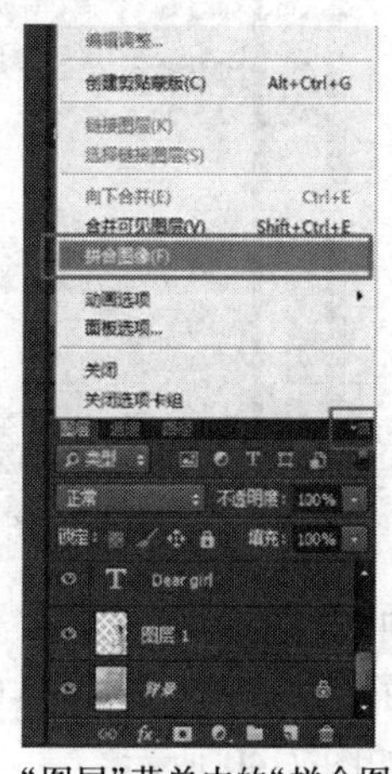

图7-38 “图层”菜单中的“拼合图像”命令

7.1.4 自主练习

选择一张自己的照片和一张风景照片。首先对自己照片进行人物美化，然后将自己照片的背景更换为风景照片，并在照片内添加一些文字效果，保存“为Photoshop-学号 . jpg”。

7.2 动画制作软件Flash应用

Flash是由Adobe公司推出的一款动画创作与应用程序开发于一身的创作软件。可以在Flash中创建原始内容或者从其他Adobe应用程序（如Photoshop或Illustrator）导入它们，快速设计简单的动画，以及使用Adobe AcitonScript 3.0开发高级的交互式项目。

7.2.1 实验目的

(1)掌握利用 Flash 制作简单动画的步骤,了解动画的运动规律。

(2)掌握 Flash 中各种工具的使用方法。

(3)掌握逐帧、形状补间、动画补间、引导、遮罩等动画的制作方法。

7.2.2 实验预备知识

1)启动 Flash

选择“开始”→“所有程序”→Adobe Flash CS3 命令,启动 Flash 应用程序。选择“文件”→“新建”→“Flash 文件”命令,弹出如图 7-39 所示的界面。

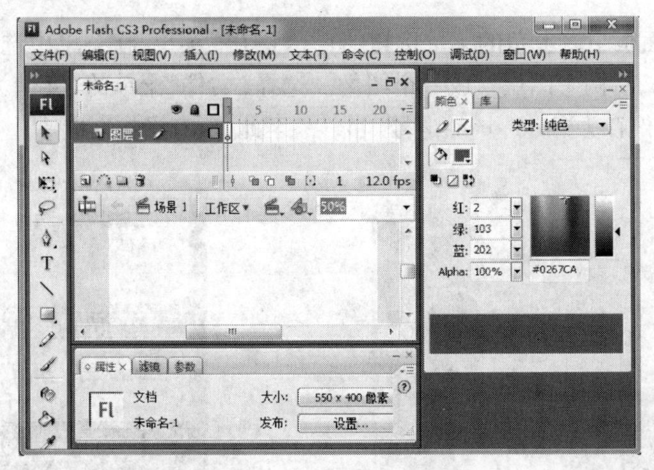

图 7-39 Flash 新建文件界面

2)Flash 界面组成

Flash 的界面包含:菜单栏、工具箱、舞台(又叫场景或工作区)、时间轴、“属性”面板和“浮动”面板等,如图 7-40 所示。

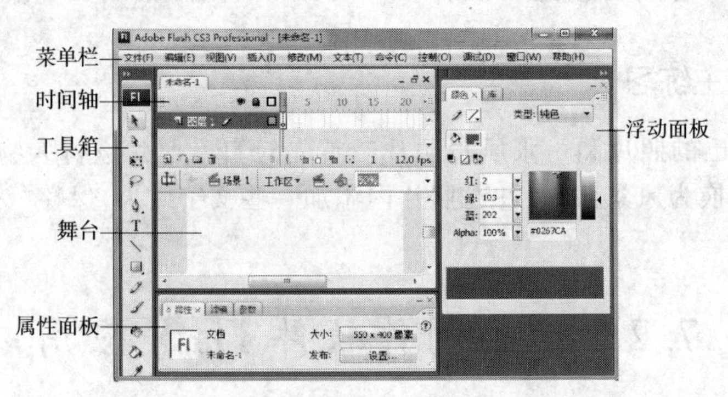

图 7-40 Flash 的界面组成

3)工具箱

Flash 工具箱中的工具可用来绘图、填色、选择和修改图形,以及改变舞台视图。选择“窗口”→“工具”命令,可显示或隐藏工具箱。

(1)选择工具

“选择工具”有3个功能:选择物体、移动物体、修改线条。

选择物体后,可以按键盘上的方向键(←、↑、↓、→)进行微调。使用“选择工具”,当光标移动到折角时,出现图标,单击并拖拽,可以更改终点。当光标到曲线附近时出现图标,可以调整曲线。

工具箱中的与用于优化修饰曲线。可以使曲线更加平滑,而可以使曲线趋于直线或平弧线。

(2)部分选取工具

“部分选取工具”用于修改曲线或图形的形状,常配合“钢笔工具”调整图形的形状。

(3)任意变形工具

“任意变形工具”用于对图形进行放大、缩小、拉伸、压缩、旋转和扭曲等方面的操作。

除了利用“任意变形工具”改变图形的大小与角度以外,还可以通过菜单方式对图形进行更为精确的设置。选中图形后,选择“修改”→“变形”命令,从弹出的下拉菜单中选择需要的变形方式即可。

(4)渐变变形工具

单击工具箱中的“任意变形工具”,并按住鼠标不放,然后从下拉菜单中选择“渐变变形工具”。

“渐变变形工具”通过调整填充的大小、方向或者中心,可以使渐变填充或位图填充变形。

(5)套索工具

“套索工具”用于选择物体的局部,以手画线的方式来选择。

(6)钢笔工具

“钢笔工具”用于绘制较为精确的曲线或图形,这些图形是由锚点与线构成的。“部分选取工具”可以帮助调整线条的弧度与锚点的位置等,两种工具通常结合在一起使用,绘制出流畅细致的线条。

(7)文本工具

“文本工具”T用于文本的输入、编辑、变形等。

选择“文本工具”T,在“属性”面板中设置文本的字体、字号、样式、颜色和间距等,再在舞台上单击或拖动鼠标画出一个区域来输入文本。可以水平设置文本方向,或者垂直设置文本方向(仅限静态文本)。

(8)线条工具

“线条工具”用于绘制直线。选择“线条工具”,在“属性”面板中设置笔触颜色、笔触宽度和笔触样式,再在舞台上拖动绘制线条。

按住【Shift】键的同时拖动鼠标,可以绘制水平、垂直或45°角的直线。

(9)矩形工具

使用“矩形工具”可以创建矩形、椭圆、星形和多边形等基本几何形状,并能绘制相应的圆角图形。

选择“矩形工具”,在“属性”面板中设置笔触颜色、笔触宽度、笔触样式和填充颜色,再在舞台上拖动可以绘制矩形或正方形。

(10)椭圆工具

“椭圆工具”用于绘制椭圆或正圆。单击工具箱中的“矩形工具”，并按住鼠标不放,然后从下拉菜单中选择“椭圆工具”。在“属性”面板中设置笔触颜色、笔触宽度、笔触样式和填充颜色,再在舞台上拖动绘制椭圆。

按住【Shift】键的同时拖动鼠标可以绘制正圆。

(11)多角星形工具

“多角星形工具”用于绘制多边形和星形。操作步骤如下:

①单击工具箱中的“矩形工具”，并按住鼠标不放,然后从下拉菜单中选择“多角星形工具”。

②在“属性”面板中设置笔触颜色、笔触宽度、笔触样式和填充颜色。

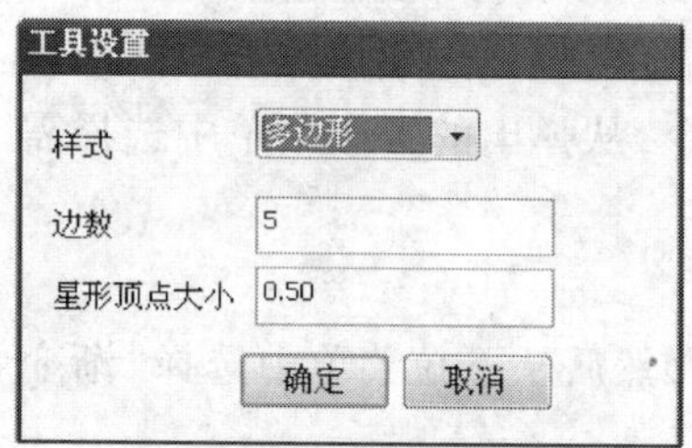

图 7-41　多边形工具设置

③在“属性”面板中单击“选项”按钮,弹出如图 7-41 所示的对话框,设置相应选项,单击“确定”按钮。在舞台上拖动即可绘制多边形和星形。

在“星形顶点大小”文本框中输入一个介于 0 ~ 1 之间的数字,以指定星形顶点的深度。此数字越接近 0,创建的顶点就越深(如针状)。如果绘制多边形,应保持此设置不变。

(12)铅笔工具

“铅笔工具”用于绘制直线或曲线。

选择“铅笔工具”,在“属性”面板中设置笔触颜色、笔触宽度和笔触样式。在工具箱的“铅笔模式”里选择绘图模式(直线化、平滑、墨水),再在舞台上拖动绘制曲线。

按住【Shift】键的同时拖动鼠标,可以绘制垂直或水平方向的直线。

(13)刷子工具

“刷子工具”用于为绘制的图形上填充色或直接绘制各种图形,模拟毛笔的效果。

选择“刷子工具”,在“属性”面板中设置填充颜色,再在工具箱中选择刷子大小、刷子形状和刷子模式,在舞台上拖动,涂抹颜色。

按住【Shift】键的同时拖动鼠标只能垂直或水平方向涂色。

(14)墨水瓶工具

“墨水瓶工具”用于更改线条或者图形轮廓的笔触颜色、宽度和样式。

选择“墨水瓶工具”,在“属性”面板中设置笔触颜色、笔触宽度和笔触样式,单击舞台中的对象,即可修改该对象的边框颜色。

(15)颜料桶工具

“颜料桶工具”用于填充封闭的区域,它既可以填充空的区域,也可以更改已涂色区域的颜色。可以用纯色、渐变填充以及位图填充进行涂色。

(16)滴管工具

“滴管工具”用于从舞台任意位置复制填充和笔触的属性,然后立即将它们应用到其他对象。滴管工具还可以从位图图像取样用作填充。

(17)橡皮擦工具

“橡皮擦工具”用于擦除可删除线条和填充色。

(18)手形工具

“手形工具”用于移动工作的舞台,使之符合编辑所需的位置。

(19)缩放工具

“缩放工具”用于调整显示比例,有放大和缩小两种显示比例调整模式。

4)时间轴

时间轴是制作 Flash 动画的主要控件。可以在时间轴中添加图层和帧,根据时间的变化安排其在舞台上的内容显示。时间轴如图 7-42 所示,分为图层操作区和帧操作区。

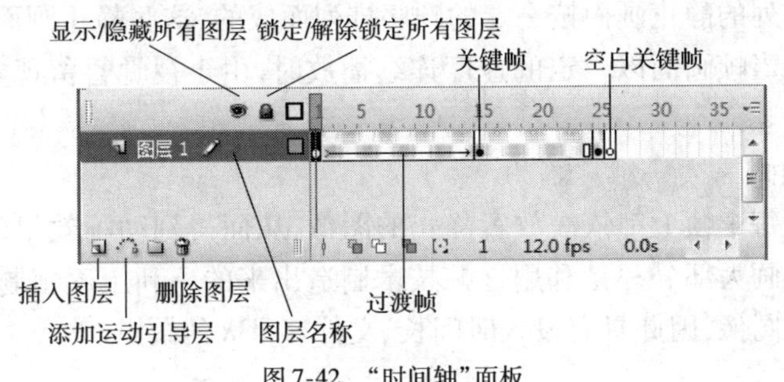

图 7-42　“时间轴”面板

(1)图层操作区

位于“时间轴”面板的左边,使用图层是为了制作复杂动画而引入的一种手段。

图层可以看成是叠放在一起的透明的玻璃板,在图层上没有内容的区域,可以透过该图层看到下面图层中的内容。每个图层都有各自的时间轴,包含一系列的帧,在各图层中所使用的帧均是独立的。图层与图层之间既相互独立,又相互影响。图层按一定的顺序重叠在一起,产生综合效果。

(2)帧操作区

位于“时间轴”面板的右边,是编辑动画的重要场所。

帧是构成 Flash 动画的基本组成元素。Flash 的时间轴上的每一小格代表一帧,表示动画内容中的一个片段。它在时间轴中出现的顺序决定它在动画中显示的顺序。帧主要有以下几种类型:

①关键帧:每一关键帧都用黑色圆点表示,它是一个包含有内容或对内容的改变起决定性作用的帧。

②空白关键帧:每一空白关键帧都用空心圆点表示,它不包含内容,当在该帧添加内容后变为关键帧。

③过渡帧:在过渡动画中,前后两个关联的关键帧之间出现的帧,由 Flash 根据前后两个关键帧自动生成。

5)舞台

舞台是进行创作的主要工作区域,打开一个新文档就是打开一个新舞台,而默认的第 1 个编辑窗口就是场景,一个舞台可以有多个场景对应。在这里可以直接绘图,或者导入外部图形文件进行编辑,再把各个独立的帧合成在一起,以生成电影作品。对于没有特殊效果的动画,也可作为播放动画的窗口。舞台的大小和背景颜色均可在对应的属性面板中进行设置。

6)属性面板

用于显示 Flash 中所选对象的各种属性,具有控制面板的一般性质,同时具有它的特性,通过"属性"面板,用户可以直接修改各种对象的属性,而无需再打开相应对象的控制面板,既节约时间,又节约界面空间。选择"窗口"→"属性"命令,可以显示或隐藏"属性"面板。

7.2.3 实验内容与操作步骤

动画是由一系列的静止画面按一定的顺序排列而成的,这些静止画面称为帧,每一帧与相邻帧略有不同。当帧画面以一定的速度连续播放时,由于视觉暂留现象造成了连续的动态效果。

1)制作逐帧动画

逐帧动画是在每个帧上都依次放置静止的图像,从而得到动画效果的典型方法。电视中看到的漫画或动画大部分都是利用逐帧技术制造出来的。利用逐帧制作动画时,需要全部绘制连接起来的图像,因此具有投入时间长、文件容量大的缺点。

实验内容

制作一个 10s 的倒计时动画。

操作步骤

(1)新建一个 Flash 文档

选菜单"开始"→"所有程序"→ Adobe Flash CS3 命令,启动 Flash 应用程序,进入 Flash 的工作界面,创建一个文件名为"未命名 - 1"的空白文档,如图 7-39 所示。

(2)设置文档的背景颜色和帧频

①单击舞台空白处,单击"背景"拾色器按钮,将背景颜色设置为"黑色",如图 7-43 所示。

②"属性"面板的"帧频"文本框中输入 1,如图 7-44 所示,设置每秒显示的动画帧数为 1 帧。

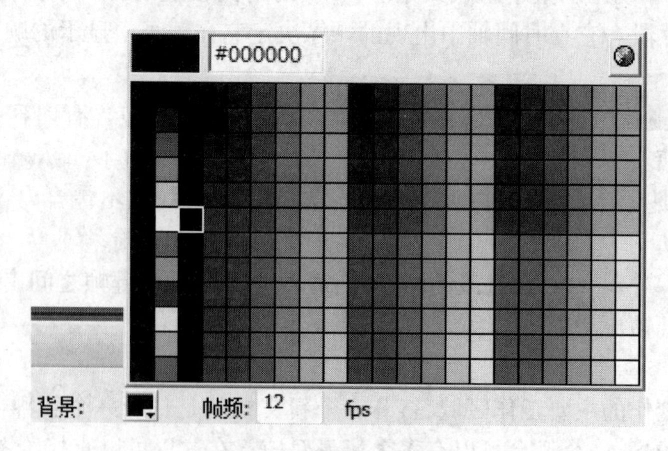

图 7-43 设置背景颜色

(3)在工作区中输入文字

①单击工具箱中的"文本工具"按钮 **T**,在"属性"面板的"字体大小"文本框中输入200,设置字体的大小为200。

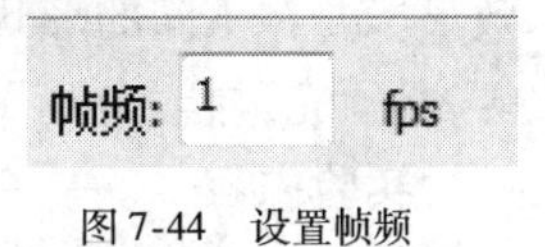

图7-44 设置帧频

②单击"属性"面板上的"拾色器"按钮,在弹出的颜色列表中选取白色作为文字的颜色。

③在工作区中单击并拖动,在拖出的文本框中输入数字9,输入完成后在文本框外单击结束输入,如图7-45所示。

④单击工具箱中的"选择工具"按钮,选取数字9,将文字移动到合适的位置。

(4)输入其他帧的文字

①在时间轴的第2帧位置单击右键,在弹出的快捷菜单中选择"插入关键帧"命令,在第2帧插入关键帧,如图7-46所示。

图7-45 输入数字9

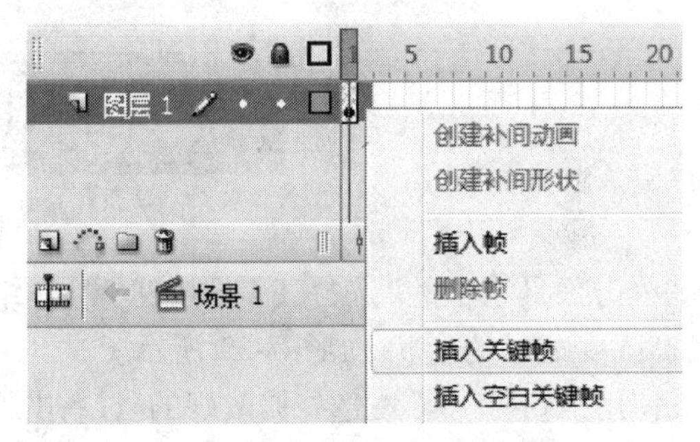

图7-46 在第2帧插入关键帧

②单击时间轴的第2帧,然后选取工具箱中的"文本工具"按钮 **T**,在工作区中用鼠标选取数字9,把数字9改为数字8,如图7-47所示。

③仿照前面的做法,在第3帧插入关键帧,修改该帧上的数字为7,如图7-48所示。

④使用相同方法制作其他帧的效果,直到第10帧修改为数字0,此时"时间轴"效果如图7-49所示。

图7-47 输入数字8

图7-48 输入数字7

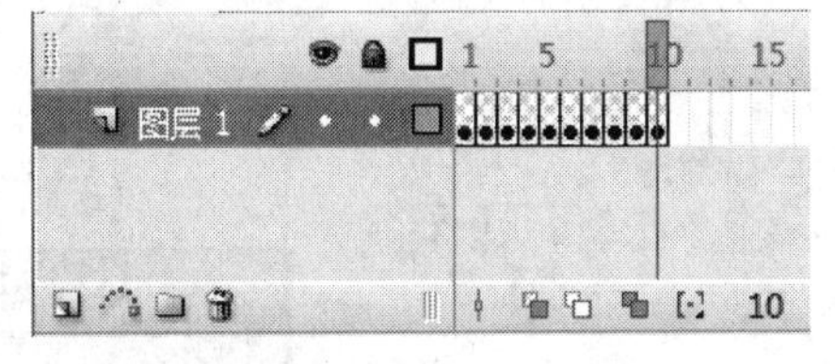

图7-49 时间轴效果

(5)保存文件

选择"文件"→"保存"命令,将动画保存到D:\xxxxxxxx文件夹中,名字为flash1_xxxxxx.fla。按【Ctrl+Enter】组合键测试影片,测试完后直接单击测试窗口的"关闭"按钮,返回编辑状态。

2)形状补间动画

形状补间动画是通过在时间轴的某个帧中绘制一个对象,在另一个帧中修改该对象或重新绘制其他对象;然后由Flash计算出两帧之间的差距并插入过渡帧,从而创建出动画的效果。要在不同的形状之间形成补间动画,对象就不能是元件实例,对于图形元件和文字等,必须先进行"分离",然后才能创建形状补间动画。

实验内容

制作一个缓缓升起的太阳动画。

操作步骤

(1)新建一个 Flash 文档,设置浅蓝色背景

(2)制作云朵

①选择工具箱中的"椭圆工具",单击"属性"面板上的"笔触颜色"按钮,在弹出的颜色列表中单击右上角的,如图 7-50 所示,设置"笔触颜色"为无。在"属性"面板上设置填充颜色为白色,然后在工作区的左上方按住鼠标拖动画一个椭圆,如图 7-51 所示。

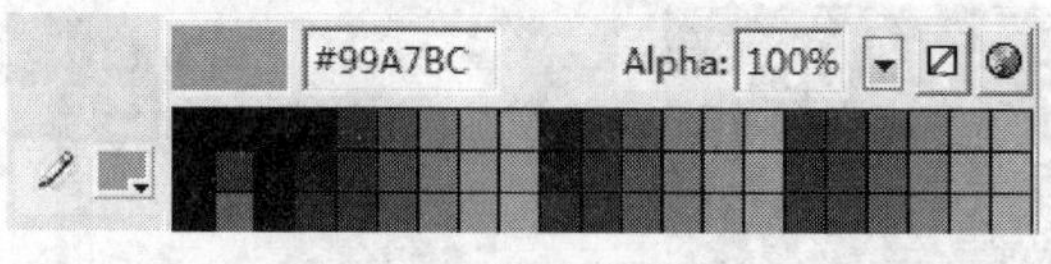

图 7-50 设置笔触颜色

②单击工具箱中的"选择工具"按钮,并结合键盘上的【Alt】键对椭圆的形状进行修改,使椭圆变成云的形状,如图 7-52 所示。

③使用"选择工具"选择修改好的云,右击,在弹出的快捷菜单中选择"复制"命令,再在舞台上右击,在弹出的快捷菜单中选择"粘贴",即可在其他地方放置云朵。如图 7-53 所示。

图 7-51 绘制椭圆

图 7-52 把椭圆修改成云

图 7-53 复制云朵

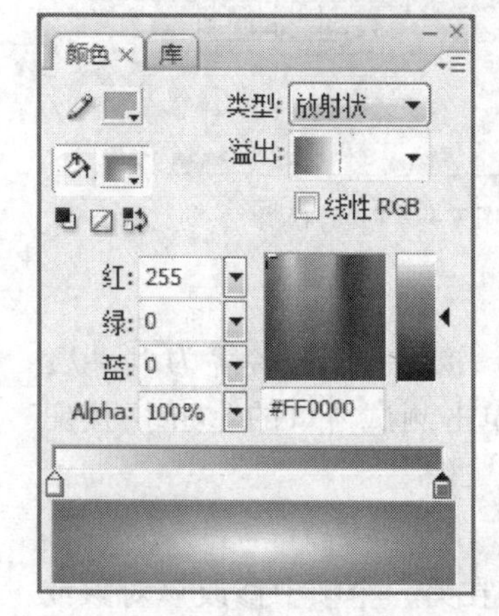

图 7-54 颜色面板

④在时间轴的第 50 帧插入帧。

(3)绘制太阳

①单击"时间轴"面板上的"插入图层"按钮,新建"图层 2"。

②选择"图层 2",单击工具箱中的"椭圆工具",在"属性"面板上设置笔触颜色为无。选择"窗口"→"颜色"命令,弹出"颜色"面板,如图 7-54 所示。在"颜色"面板中选择"类型"为"放射状",选中渐变定义栏最左端的指针并按住鼠标持续几秒,释放鼠标后会在下面弹出调色板,选取白色作为最左端指针的颜色。用同样的方式为最右端指针设置为红色,形成一个由白到红的渐变填充。按住【shift】键在舞台的左下方拖动画一个正圆,如图 7-55 所示。

③选择工具箱中的“渐变变形工具”，单击绘制好的正圆，此时会出现图7-55所示的形状，通过拖动中心的白点位置来改变正圆的光心位置。

(4)制作补间动画

①在“图层2”的第50帧处插入关键帧，在第50帧用“选择工具”把正圆移至右上方，再单击工具箱中的“任意变形工具”，选取正圆，把正圆缩小，如图7-56所示。并改变“颜色”面板中最右端指针的颜色使红色变淡。

图7-55　改变光心位置

图7-56　改变圆的大小和位置

②单击“图层2”中第1帧到第50帧的任一帧，打开“属性”面板，选择“补间”类型为“形状”，为“图层2”制作形状补间动画。最后“时间轴”效果如图7-57所示。

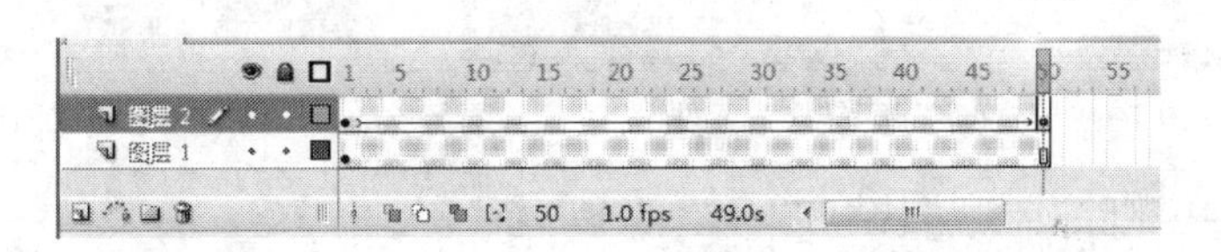

图7-57　“时间轴”效果

(5)保存文件

选择“文件”→“保存”命令，将动画保存到D:\xxxxxxxx文件夹中，名字为flash2_xxxxxx.fla，按【Ctrl+Enter】组合键测试影片。

3)动画补间动画

动画补间是指连接动作来制作动画的技巧。动画补间可以进行旋转或更改指定的颜色、透明度、亮度等。动画补间只能应用在元件或群组化的对象上。

实验内容

制作一个文字的逐个飘落动画

操作步骤

(1)新建一个Flash文档

(2)制作元件

①单击工具箱中的“文本工具”T，在工作区中输入“新年快乐”，如图7-58所示。

②单击工具箱中的“选择工具”，选取工作区中的文本，然后选择“修改”→“分离”命令，将“新年快乐”分解成单个字。如图7-59所示。

图 7-58 输入文字

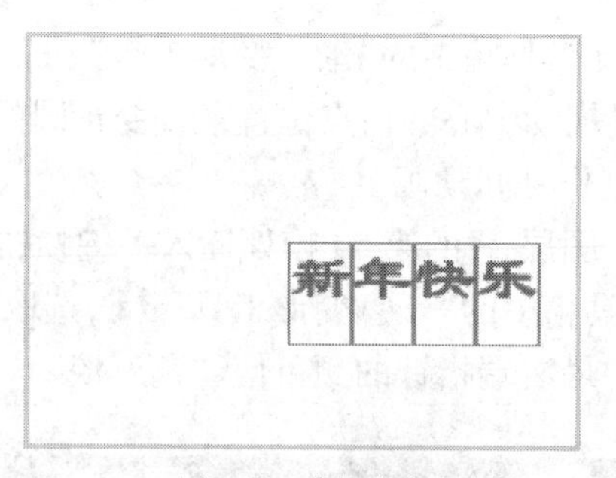

图 7-59 分解文字

③使用“选择工具”选取“新”字,选择“修改”→“转换为元件”命令(或直接按【F8】键),在弹出的对话框中将元件名称改为“新”,类型为“图形”,单击“确定”按钮,将“新”字转换为元件,如图 7-60 所示。

④依据步骤 c 的做法,依次将“年”、“快”和“乐”转换为元件。

(3)制作元件图层

①双击“图层 1”的名称,把图层名称改为“新”,如图 7-61 所示。

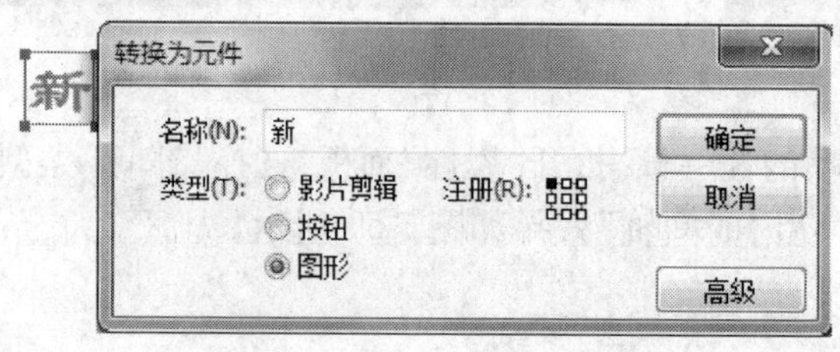

图 7-60 把文字“新”转换为元件

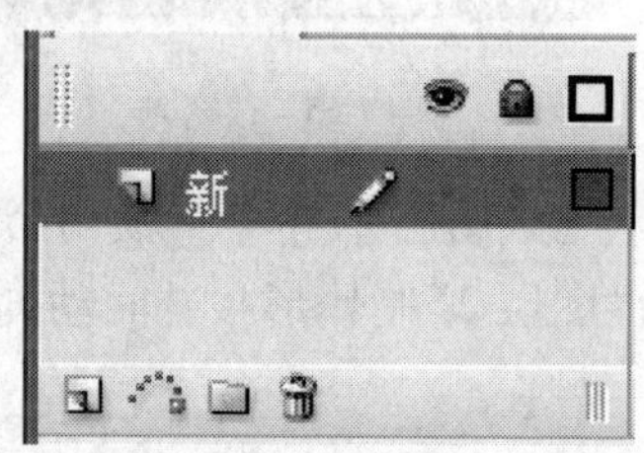

图 7-61 修改图层名称

②在工作区中删除“年”、“快”和“乐”,保留“新”。

③单击“时间轴”面板上的“插入图层”按钮,新建“图层 2”,并把“图层 2”的名称改为“年”。

④选择“窗口”→“库”命令,弹出“库”面板,把“库”窗口中的“年”元件拖入工作区中,放置在“新”的右边,如图 7-62 所示。

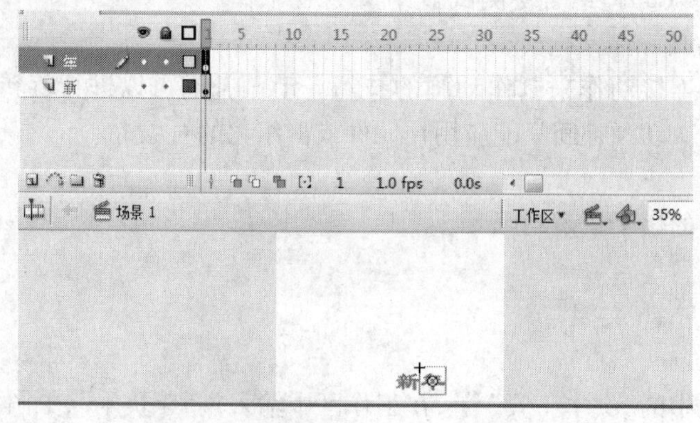

图 7-62 把元件“年”拖入“年”图层的场景中

⑤依据前面的做法,分别制作“快”和“乐”的图层,如图 7-63 所示。

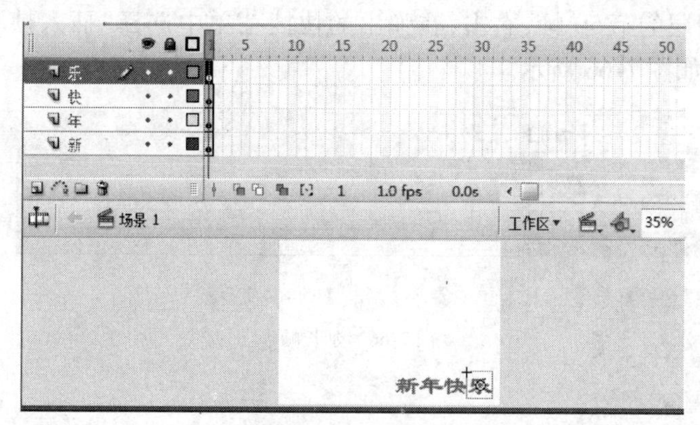

图 7-63　分别将不同的文字拖入到对应的图层中

⑥使用“选择工具”将所有的文字选中，再选择“窗口”→“对齐”命令，弹出“对齐”面板，选择“底对齐”和“水平居中分布”按钮将文字对齐。

(4)制作补间动画

①在“新”图层的第 10 帧处按住鼠标往上滑动，可选中所有图层的第 10 帧，再右击，在弹出的快捷菜单中选择“插入关键帧”命令，为所有图层的第 10 帧插入关键帧。

②选中所有图层的第 1 帧，然后在工作区中将所有文字拖动到工作区的左上方。

③在第 1 帧中，将所有文字选中，再选择“修改”→“变形”→“水平翻转”命令，将文字翻转。在属性面板中单击“颜色”下拉列表，选择 Alpha 选项，并设置其值为 0%。

④选中所有图层的第 1 帧，在“属性”面板中选择“补间”类型为“动画”，设置补间动画。

(5)调整文字在动画中出现的顺序

①选中“年”图层的第 1 帧至第 10 帧，向右拖动，与“新”图层错开 5 帧，如图 7-64 所示。

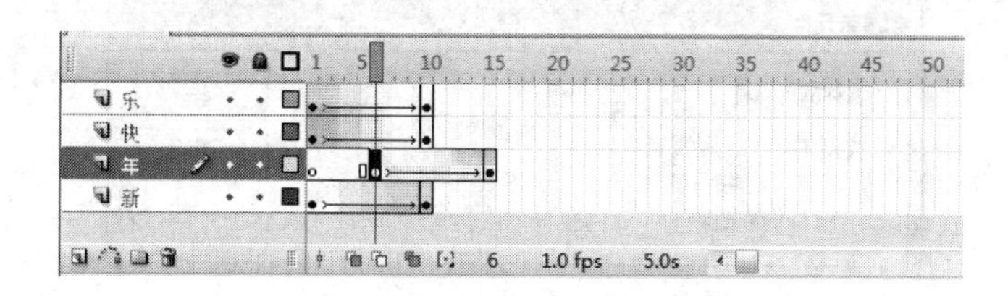

图 7-64　移动“年”图层中帧的位置

②依据步骤 a 的做法，依次将“快”图层和“乐”图层的帧向右移动，移动帧后的时间轴效果如图 7-65 所示。

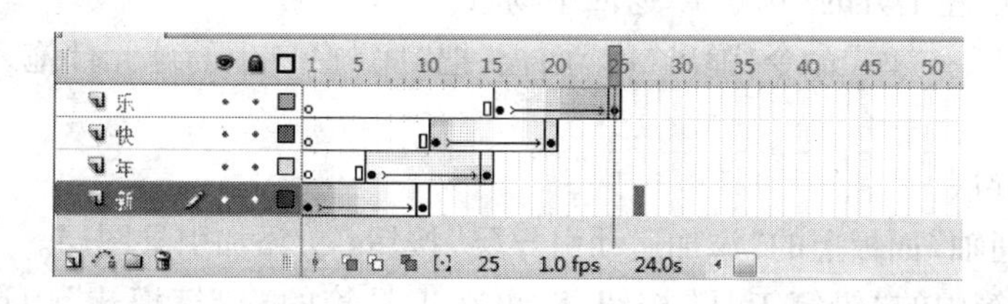

图 7-65　移动其他图层中帧的位置

③选中所有图层的第50帧，右击，在弹出的快捷菜单中选择“插入帧”命令，把动画延长，“时间轴”设置如图7-66所示。

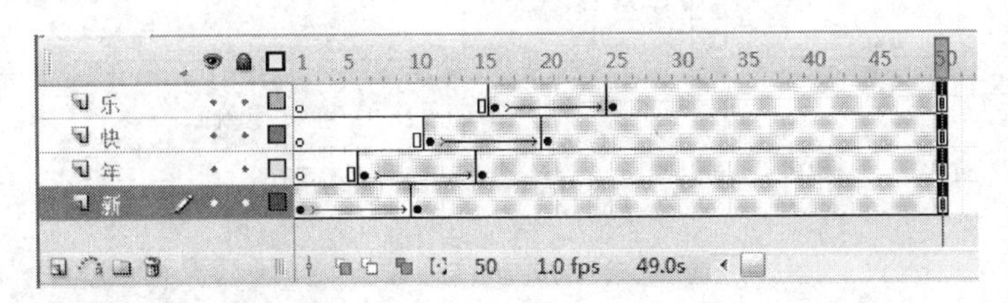

图7-66　延长帧

(6)保存文件

选择“文件”→“保存”命令，将动画保存到 D:\xxxxxxxx 文件夹中，名字为 flash3_xxxxxx.fla。按【Ctrl + Enter】组合键测试影片。

4)引导动画

用户可以通过设置对象的运动路径，使补间实例、组或文本块沿绘制的路径进行运动。在设置沿路径运动的动画时，需要先创建特定的运动引导图层，并绘制运动路径，然后将动画对象捕捉到运动路径上即可。

实验内容

制作一个跳动的球

操作步骤

(1)新建一个 Flash 文档

(2)制作元件

①选择“插入”→“新建元件”命令，在弹出的对话框中将元件名称改为“球”，选择类型为“图形”，如图7-67所示，单击“确定”按钮，进入元件编辑状态。

图7-67　新建图形元件“球”

②单击工具箱中的“椭圆工具”，设置笔触颜色为无，填充颜色直接选择颜色板最下方的铅球模块色，按住【shift】键在工作区中拖动鼠标画一个小球。

③单击工作区左上方的“场景1”返回主场景。

④选择“窗口”→“库”命令，弹出“库”面板，把“库”窗口中的球元件拖入场景中。如图7-68所示。

(3)制作引导层

①单击“时间轴”面板上的“添加运动引导层”按钮，添加引导图层。

②单击工具箱中的“铅笔工具”按钮，再在工具箱的“铅笔模式”中选择“平滑”，如图7-69所示。在引导层的工作区中绘制小球运动的轨迹曲线，如图7-70所示。

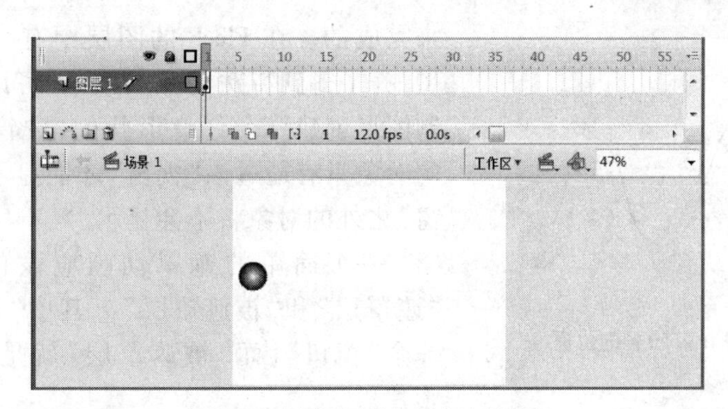

图7-68 把图形元件“球”拖入场景中

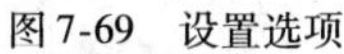

图7-69 设置选项

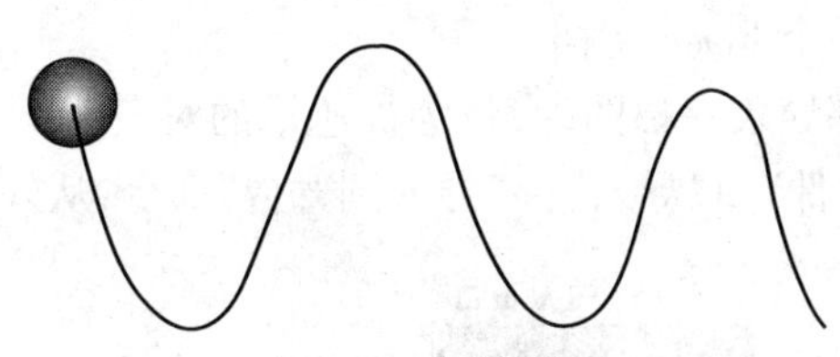

图7-70 绘制曲线

(4)制作引导动画

①在引导层的第50帧插入帧,在“图层1”的第50帧插入关键帧。

②单击“图层1”的第1帧,调整球的中心在引导线的起点,如图7-70所示。在“属性”面板设置补间动画,补间类型为“动画”,并选择“调整路径”、“同步”和“贴紧”复选框,如图7-71所示。

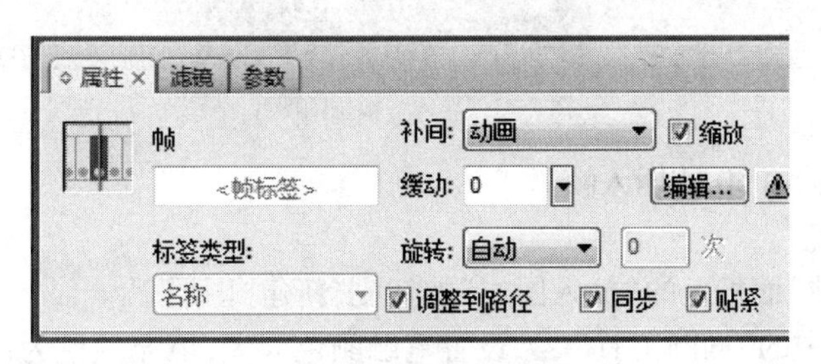

图7-71 设置属性面板的补间

③单击“图层1”的第50帧,调整球的中心在引导线的终点,如图7-72所示。在“属性”面板设置补间动画,补间类型为“动画”,并选择“调整路径”、“同步”和“贴紧”复选框,如图7-71所示。

(5)保存文件

选择“文件”→“保存”命令,将动画保存到D:\xxxxxxxx文件夹中,名字为flash4_xxxxxx.fla。按【Ctrl+Enter】组合键测试影片。

5)遮罩动画

遮罩动画是Flash中一个很重要的动画类型,很多效果丰富的动画都是通过遮罩动画

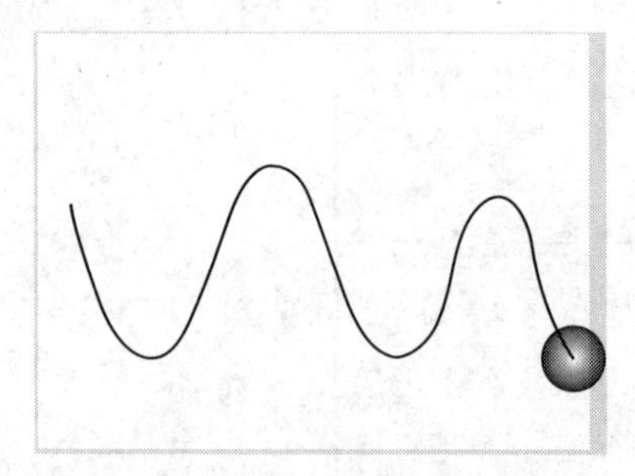

图 7-72　调整球在第 50 帧的位置

来完成的。在 Flash 的图层中有一个遮罩图层类型，为了得到特殊的显示效果，可以在遮罩层上绘制图形创建一个任意形状的“视窗”，遮罩层下方的对象只有通过该“视窗”才能显示出来，而在“视窗”之外的对象将不会显示。

一个简单的遮罩动画应该包括两个图层：“遮罩层”和“被遮罩层”。其中“遮罩层”就犹如一个“窗口”，而“被遮罩层”就是“窗口”后面的影片。

实验内容

制作透视镜效果动画。

操作步骤

(1)新建一个 Flash 文档

(2)从外部导入一幅图片，作为被遮罩的对象

①选择“文件”→“导入”→“导入到舞台”命令，从外部导入一幅位图图像，如图 7-73 所示。

图 7-73　导入一幅位图图片

②在“图层 1”的第 50 帧插入帧。

(3)制作透视镜

①单击“时间轴”面板上的“插入图层”按钮，新建“图层 2”。

②单击工具箱中的“椭圆工具”，设置笔触颜色为无，填充颜色为白色，在“图层 2”的工作区中任意绘制一个椭圆，如图 7-74 所示。

③在“图层 2”的第 10 帧插入关键帧，并用“选择工具”选取椭圆，把该帧中的椭圆移动一下位置，如图 7-75 所示。

④依据步骤 c 的做法，在图层 2 的第 20 帧、30 帧、40 帧和 50 帧分别插入关键帧，并分别移动椭圆的位置。如图 7-76 所示。

⑤在“图层 2”的所有关键帧之间创建形状补间动画，此时“时间轴”面板如图 7-77 所示。

(4)制作遮罩动画

在“图层 2”的名称上右击，在弹出的快捷菜单中选择“遮罩层”命令，将“图层 2”变为遮罩层，“时间轴”面板如图 7-78 所示。

图 7-74 任意绘制一个椭圆

图 7-75 移动椭圆的位置

图 7-76 依次改变椭圆的位置

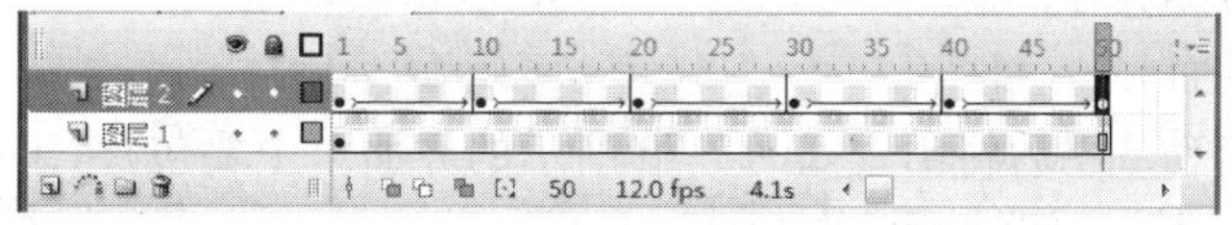

图 7-77 设置补间动画后的时间轴

(5)保存文件

选择“文件”→“保存”命令,将动画保存到 D:\xxxxxxxx 文件夹中,名字为 flash5_xxxxxx. fla,按【Ctrl + Enter】组合键测试影片。

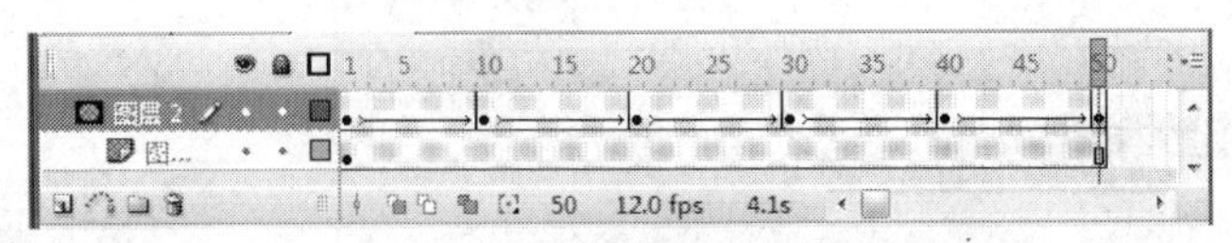

图7-78　设置遮罩层后的时间轴

7.2.4　自主练习

(1)利用形变动画制作一个由圆变为矩形的动画

(2)利用两个图层和引导层制作两个球相撞的效果

7.3　会声会影软件应用

7.3.1　实验目的

(1)掌握会声会影对视频的基本编辑操作(素材的导入、素材的管理与添加、视频的分割、修剪等)

(2)掌握转场特效的使用

(3)掌握覆叠特效的使用

(4)掌握单个/多个标题的添加过程

(5)掌握文字的编辑过程

7.3.2　实验预备知识

会声会影(绘声绘影)是一款简单好用的DV、HDV影片剪辑软件,不仅完全符合家庭或个人所需的影片剪辑功能,甚至可以挑战专业级的影片剪辑软件。提供了100多个转场效果、专业标题制作功能和简单的音轨制作工具。

要制作影片作品,应先从摄像机或其他视频来源捕获节目。然后再修整捕获的视频、排列它们的顺序、应用转场并添加覆叠、动画标题、旁白和背景音乐。这些元素被安排在不同的轨上。在完成影片作品后,可以将它刻录到VCD、DVD或HD DVD,或将影片录回到摄像机,可以将影片输出为视频文件,用于在电脑上回放。

1)启动会声会影

单击“开始”⇨“所有程序”⇨“Corel VideoStudio Pro X6”⇨“Corel VideoStudio Pro X6”将启动“会声会影”应用程序。

2)会声会影界面

“会声会影”启动成功后将出现如图7-79所示的界面。主要包含:菜单栏、步骤面板、播放器面板、素材库面板、时间轴面板等。

(1)菜单栏

菜单栏位于工作界面的左上方,包括“文件”、“编辑”、“工具”、“设置”4个菜单,如图7-79所示。各菜单项功能如下:

“文件”:进行新建、打开和保存等。

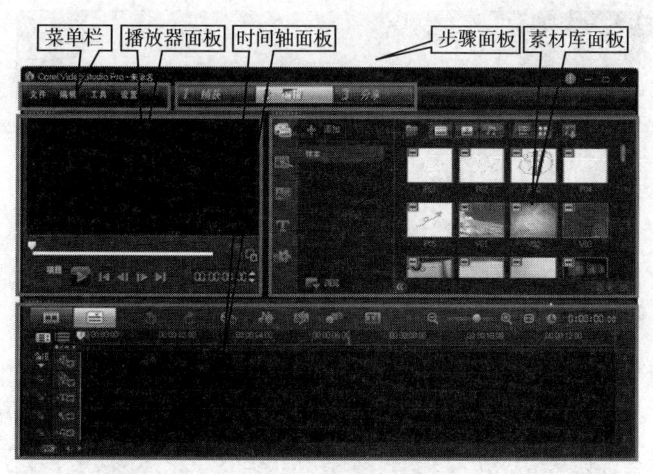

图 7-79　会声会影界面

“编辑”:进行如撤销、重做、复制和粘贴等。

“工具”:可对视频进行多样的编辑,如 DV 转 DVD 向导功能,可以对视频文件进行编辑并刻录成光盘等。

“设置”:可设置项目文件的基本属性、查看项目文件的属性、启用宽银幕以及使用章节点管理器等。

(2)步骤面板

根据视频编辑过程中的不同步骤,提供对应的撷取、编辑和输出按钮。将视频的编辑过程简化为“捕获”、“编辑”和“分享”3 个步骤,如图 7-79 所示。单击步骤面板上相应的标签,可以在不同的步骤之间进行切换。

“捕获”:可直接将视频源中的影片素材捕获到电脑中。录像带中的素材可以被捕获成单独的文件或自动分割成多个文件,还可以单独捕获视频。

“编辑”:这是会声会影 X6 的核心,在此面板中可对视频素材进行整理、编辑和修改,还可以将视频滤镜、转场、字幕以及音频应用到视频素材上。

“分享”:影片编辑完成后,在此面板中可以创建视频文件,将影片输出到 DVD、移动设备或网络上。

(3)选项面板

包含预览窗口和浏览面板。可对项目时间轴中选取的素材进行参数设置,根据选中素材的类型和轨道,选项面板中会显示出对应的参数,该面板中的内容将根据步骤面板的不同而有所不同。图 7-80 为“照片”选项面板,图 7-81 为“视频”选项面板。

“照片区间”数值框:用于调整照片素材播放时间的长度,时间码上的数字代表“小时:分钟:秒:帧”。

“色彩校正”按钮:可对视频原色调、饱和度、亮度以及对比度等进行设置。

“保持宽高比”选项:可调整预览窗口中素材的大小和样式。

“摇动和缩放”按钮:可设置照片素材的摇动和缩放效果。

“自定义”按钮:可以对选择的摇动和缩放样式进行相应的编辑与设置。

“速度/时间流逝”按钮:可以设置视频素材的回放速度和流逝时间。

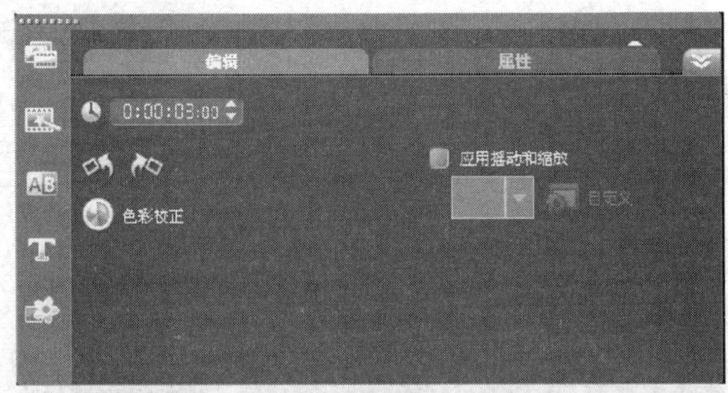

图 7-80 “照片”选项面板

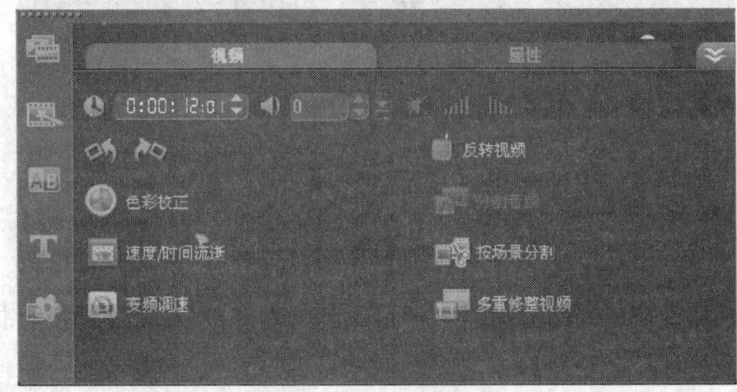

图 7-81 “视频”选项面板

“变频调速”按钮:可以调整视频的速度。

“反转视频”按钮:可以对视频素材进行反转操作。

“分割音频”按钮:可以将视频中的音频分割出来。

“按场景分割”按钮:可以对视频文件按场景分割为多段单独的视频文件。

“多重修整视频”按钮:可以对视频文件进行多重修整操作,也可以将视频按指定的区间长度进行分割和修剪。

(4)预览窗口

预览窗口位于操作界面的左上角,如图 7-82 所示。在预览窗口中,用户可以查看正在编辑的项目或者预览视频、转场、滤镜以及字幕等素材的效果。

图 7-82 预览窗口

(5)导览面板

在预览窗口下方的导览面板上有一排播放控制按钮和功能按钮,用于预览和编辑项目中使用的素材,如图 7-83 所示。通过选择导览面板中不同的播放模式可播放所选的项目或素材。使用修整栏和滑轨可以对素材进行编辑,将鼠标移至按钮或对象上方时会出现提示信息,显示该按钮的名称。

“播放”按钮:可播放会声会影的项目、视频或音频素材。按住【Shift】键的同时单击该按钮,可以仅播放在修整栏上选取的区间(在开始标记和结束标记之间)。在回放时,单击该按钮,可以停止播放视频。

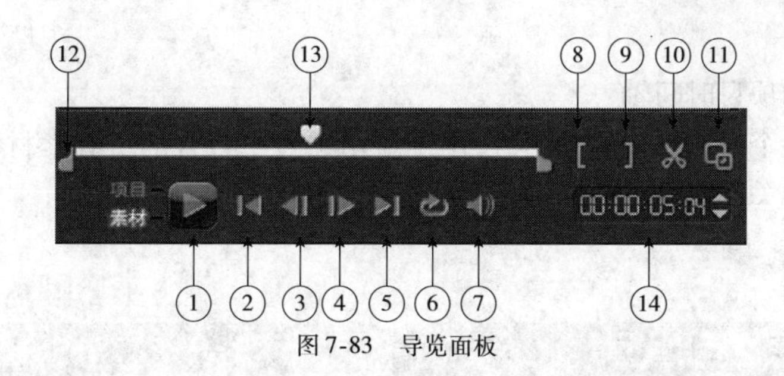

图7-83　导览面板

“起始”按钮:可将时间线移至视频的起始位置,方便用户重新观看视频。

“上一帧”按钮:可将时间线移至视频的上一帧位置,在预览窗口中显示上一帧视频的画面特效。

“下一帧”按钮:可将时间线移至视频的下一帧位置,在预览窗口中显示下一帧视频的画面特效。

“结束”按钮:可将时间线移至视频的结束位置,在预览窗口中显示相应的结束帧画面效果。

“重复”按钮:可使视频重复地进行播放。

“系统音量”按钮:单击或拖动弹出的滑动条,可以调整素材的音频音量,同时也会调整扬声器的音量。

“开始标记”按钮:可标记素材的起始点。

“结束标记”按钮:可标记素材的结束点。

“按照飞梭栏的位置分割素材”按钮:将鼠标定位到需要分割的位置,单击可将所选的素材剪切为两段。

“滑轨”按钮:单击并拖动该按钮,可以浏览素材,该停顿的位置显示在当前预览窗口的内容中。

“修整标记”按钮:可修整、编辑和剪辑视频素材。

“扩大”按钮:可在较大的窗口中预览项目或素材。

“时间码”数值框:通过指定确切的时间,可以直接调到项目或所选素材的特定位置。

(6)素材库

包含媒体柜、媒体滤镜和选项面板。

素材库用于保存和管理各种多媒体素材,素材库中的素材种类主要包括视频、照片、音乐、即时项目、转场、字幕、滤镜、Flash 动画及边框效果等。图7-84 所示为“视频”素材库,此外还有“照片”素材库、“边框”素材库以及“对象”素材库等。

图7-84　“视频”素材库

(7)时间轴

包含工具栏和项目时间轴

时间轴位于整个操作界面的最下方,用于显示项目中包含的所有素材、标题和效果,它是整个项目编辑的关键窗口,如图7-85所示。

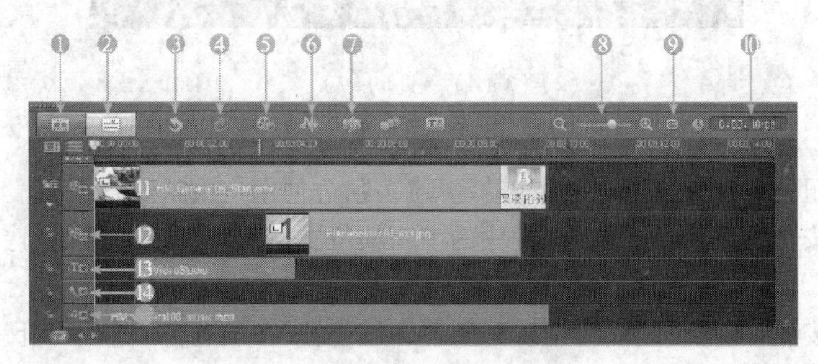

图7-85 时间轴

"故事板视图"按钮:可切换至故事板视图。

"时间轴视图"按钮:可切换至时间轴视图。

"撤销"按钮:撤销前一步的操作。

"重复"按钮:重复前一步的操作。

"录制/捕获选项"按钮:单击该按钮,弹出"录制/捕获选项"对话框,可以进行定格动画、屏幕捕获以及快照等操作。

"混音器"按钮:单击该按钮,可以进入混音器视图。

"自动音乐"按钮:打开"自动音乐"选项面板,在面板中可以设置相应选项以播放自动音乐。

"放大/缩小"滑块:向左拖曳滑块,可以缩小项目显示;向右拖曳滑块,可以放大项目显示。

"将项目调到时间轴窗口大小"按钮:可将项目调整到时间轴窗口大小。

"项目区间"显示框:该显示框中的数值显示了当前项目的区间大小。

视频轨:在视频轨中可以插入视频素材与图像素材,还可以对视频素材与图像素材进行相应的编辑、修剪以及管理等操作。

覆叠轨:在覆叠轨中可以制作相应的覆叠特效。覆叠功能是会声会影X6提供的一种视频编辑技巧。简单地说,"覆叠"就是画面的叠加,在屏幕上同时显示多个画面效果。

标题轨:在标题轨中可以创建多个标题字幕效果与单个标题字幕效果。字幕是以各种字体、样式、动画等形式出现在屏幕上的中外文字的总称,字幕设计与书写是视频编辑的艺术手段之一。

声音轨:在声音轨中,可以插入相应的背景声音素材,并添加相应的声音特效,在编辑影片的过程中,除了画面以外,声音效果是影片的另一个非常重要的因素。

音乐轨:在音乐轨中也可以插入相应的音乐素材,是除声音轨以外,另一个添加音乐素材的轨道。

3)会声会影的术语

(1)滤镜

是会声会影X6中非常给力的工具之一。其工作原理是通过不同的方式对像素数据进行改变,进而对图像进行抽象及艺术化的特殊处理。

(2)转场

在电视剧、电影、片头和宣传片等视频作品中,经常要对场景和段落的连接采用不同的方式,这种现象统称为"转场"。转场的方法通常分为两大类,一类是使用特技的手段作为转场,也称为技巧转场;另一类是使用镜头的自然过渡作转场,也被称为无技巧转场。

(3)时间轴视图

该视图模式下显示的是各个素材的具体编辑时间。

(4)故事板视图

该视图使用的是大纲模式,它只显示素材,而不显示素材的编辑时间。

(5)视频轨

即放置视频片段的地方。

(6)覆叠轨

覆盖轨是用来放置在视频轨上面的视频或者图片。

(7)标题轨

顾名思义,它是存放文字的地方。

(8)声音轨

用来存放视频本身声音的轨道。

(9)按场景分割

将不同的场景自动分割成若干单独的文件。在会声会影中,场景的检测方式取决于您所处的步骤。在"捕获"步骤中,"按场景分割"功能根据原始镜头的录制日期和时间来检测各个场景。在"编辑"步骤中,如果已将"按场景分割"功能应用于 DV AVI 文件,则可以按两种方式来检测场景:按录制日期和时间,或者按视频内容的变化。但是在 MPEG 文件中,只能根据内容的变化来检测场景。

(10)标题

标题可以是影片标题、字幕或演职员表。覆叠在视频上的任何文本都可以用作标题。

(11)淡化

一种转场效果,其中的素材会逐渐消失或显示。在视频中,画面将逐渐变成单色,或逐渐由单色发生变化;或从一种画面变为另一种。对于音频,此转场效果可以是从最大音量变成完全无声,或从无声变为最大音量。

(12)覆叠

叠加在项目中现有素材之上的视频或图像素材。

(13)故事板

"故事板"是影片的可视呈现。各个素材以图像略图的形式呈现在时间轴上。

(14)宽高比

给定图像或图片的宽度与高度的关系。保持或维持宽高比是指当图像或图片的宽度或高度发生变化时,维持大小关系的过程。视频的标准清晰度(SD)和高清晰度(HD)宽银幕格式的两种最常见的宽高比是 4:3 和 16:9。

(15)素材

影片的一小段或一部分。素材可以是音频、视频、静态图像或标题。

(16)项目文件

在会声会影中,项目文件(*.VSP)包含用于链接所有关联图像、音频和视频文件所需的信息。使用会声会影时,在编辑视频之前必须打开一个项目文件。

(17)渲染

渲染是将项目中的源文件生成最终影片的过程。

(18)转场效果

转场是一种在两个视频素材之间进行排序的方法,例如从一个素材淡化到另一个素材中。

(19)AVI

Audio-Video Interleave(音频视频交织)是一种专门为 Microsoft Windows 环境设计的数字视频文件格式,现在通常作为多种音频和视频编解码程序的存储格式。

(20)AVCHD

Advanced Video Codec High Definition 是一种专为摄像机使用的视频格式。它使用了专为 Blu—ray 光盘/高清晰兼容性而设计的光盘结构,可以在标准 DVD 上刻录。

(21)DNLE

Digital Non-Linear Editing(数字非线性编辑)的缩写,这是一种用于组合和编辑多个视频素材以生成最终产品的方法。DNLE 可在编辑过程中随时随机访问所有来源资料。

(22)DV

Digital Video(数字视频)的首字母缩写,代表非常具体的视频格式,就像 VHS 或 High-8 一样。如果有适当的硬件和软件,您的 DV 摄像机和计算机便可以识别(回放、记录)这种格式。可以将 DV 从摄像机复制到计算机,然后再将影片复制回摄像机(当然,是在编辑之后),并且不会有任何质量损失。

(23)DVD

DVD(数字通用光盘)由于其质量和兼容性优势,而在视频制作中得到广泛应用。DVD 不仅可以保证视频和音频质量,它还使用 MPEG-2 格式,此格式可用于制作单面或双面以及单层或双层的光盘。这些 DVD 可以在单独的 DVD 播放机中播放,也可以在计算机的 DVD-ROM 驱动器中播放。

(24)FireWire

一种标准接口,用于将诸如 DV 摄像机之类的数字音频/视频设备连接到计算机。它是 Apple 用于 IEEE-1394 标准的商标名。

(25)IEEE-1394

也称为 Firewire,1394 是允许计算机和 HDV/DV 摄像机或其他高速外围设备之间的高速串行连接的标准。符合此最新标准的设备每秒可以传输 400 兆位的数字数据。

(26)MP3

MPEG Audio Layer-3 的缩写。MP3 是一种音频压缩技术,能够以非常小的文件大小制造出接近 CD 的音频质量,从而使其能够通过 Internet 快速传输。

(27)MPEG-2

一种在诸如 DVD 之类的产品中使用的音频和视频压缩标准。

(28)MPEG-4

移动设备和 Internet 视频流中常用的视频和音频压缩格式,以低数据速率提供高质量视频。

(29)NTSC/PAL

NTSC 是北美、日本、台湾和其他一些地区使用的视频标准。其帧速率为 29.97fps。PAL 通常在欧洲、澳大利亚、新西兰、中国、泰国和其他一些亚洲地区使用,其帧速率为 25fps。这两种标准还有其他不同之处。在 DV 和 DVD 领域中,NTSC 的视频分辨率为 720×480 像素,而 PAL 则为 720×576 像素。

7.3.3　实验内容与操作步骤

1)制作覆叠特效

(1)添加/删除覆叠轨

单击“设置”➔“轨道管理器”,弹出如图 7-86 所示“轨道管理器”窗口。在相应的下拉列表框修改轨道的条数来确定添加/删除覆叠轨。

(2)添加素材到覆叠轨

①在“视频轨”上单击鼠标右键,选择“插入视频”命令, 弹出“打开视频文件”对话框,找到要打开的视频文件位置并选中一个视频文件,单击“打开”按钮。则将此视频文件添加到会声会影的视频轨中。将时间指针拖曳到最左端,如图 7-87 所示。

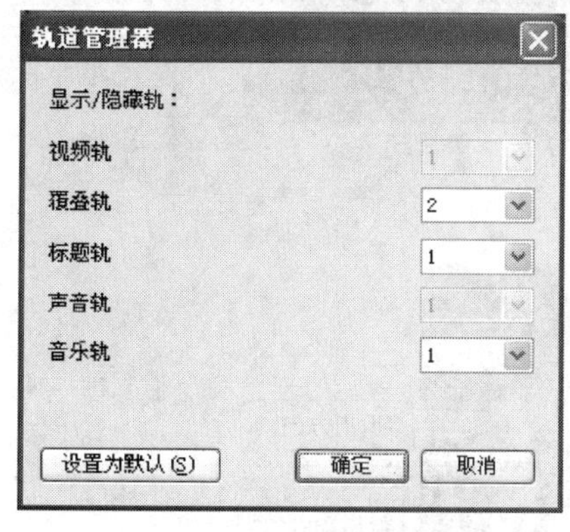

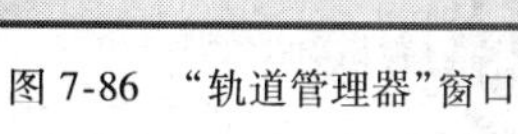
图 7-86　“轨道管理器”窗口

图 7-87　“视频轨”上添加视频素材

②在“覆叠轨”上单击鼠标右键,选择“插入照片”菜单命令, 弹出“浏览菜单”对话框。在弹出的“浏览菜单”对话框中找到要打开的图像文件,单击“打开”按钮。则将“图片”文件添加到会声会影的覆叠中。如图 7-88 所示。

(3)制作覆叠特效

①右键单击“覆叠轨”上的图片区域,选菜单“打开选项面板”, 再选择“属性”标签。如图 7-89 所示。

②设置覆叠素材的“方向/样式”:确定进入/退出方向;是否淡入/淡出;暂停区间前/后是否旋转。如图 7-90 所示。

图 7-88 “覆叠轨”上添加图片素材

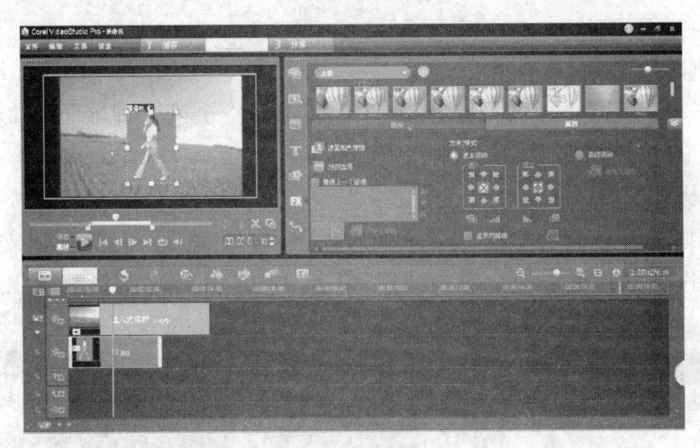

图 7-89 选项面板

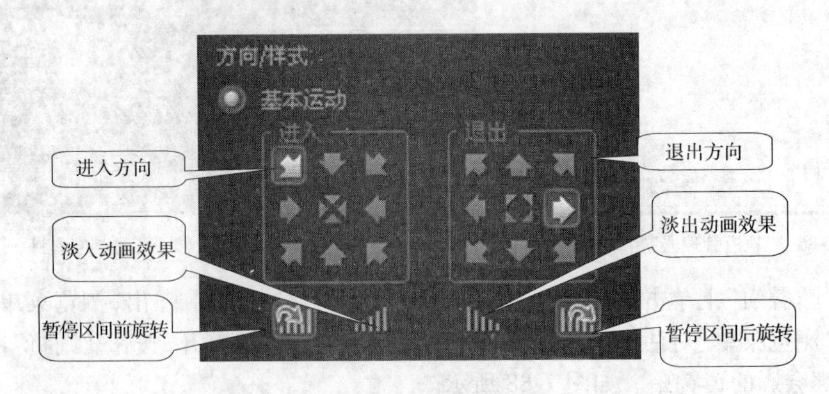

图 7-90 覆叠素材的“方向/样式”

③单击导览面板中的“播放”按钮,预览效果。保存项目文件。

(4)设置透明

①右键单击“覆叠轨”上的图片区域,选择“打开选项面板”菜单,再选择“属性”标签。单击“遮罩和色度键”按钮,进入相应选项面板。如图 7-91 所示。

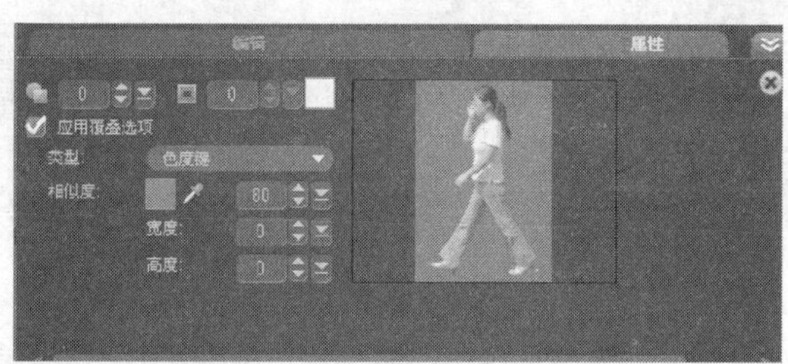

图 7-91　"遮罩和色度键"选项面板

②勾选"应用覆盖选项",设置相应的相似度。

③单击导览面板中的"播放"按钮,预览效果。保存项目文件。

(5)添加边框

①右键单击"视频轨",选快捷菜单的"插入视频"命令，弹出"打开视频文件"对话框，找到要打开的视频文件位置并选中一个视频文件,单击"打开"按钮。则此视频文件将添加到会声会影的视频轨中。将时间指针拖曳到最左端,如图 7-92 所示。

图 7-92　"视频轨"上添加视频素材

②在"素材库面板"中单击"图形"按钮,在下拉列表框中选择"边框"列表项。如图 7-93 所示。

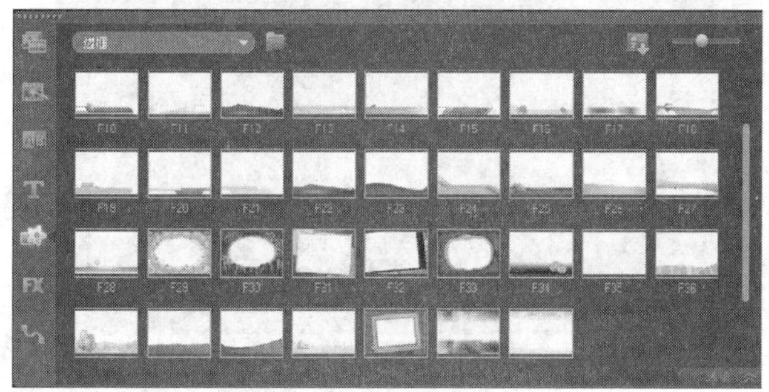
图 7-93　"边框"素材库

③将相应边框拖到"覆叠轨"上并调整边框区域长度。如图 7-94 所示。

(6)单击导览面板中的"播放"按钮,预览效果。保存项目文件。

2)制作影片转场特效

(1)制作替换场景特效

①切换到"故事板视图",右键单击故事板,选择快捷菜单中的"插入视频"命令，在弹

出的“打开视频文件”对话框中找到要打开的视频文件位置并选中 3 个视频文件，单击“打开”按钮。则将这 3 个视频文件添加到会声会影的故事板中。将时间指针拖曳到最左端，如图 7-95 所示。

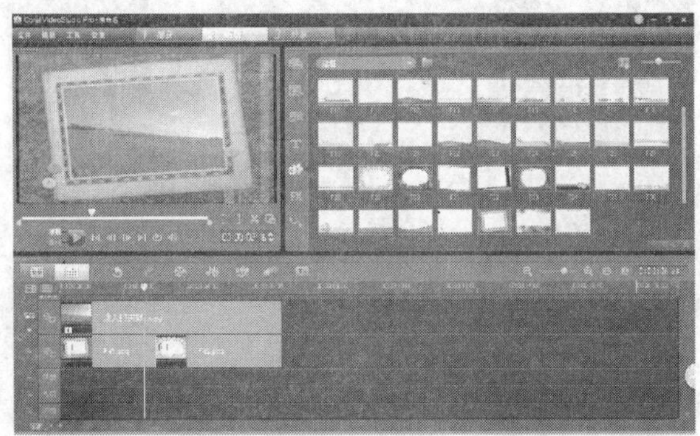

图 7-94 “覆叠轨”上添加边框素材

图 7-95 故事板中插入视频素材

②切换到时间轴视图，选中需要剪辑的视频素材，当鼠标指针变为双向箭头⇔时，按住鼠标左键并向右拖曳，移到需要的位置后松开，如图 7-96 所示。

图 7-96 修剪视频素材

③切换到故事板视图，单击素材库面板中的“转场”按钮，切换到转场素材库，在下拉列表框中选择“取代”列表项，在“取代”转场素材库中选择“对角线”转场效果，按住鼠标左键将其拖曳到第 1 段视频和第 2 段视频文件之间，如图 7-97 所示。

④单击素材库面板中的“转场”按钮，切换到转场素材库，在下拉列表框中选择“擦拭”列表项，在“擦拭”转场素材库中选择“菱形”转场效果，按住鼠标左键将其拖曳到第 2 段视频和第 3 段视频文件之间，如图 7-98 所示。

图 7-97　添加“对角线”转场效果

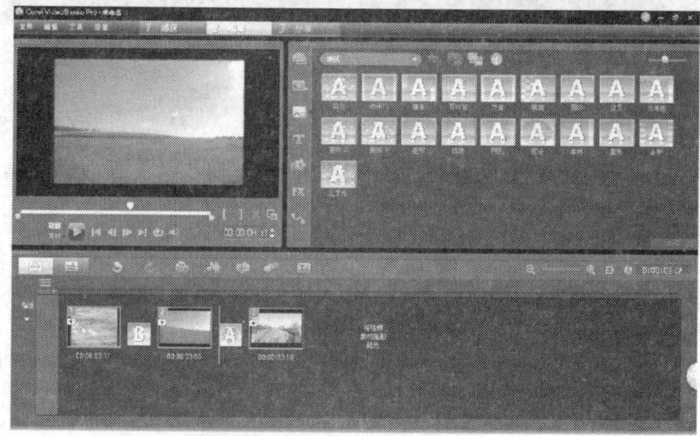

图 7-98　添加“菱形”转场效果

⑤单击导览面板中的“播放”按钮，预览效果。保存项目文件。

(2)制作闪光特效

①切换到“故事板视图”，在故事板上单击鼠标右键，弹出右键菜单，选择“插入视频”菜单，弹出“打开视频文件”对话框。在弹出的“打开视频文件”对话框中找到要打开的视频文件位置并选中 2 个视频文件，单击“打开”按钮。则将这 2 个视频文件将被添加到会声会影的故事板中。如图 7-99 所示。

图 7-99　故事板中插入视频素材

②单击素材库面板中的“转场”按钮，切换到转场素材库，在下拉列表框中选择“闪光”列表项，在“闪光”转场素材库中选择“闪光”转场效果，按住鼠标左键将其拖曳到第 1 段视频和第 2 段视频文件之间，如图 7-100 所示。

图7-100　添加“闪光”转场效果

③右键单击“闪光”效果区域,弹出右键菜单,选择“打开选项面板”菜单,在转场面板中单击“自定义”按钮,在弹出的对话框中进行设置,如图7-101所示,单击“确定”按钮。

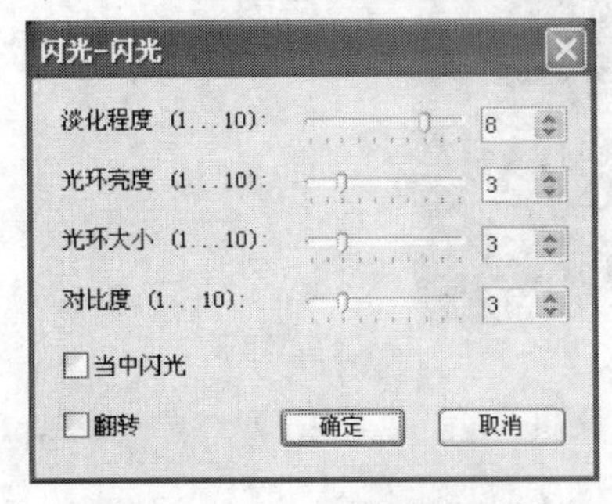

图7-101　“闪光”对话框

④单击导览面板中的“播放”按钮,预览效果。保存项目文件。

(3)制作伸展特效

①切换到“故事板视图”,在故事板上单击鼠标右键,弹出右键菜单,选择“插入视频”菜单,弹出“打开视频文件”对话框。在弹出的“打开视频文件”对话框中找到要打开的视频文件位置并选中2个视频文件,单击“打开”按钮。这样就将这2个视频文件将被添加到会声会影的故事板中。将时间指针拖曳到最左端,如图7-102所示。

图7-102　故事板中插入视频素材

②单击素材库面板中的“转场”按钮,切换到转场素材库,在下拉列表框中选择“擦拭”列表项,在“擦拭”转场素材库中选择“百叶窗”转场效果,按住鼠标左键将其拖曳到第1段视频和第2段视频文件之间,如图7-103所示。

③双击“百叶窗”转场效果,弹出“百叶窗”转场属性面板,设置“方向”选项为由上到下,

如图7-104所示。

图7-103　添加“百叶窗”转场效果

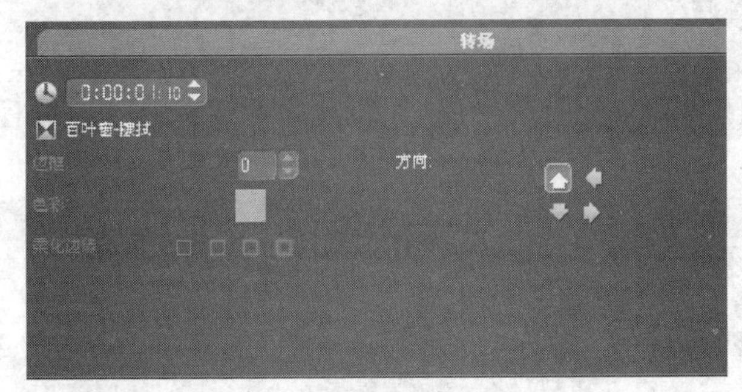

图7-104　“百叶窗”转场属性面板

④单击导览面板中的“播放”按钮，预览效果。保存项目文件。

3）制作影片滤镜特效

（1）设置“光芒”滤镜效果

①启动会声会影，切换到故事板视图，添加一张图片到故事板中，如图7-105所示。

图7-105　故事板中插入图片素材

②在故事板上单击鼠标选中要添加滤镜效果的图片，然后单击素材库面板左侧的“滤镜”按钮，切换到滤镜素材库，在下拉列表框中选择“标题效果”列表项，在“标题效果”滤镜素材库中选择“光芒”滤镜效果，按住鼠标左键将其拖曳到故事面板中的图片上方。如图7-106所示。

③在故事板上双击添加了滤镜效果的图片，出现如图7-107所示的面板。在此面板中

单击“自定义滤镜”按钮，弹出如图7-108所示“光芒”对话框。在此对话框中设置相应的值。(光芒:指定星星光线的条数;角度:指定光线的旋转角度;半径:指定光环的内部大小;长度:指定光线的长度;宽度:指定在基准上的光线厚度;阻光度:指定当作用在素材上时有多少可视效果)

图7-106　添加“光芒”滤镜效果

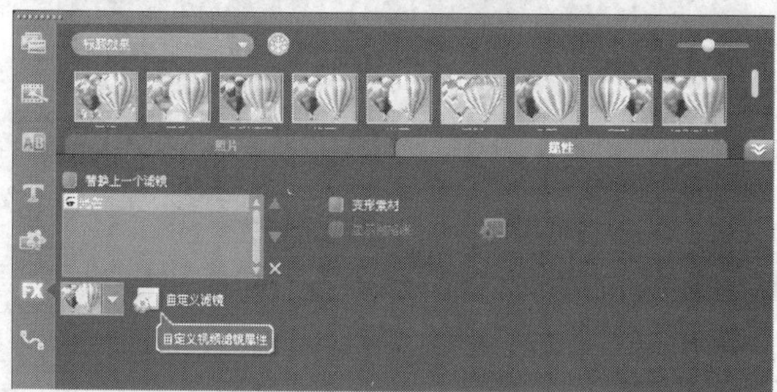

图7-107　“光芒”滤镜面板

图7-108　“光芒”滤镜对话框

④单击“确定”按钮，返回会声会影编辑器，即可为视频素材添加“光芒”滤镜效果，单击导览面板中的“播放”按钮，预览效果。保存项目文件。

(2)设置“气泡”滤镜效果

①启动会声会影，切换到故事板视图，添加一张图片到故事板中，如图7-109所示。

②在故事板上单击鼠标选中要添加滤镜效果的图片，然后单击素材库面板左侧的“滤

镜"按钮,切换到滤镜素材库,在下拉列表框中选择"标题效果"列表项,在"标题效果"滤镜素材库中选择"气泡"滤镜效果,按住鼠标左键将其拖曳到故事面板中的图片上方。如图7-110所示。

图7-109　故事板中插入图片素材

图7-110　添加"气泡"滤镜效果

③在故事板上双击添加了滤镜效果的图片,出现属性面板。在此面板中单击"自定义滤镜"按钮左侧的下三角按钮,在弹出的列表框中,选择合适的滤镜样式。如图7-111所示。

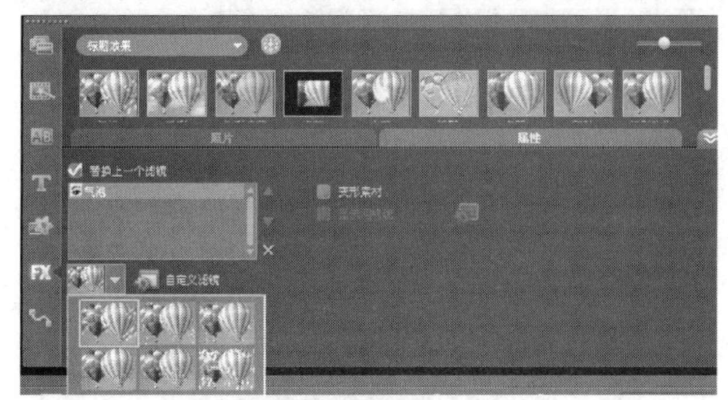

图7-111　"光芒"滤镜面板

④单击"自定义滤镜"按钮,弹出"气泡"对话框,在"原图"列表框中,将十字指针移动到合适的位置,并依次设置其他参数。如图7-112所示。

⑤单击"确定"按钮,返回会声会影编辑器。再单击导览面板中的"播放"按钮,预览效

果。保存项目文件。

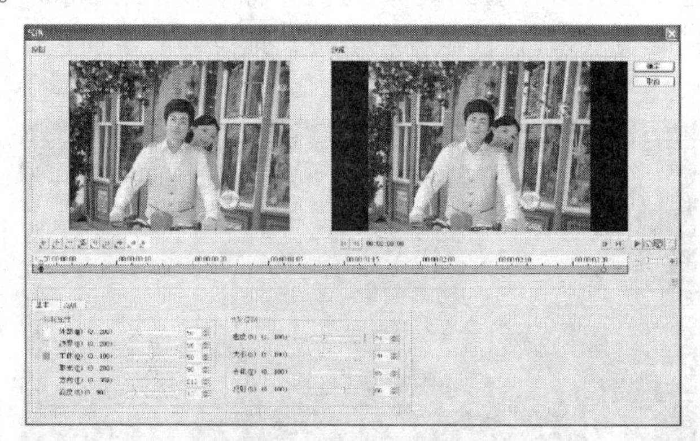

图 7-112 “气泡”滤镜对话框

4)制作影片字幕特效

(1)启动会声会影,切换到时间轴视图。在视频轨中插入一段视频素材。如图 7-113 所示。

图 7-113 时间轴插入视频素材

(2)展开“选项”面板,切换至“属性”选项卡,选中“变形素材”复选框。在预览窗口中单击鼠标右键,执行“调整到屏幕大小”命令。如图 7-114 所示。

图 7-114 素材变形

(3)在素材库面板中单击“标题”按钮,切换至“标题”素材库,在预览窗口中双击鼠标左键输入字幕内容,并调整标题轨中素材区间与视频轨中的区间长度相同。如图 7-115 所示。

图 7-115　设置标题素材

(4)进入“选项”面板,设置“字体”为楷体,“字体大小”为60,“颜色”为白色。如图7-116所示。

(5)选中“文字背景”复选框,单击“自定义文字背景的属性”按钮。如图 7-117 所示。

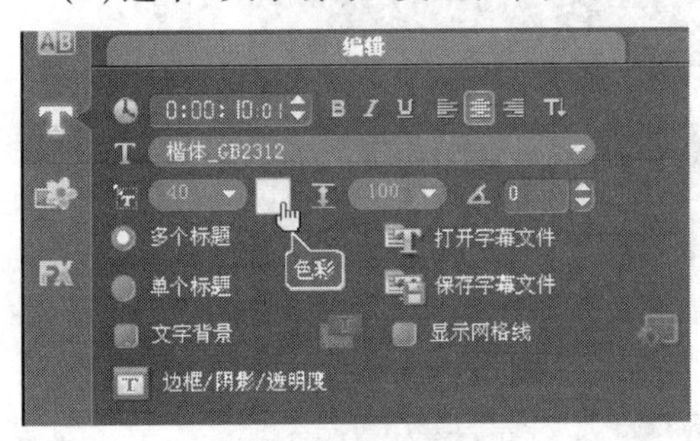

图 7-116　标题选项面板

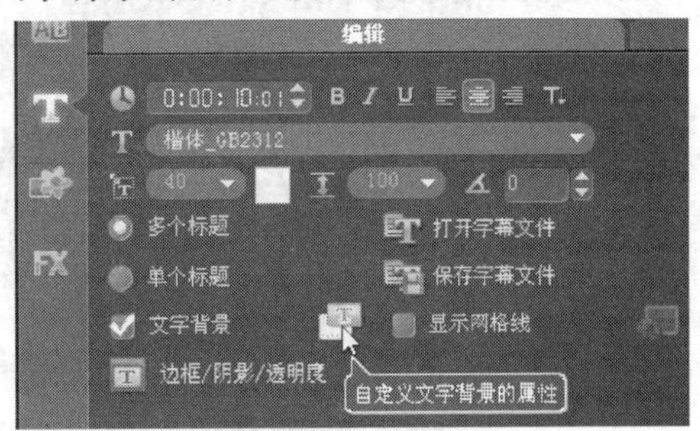

图 7-117　标题选项面板

(6)在“背景类型”中选中“单色背景栏”单选按钮,在“色彩设置”中选中“渐变”复选框。设置“渐变”颜色为绿色和白色,单击“上下”按钮,设置“透明度”为 70,单击“确定”完成设置。如图 7-118 所示。

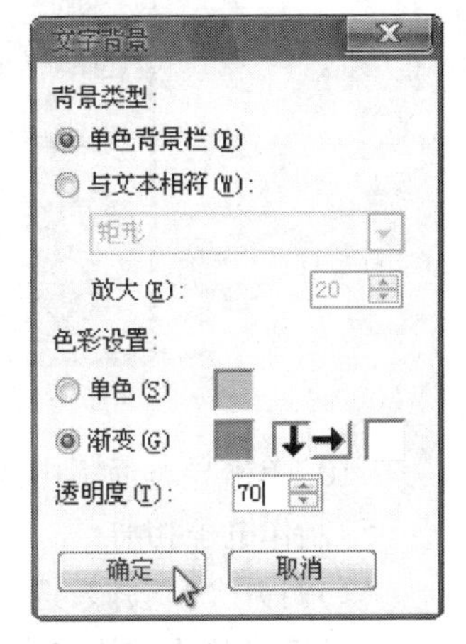

图 7-118　文字背景设置

(7)在预览窗口中调整素材的位置。如图 7-119 所示。

(8)切换至“属性”选项卡,选中“应用”复选框,在“选取动画类型”下拉列表选中“飞行”选项,选取第 6 个预设效果,然后单击“自定义动画属性”按钮。如图 7-120 所示。

(9)在弹出的对话框中,设置“起始单位”和“终止单位”均为“行”。在“进入”选项组中单击“从右边中间进入”按钮,在“离开”选项组中单击“从左边中间离开”按钮,单击“确定”按钮完成设置。如图 7-121 所示。

图 7-119　素材位置调整

图 7-120　标题动画类型选择

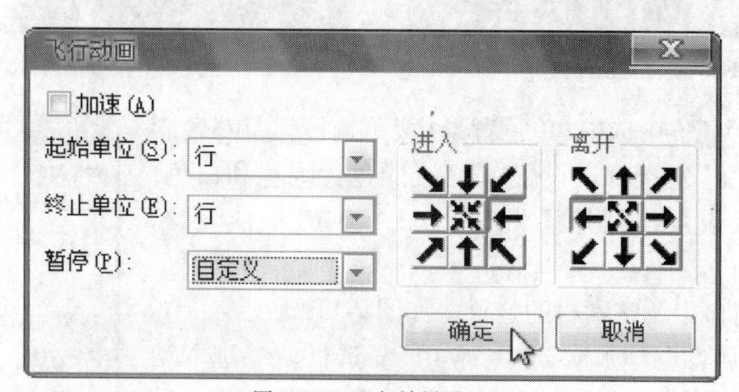

图 7-121　飞行效果设置

(10)单击导览面板中的“播放”按钮,预览效果。保存项目文件。

5)制作电子相册

(1)打开会声会影,选择编辑模式,将视频素材、照片素材、音频素材导入到素材库中。

(2)在素材库左边单击“即时项目”按钮,将片头视频拖入到视频轨中的开始位置。如图 7-122所示。

图 7-122 插入片头视频

(3)在时间轴上双击标题轨,将预览面板中的文字改为“美丽山河”。设置字体、字号、文字背景等属性。如图 7-123 所示。

图 7-123 改变标题轨文字

(4)在素材库左边单击“图形”按钮, 选择白色色块,将白色色块拖入到片头视频后的位置。色彩区间是 02:00。如图 7-124 所示。

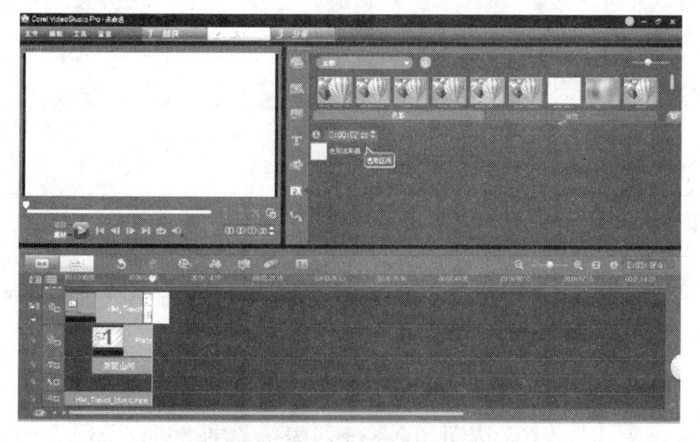

图 7-124 片头视频后插入白色色块

(5)将一图片拖到白色色块后面,照片区间是 05:00。如图 7-125 所示。

图 7-125　插入照片

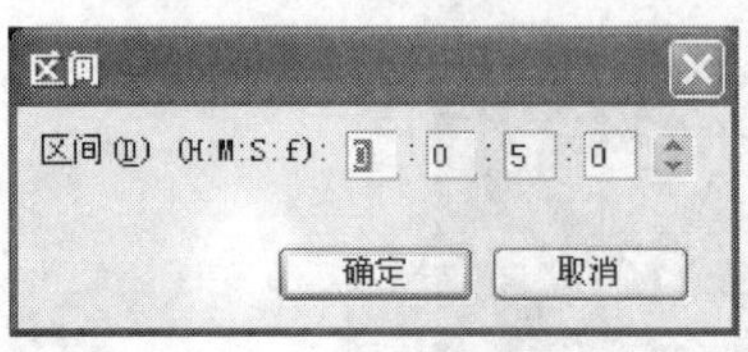

图 7-126　更改照片区间

(6)采用与上同样的方法,将其他照片依次添加到视频轨中。选中所插入的所有照片,单击鼠标右键,选择“更改照片区间”,在弹出的“区间”对话框中,设置照片区间是 05∶00,单击“确定”按钮。如图 7-126 所示。

(7)在图片最后添加黑色色块,区间 02∶00。添加片尾视频,在其后面添加黑色色块,区间 02∶00。

(8)将片头视频和片尾视频满屏幕显示。(变形素材)

(9)选择第一张图片,双击鼠标,在选项面板中选择“摇动和缩放”,在单击“自定义”按钮,在弹出的“摇动和缩放”对话框中设置缩放率为 160。如图 7-127 所示。

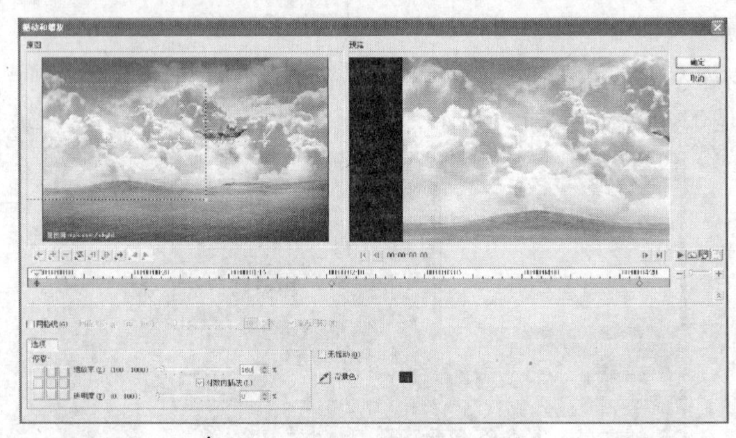
图 7-127　设置“摇动和缩放”缩放率

(10)采用与上同样的方法,为其他照片添加摇动和缩放效果。

(11)在素材库中单击“转场”按钮,在下拉列表框选择“过滤”列表项,将“交叉淡化”转场效果拖到片头视频和白色色块之间。如图 7-128 所示。

(12)同上一样的方法,将“交叉淡化”转场效果拖到白色色块和第 1 张之间。

图 7-128　设置“交叉淡化”转场效果

(13)在转场选项面板的下拉列表框中选择“擦拭”列表项,将“百叶窗”转场效果拖到第1张图片和第2张图片之间。如图7-129所示。

图 7-129　设置“百叶窗”转场效果

(14)采用与上同样的方法,为其他照片添加转场效果。

(15)在素材库左边单击“图形”按钮，在图形选项面板的下拉列表框中选择“边框”列表项,将边框素材拖到覆叠轨上第2张图片的下面位置,延伸此照片区域至视频轨最后一张照片的区域。

(16)切换到音乐素材库,将一音乐素材拖到声音轨上第1张图片的下面位置,改变此音乐区域至视频轨最后一张照片的区域。

(17)单击导览面板中的“播放”按钮,预览效果。保存项目文件。

7.3.4　自主练习

(1)对视频设置不同的覆叠效果。

(2)在两段视频(照片)之间设置不同的转场效果。

(3)制作不同的标题字模效果。

参 考 文 献

[1] 王冬. 中文版 Photoshop CC 圣经[M]. 北京:人民邮电出版社,2014.
[2] 余贵滨,徐伟来. ADOBE DREAMWEAVER CC 标准培训教材[M]. 北京:人民邮电出版社,2015.
[3] 龙飞. 会声会影 X6 从入门到精通. 北京:清华大学出版社,2013.
[4] 周建丽. 计算机应用基础[M]. 重庆:重庆大学出版社,2015.